1+X 职业技能等级证书培训用书

Web 前端开发
实训案例教程
（中级）

王晓玲　马庆槐　主　编

电子工业出版社
Publishing House of Electronics Industry
北京·BEIJING

内 容 简 介

本书是围绕《Web 前端开发职业技能等级标准》和职业院校 Web 前端开发专业方向的 PHP、MySQL 等主干课程编写的配套实践教程，书中的代码均已在开发环境和浏览器上运行通过。

本书综合职业院校相关专业课程知识体系、Web 前端开发岗位技能要求、《Web 前端开发职业技能等级标准》（中级）中相关职业技能的知识和能力，并将其提炼成实践能力目标，以实践能力为导向，以企业真实应用为目标，遵循企业标准开发过程和技术，以任务驱动，对 Bootstrap、MySQL、PHP、Laravel、AJAX、JSON 等重要 Web 前端开发中的知识单元，结合实际案例和应用环境进行分析和设计，并对各重要知识单元进行了详细的训练，使读者能够真正掌握这些知识在实际场景中的应用。

本书的技术专题（实验）部分（第 2～17 章）主要进行知识单元训练，可以对应课程练习或实验进行实践训练，针对不同的知识单元分别设计了有针对性的专题项目，重点训练相关内容，也为案例开发进行了知识补强、技术储备；案例部分（第 18 章）可以对应课程设计或综合实践，本书选用"在线音乐平台"，采用业务和知识迭代开发思路，完整训练 Web 核心知识单元在企业真实项目中的应用。

本书适合作为《Web 前端开发职业技能等级标准》（中级）、职业院校 Web 前端开发专业方向主干课程等的配套实践教学参考用书，也可作为对 Web 前端开发感兴趣的学习者的指导用书。

未经许可，不得以任何方式复制或抄袭本书之部分或全部内容。
版权所有，侵权必究。

图书在版编目（CIP）数据

Web 前端开发实训案例教程：中级 / 王晓玲，马庆槐主编. —北京：电子工业出版社，2023.3
1+X 职业技能等级证书培训用书
ISBN 978-7-121-44987-1

Ⅰ.①W… Ⅱ.①王… ②马… Ⅲ.①网页制作工具－职业技能－鉴定－教材 Ⅳ.①TP393.092.2

中国国家版本馆 CIP 数据核字（2023）第 017566 号

责任编辑：徐建军　　文字编辑：赵娜
印　　刷：三河市鑫金马印装有限公司
装　　订：三河市鑫金马印装有限公司
出版发行：电子工业出版社
　　　　　北京市海淀区万寿路 173 信箱　邮编 100036
开　　本：787×1 092　1/16　印张：20.75　字数：531.2 千字
版　　次：2023 年 3 月第 1 版
印　　次：2023 年 3 月第 1 次印刷
印　　数：1 200 册　定价：63.00 元

凡所购买电子工业出版社图书有缺损问题，请向购买书店调换。若书店售缺，请与本社发行部联系，联系及邮购电话：（010）88254888，88258888。
质量投诉请发邮件至 zlts@phei.com.cn，盗版侵权举报请发邮件至 dbqq@phei.com.cn。
本书咨询联系方式：（010）88254570，xujj@phei.com.cn。

前言

通过对动态 Web 开发知识和技能的梳理，本书精心设计了技术专题和案例进行有针对性的训练，这些项目全部按照企业项目开发思路进行分析设计和实现，以便提高读者的动态 Web 项目开发实践能力；在编写过程中，引导读者理解 Web 前端开发中 PHP、MySQL 等知识点与项目需求和技术的对接，并采用迭代开发思路进行每项功能的开发。

本书共 18 章，技术专题（实验）和案例（"在线音乐平台"）部分均设定了实践目标，以任务驱动，采用迭代思路进行开发。

第 1 章是概述，主要描述本书的实践目标、技术专题设计和案例设计思路。

第 2～17 章是技术专题（实验）部分，针对开发工具（HBulider+XAMPP）、Bootstrap、PHP、MySQL、Laravel、AJAX 等动态网页开发核心知识单元设计了技术专题，每个技术专题都针对一个实验项目进行训练，内容包括技能和知识点、需求简介、设计思路和实现，最大限度地覆盖了动态 Web 开发相关知识和能力。

第 18 章是案例部分，设计"在线音乐平台"，综合实践静态 Web 开发核心知识，阐释如何在真实企业项目中应用动态 Web 开发技术的核心知识，并通过"迭代开发"详细讲解实践项目开发过程。根据功能模块和技术选型，将整个项目分为五大阶段：第一阶段搭建静态页面、第二阶段 PHP Web 基础、第三阶段 PHP+MySQL 数据库、第四阶段 PHP 三层架构和第五阶段 Laravel 框架，各阶段层层递进，完整训练动态 Web 开发核心知识。通过技术专题和案例综合训练，使读者达到中级 Web 前端工程师的水平。

本书由上海电子信息职业技术学院组织编写，由王晓玲、马庆槐担任主编，参加本书编写工作的还有李莉、郑婕、朱柯钦等，全书由胡国胜统稿。

为方便教师教学，本书配有电子教学课件，请有此需求的教师登录华信教育资源网（www.hxedu.com.cn），注册后免费下载。如有问题，可在网站留言板留言或与电子工业出版社联系（E-mail：hxedu@phei.com.cn）。

由于水平有限，尽管我们在编写时竭尽全力，但书中难免会有纰漏之处，敬请各位专家与读者批评指正。

编　者

目录 Contents

第1章 概述 (1)
- 1.1 实践目标 (1)
- 1.2 技术专题设计 (1)
- 1.3 案例设计 (4)

第2章 开发环境：HBuilder+XAMPP (8)
- 2.1 技能和知识点 (8)
- 2.2 需求简介 (8)
- 2.3 设计思路 (9)
- 2.4 实现 (10)
  - 2.4.1 下载安装 Chrome (10)
  - 2.4.2 下载安装 HBuilder (12)
  - 2.4.3 下载安装 XAMPP (16)
  - 2.4.4 配置 MySQL (19)
  - 2.4.5 创建 Web 项目并运行 (21)
  - 2.4.6 Apache 配置虚拟域名 (24)

第3章 Bootstrap：响应式网站首页 (27)
- 3.1 技能和知识点 (27)
- 3.2 需求简介 (27)
- 3.3 设计思路 (28)
- 3.4 实现 (30)
  - 3.4.1 引入 Bootstrap 文件 (30)
  - 3.4.2 搭建页面结构 (31)
  - 3.4.3 创建导航栏 (31)
  - 3.4.4 创建正文 (32)

第4章 PHP 编程基础：折扣计算 (36)
- 4.1 技能和知识点 (36)
- 4.2 需求简介 (36)
- 4.3 设计思路 (37)

4.4 实现 .... (37)
    4.4.1 新建 PHP 脚本文件 .... (37)
    4.4.2 命令行输入和输出 .... (39)
    4.4.3 折扣判断 .... (39)
    4.4.4 输出购买商品数量及折扣信息 .... (39)
    4.4.5 命令行运行 PHP 脚本文件 .... (40)

第 5 章 PHP 程序结构：日期计算 .... (43)

5.1 技能和知识点 .... (43)
5.2 需求简介 .... (43)
5.3 设计思路 .... (44)
5.4 实现 .... (44)
    5.4.1 命令行输入和输出 .... (44)
    5.4.2 验证日期 .... (45)
    5.4.3 计算天数 .... (46)
    5.4.4 输出结果 .... (47)

第 6 章 PHP 数组：学生成绩排序 .... (48)

6.1 技能和知识点 .... (48)
6.2 需求简介 .... (48)
6.3 设计思路 .... (49)
6.4 实现 .... (49)
    6.4.1 定义学生信息二维数组 .... (49)
    6.4.2 执行冒泡排序 .... (50)
    6.4.3 打印学生信息数组 .... (50)

第 7 章 PHP 函数：简单计算器 .... (52)

7.1 技能和知识点 .... (52)
7.2 需求简介 .... (53)
7.3 设计思路 .... (53)
7.4 实现 .... (53)
    7.4.1 定义计算器函数 .... (53)
    7.4.2 命令行输入和输出 .... (54)
    7.4.3 调用计算器函数并打印返回结果 .... (55)

第 8 章 PHP 类和对象：工资计算 .... (56)

8.1 技能和知识点 .... (56)
8.2 需求简介 .... (56)
8.3 设计思路 .... (57)
8.4 实现 .... (58)
    8.4.1 创建 Web 工程 .... (58)
    8.4.2 编写首页 index.php .... (58)
    8.4.3 编写工资类 Salary .... (59)
    8.4.4 编写功能处理文件 compute.php .... (60)

第9章 继承：面积计算 (62)

- 9.1 技能和知识点 (62)
- 9.2 需求简介 (62)
- 9.3 设计思路 (63)
- 9.4 实现 (65)
  - 9.4.1 创建 Web 工程 (65)
  - 9.4.2 编写首页 index.php (65)
  - 9.4.3 编写图形抽象类 Shape (67)
  - 9.4.4 编写矩形类 Rectangle (67)
  - 9.4.5 编写圆形类 Circle (69)
  - 9.4.6 编写功能处理文件 compute.php (70)

第10章 PHP 接口：商品信息管理 (73)

- 10.1 技能和知识点 (73)
- 10.2 需求简介 (73)
- 10.3 设计思路 (74)
- 10.4 实现 (75)
  - 10.4.1 创建 Web 工程 (75)
  - 10.4.2 编写静态页面 index.php (75)
  - 10.4.3 编写接口 Goods (76)
  - 10.4.4 编写生鲜类 FreshGoods (76)
  - 10.4.5 修改 index.php，动态获取数据 (77)

第11章 PHP Web 编程：用户登录 (79)

- 11.1 技能和知识点 (79)
- 11.2 需求简介 (79)
- 11.3 设计思路 (80)
- 11.4 实现 (81)
  - 11.4.1 创建 Web 工程 (81)
  - 11.4.2 编写登录页面 login.php (81)
  - 11.4.3 编写登录处理文件 login_server.php (82)
  - 11.4.4 编写个人信息页面 center.php (84)
  - 11.4.5 优化登录页面 login.php (85)

第12章 MySQL 操作：学生信息系统管理 (86)

- 12.1 技能和知识点 (86)
- 12.2 需求简介 (86)
- 12.3 设计思路 (87)
- 12.4 实现 (87)
  - 12.4.1 登录数据库 (87)
  - 12.4.2 创建学生信息系统数据库及信息表 (88)
  - 12.4.3 编写初始化脚本并导入 (89)
  - 12.4.4 导出备份数据库 (90)

第 13 章 PHP 数据库编程：新增学生信息 (91)

- 13.1 技能和知识点 (91)
- 13.2 需求简介 (91)
- 13.3 设计思路 (92)
- 13.4 实现 (92)
  - 13.4.1 创建 Web 工程 (92)
  - 13.4.2 编写表单页面 (93)
  - 13.4.3 获取表单提交 (93)
  - 13.4.4 连接数据库 (94)
  - 13.4.5 执行 SQL 语句 (94)

第 14 章 PHP 数据库编程：学生信息列表 (96)

- 14.1 技能和知识点 (96)
- 14.2 需求简介 (96)
- 14.3 设计思路 (97)
- 14.4 实现 (97)
  - 14.4.1 连接数据库 (97)
  - 14.4.2 预编译 SQL 语句 (98)
  - 14.4.3 遍历结果集 (99)
  - 14.4.4 输出学生信息列表 (99)

第 15 章 Laravel 框架：创建 Laravel 工程 (101)

- 15.1 技能和知识点 (101)
- 15.2 需求简介 (101)
- 15.3 设计思路 (102)
- 15.4 实现 (104)
  - 15.4.1 安装 Composer (104)
  - 15.4.2 配置国内镜像 (107)
  - 15.4.3 创建 Laravel 工程 (108)
  - 15.4.4 配置虚拟主机 (109)
  - 15.4.5 编写 index.blade.php (110)
  - 15.4.6 编写路由 (110)

第 16 章 Laravel 框架：在线答题系统 (112)

- 16.1 技能和知识点 (112)
- 16.2 需求简介 (113)
- 16.3 设计思路 (114)
- 16.4 实现 (115)
  - 16.4.1 创建 Laravel 工程 (115)
  - 16.4.2 编写 quiz.blade.php (116)
  - 16.4.3 编写 result.blade.php (118)
  - 16.4.4 配置路由 (119)
  - 16.4.5 创建控制类 QuizController (119)

16.4.6　编写 QuizController 处理方法……………………………………………（120）

第 17 章　Web 前后端交互：书籍目录页面……………………………………（128）

17.1　技能和知识点………………………………………………………………（128）

17.2　需求简介……………………………………………………………………（128）

17.3　设计思路……………………………………………………………………（129）

17.4　实现…………………………………………………………………………（130）

  17.4.1　创建 Web 工程……………………………………………………（130）

  17.4.2　HTML 文件中标签定义…………………………………………（130）

  17.4.3　JS 文件中原生 AJAX 定义………………………………………（131）

  17.4.4　PHP 文件中数据处理及响应返回………………………………（132）

  17.4.5　JS 文件中原生 AJAX 处理 PHP 后端响应数据…………………（133）

第 18 章　案例：在线音乐平台……………………………………………………（136）

18.1　需求和设计…………………………………………………………………（136）

  18.1.1　项目背景……………………………………………………………（136）

  18.1.2　项目目标……………………………………………………………（136）

  18.1.3　项目功能……………………………………………………………（137）

  18.1.4　开发环境……………………………………………………………（139）

  18.1.5　程序结构设计………………………………………………………（139）

  18.1.6　项目迭代设计………………………………………………………（141）

18.2　数据库设计与管理…………………………………………………………（142）

  18.2.1　E-R 图………………………………………………………………（142）

  18.2.2　表设计………………………………………………………………（143）

  18.2.3　编写 SQL 脚本……………………………………………………（146）

  18.2.4　创建数据库…………………………………………………………（149）

  18.2.5　初始化数据库………………………………………………………（149）

18.3　第一阶段搭建静态页面……………………………………………………（150）

  18.3.1　功能简介……………………………………………………………（150）

  18.3.2　设计思路……………………………………………………………（151）

  18.3.3　实现…………………………………………………………………（153）

18.4　第二阶段 PHP Web 基础：管理员登录……………………………………（162）

  18.4.1　功能简介……………………………………………………………（162）

  18.4.2　设计思路……………………………………………………………（162）

  18.4.3　实现…………………………………………………………………（163）

18.5　第二阶段 PHP Web 基础：查询音乐列表…………………………………（169）

  18.5.1　功能简介……………………………………………………………（169）

  18.5.2　设计思路……………………………………………………………（169）

  18.5.3　实现…………………………………………………………………（169）

18.6　第三阶段 PHP+MySQL 数据库：后台登录优化…………………………（172）

  18.6.1　功能简介……………………………………………………………（172）

  18.6.2　设计思路……………………………………………………………（173）

18.6.3 实现 ·· (173)
18.7 第三阶段 PHP+MySQL 数据库：查询音乐列表优化 ·························· (176)
　　18.7.1 功能简介 ··· (176)
　　18.7.2 设计思路 ··· (176)
　　18.7.3 实现 ·· (176)
18.8 第四阶段 PHP 三层结构：程序结构优化 ··· (179)
　　18.8.1 功能简介 ··· (179)
　　18.8.2 设计思路 ··· (179)
　　18.8.3 实现 ·· (181)
18.9 第四阶段 PHP 三层结构：添加音乐 ··· (194)
　　18.9.1 功能简介 ··· (194)
　　18.9.2 设计思路 ··· (195)
　　18.9.3 实现 ·· (196)
18.10 第四阶段 PHP 三层结构：音乐列表 ·· (206)
　　18.10.1 功能简介 ··· (206)
　　18.10.2 设计思路 ··· (208)
　　18.10.3 实现 ··· (208)
18.11 第四阶段 PHP 三层结构：编辑音乐 ·· (218)
　　18.11.1 功能简介 ··· (218)
　　18.11.2 设计思路 ··· (220)
　　18.11.3 实现 ··· (220)
18.12 第四阶段 PHP 三层结构：删除音乐 ·· (231)
　　18.12.1 功能简介 ··· (231)
　　18.12.2 设计思路 ··· (234)
　　18.12.3 实现 ··· (234)
18.13 第四阶段 PHP 三层结构：注册 ·· (241)
　　18.13.1 功能简介 ··· (241)
　　18.13.2 设计思路 ··· (242)
　　18.13.3 实现 ··· (242)
18.14 第四阶段 PHP 三层结构：登录 ·· (249)
　　18.14.1 功能简介 ··· (249)
　　18.14.2 设计思路 ··· (250)
　　18.14.3 实现 ··· (251)
18.15 第四阶段 PHP 三层结构：首页 ·· (258)
　　18.15.1 功能简介 ··· (258)
　　18.15.2 设计思路 ··· (258)
　　18.15.3 实现 ··· (259)
18.16 第四阶段 PHP 三层结构：音乐试听 ·· (263)
　　18.16.1 功能简介 ··· (263)
　　18.16.2 设计思路 ··· (264)

- 18.16.3 实现 ··· (264)
- 18.17 第四阶段 PHP 三层结构：音乐评论 ··· (271)
  - 18.17.1 功能简介 ··· (271)
  - 18.17.2 设计思路 ··· (272)
  - 18.17.3 实现 ··· (273)
- 18.18 第四阶段 PHP 三层结构：排行榜 ·· (285)
  - 18.18.1 功能简介 ··· (285)
  - 18.18.2 设计思路 ··· (286)
  - 18.18.3 实现 ··· (287)
- 18.19 第五阶段 Laravel 框架：用户注册 ··· (298)
  - 18.19.1 功能简介 ··· (298)
  - 18.19.2 设计思路 ··· (300)
  - 18.19.3 实现 ··· (301)
- 18.20 第五阶段 Laravel 框架：用户登录 ··· (312)
  - 18.20.1 功能简介 ··· (312)
  - 18.20.2 设计思路 ··· (313)
  - 18.20.3 实现 ··· (314)

第1章 概述

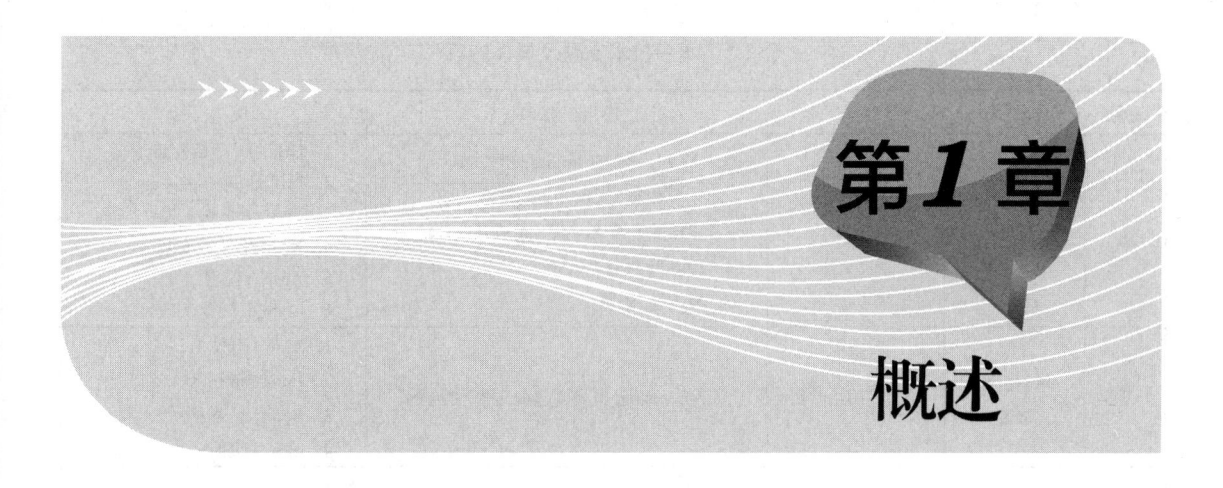

1.1 实践目标

本书通过安排"16个技术专题+1个项目案例",综合训练动态Web开发知识和能力,实现以下实践目标。

(1)掌握HBuilder+XAMPP工具的安装和使用。

(2)掌握Bootstrap栅格系统、基本样式、组件、插件的使用方法,能开发响应式页面。

(3)掌握PHP程序设计,能使用PHP制作动态网页。掌握PHP的基本语法、控制语句、数组、函数、面向对象编程、Session和Cookie编程等。

(4)掌握Laravel框架构建动态网站,熟悉MVC架构,掌握路由、控制器、模型等。

(5)掌握MySQL数据库的基本操作,能使用PHP进行MySQL数据库编程。

(6)理解XML和JSON数据格式,掌握使用AJAX技术实现异步刷新、异步获取数据的方法。

(7)遵循企业标准开发过程,培养良好的工程能力,能进行企业动态网站开发,提高动态网站开发实践能力。

1.2 技术专题设计

技术专题既是对课程知识点的应用,也为课程学习完后开发企业项目进行知识补强。在课程教学过程中,可以把技术专题作为练习、实验或参考资料使用。每项技术专题为1个小型项目,围绕技能和知识点设计,包括训练技能和知识点、需求简介、设计思路、实现步骤。

参照《Web前端开发职业技能等级标准》的标准技能和知识点和高校开设静态网页设计和开发课程,结合企业实际岗位情况,选取开发工具、Bootstrap框架、MySQL、PHP、MySQLi数据库编程、Laravel框架、前后端交互等内容,安排16个技术专题,分别训练相关知识,具体内容如表 1.1 所示。

表 1.1 本书技术专题及具体内容

编号	类型	专题名称	内容说明	训练知识点
1	开发环境	HBuilder+XAMPP	1. 下载并安装 HBuilder 开发工具 2. 下载并安装 Chrome 浏览器 3. 下载并安装 XAMPP 集成开发环境 4. Apache 配置 5. MySQL 配置	1. HBuilder 下载安装 2. PHP 插件 3. Chrome 下载安装 4. XAMPP 下载安装 5. Apache 配置 6. MySQL 配置
2	Bootstrap 框架	响应式网站首页	应用 Bootstrap 框架构建响应式网站首页	1. 响应式开发 2. Bootstrap 引入 3. Bootstrap 栅格系统 4. 响应式页面
3	PHP 编程基础	折扣计算	定义一个商品总数的变量，使用 PHP 获取命令行输入并赋值给变量，通过条件判断语句及比较运算符计算其所能享受的折扣	1. 变量定义 2. 条件判断语句 3. 运算符 4. 数据输入和输出 5. 数据类型转换 6. PHP 命令行操作
4	PHP 编程基础	日期计算（程序结构）	1. 定义一个日期，包含年、月、日三个变量，使用 PHP 获取命令行输入并赋值给变量 2. 判断当年是否为闰年，并计算从当年 1 月 1 日开始经过了多少天	1. 变量定义 2. 数组定义与访问 3. 条件判断语句 4. 循环控制语句 5. 运算符 6. 数据输入和输出 7. 数据类型转换 8. PHP 命令行操作
5	PHP 编程基础	学生成绩排序（数组）	1. 定义一个二维数组，数组中每一个元素包含学生姓名、成绩。 2. 使用冒泡排序将数组中的元素按照成绩从高到低进行排列并打印该数组	1. 数组定义 2. 数组遍历 3. 循环控制语句 4. 条件判断语句 5. 数组打印
6	PHP 编程基础	简单计算器（函数）	1. 定义一个计算器函数，需要传入两个参数及一个运算符号。判断运算符号并进行指定运算，返回运算结果 2. 使用 PHP 获取命令行输入的数字和运算符并调用该计算器函数执行计算并输出结果	1. 函数定义 2. 条件判断语句 3. 数据输入与输出 4. 数据类型转换 5. PHP 命令行操作 6. 字符串操作函数
7	PHP 类和对象	工资计算（类和对象）	1. 定义一个工资计算类，构造函数传入岗位名称及月薪并初始化成员变量。类内部还有一个工资计算方法：传入月份参数计算总工资并返回 2. 实例化该类，并调用成员方法计算总工资	1. 面向对象 2. 类的定义 3. 实例化对象 4. 访问成员变量 5. 调用成员方法 6. 构造方法 7. 访问控制

续表

编号	类型	专题名称	内容说明	训练知识点
8	PHP 类和对象	面积计算（继承）	1. 定义一个面积计算抽象类，里面有一个抽象方法为计算面积 2. 定义两个类继承该抽象类，一个为计算长方形面积，一个为计算圆形面积，均实现了抽象类中的抽象方法 3. 例化计算长方形面积和圆形面积的两个类，并传入参数输出其周长	1. 面向对象 2. 类的定义 3. 实例化对象 4. 访问成员变量 5. 调用成员方法 6. 构造方法 7. 访问控制 8. 抽象类 9. 类的继承
9		商品信息管理（接口）	1. 定义一个商品接口，里面有一个未被实现的商品信息输出方法 2. 定义一个生鲜商品类，实现商品接口并实现商品信息输出方法 3. 实例化生鲜商品类，并使用商品信息输出方法输出商品信息	1. 接口 2. 接口的实现 3. 方法的重写 4. 访问控制
10	PHP Web	用户登录	1. 编写一个登录页面，有一个表单要求用户填写账号、密码，表单提交方式为 POST 提交 2. 登录处理文件获取用户的提交数据，判断数据是否都不为空 （1）如果都不为空，将数据保存至 Cookie 和 Session 中，并跳转至个人信息页面 （2）如果有一个或多个为空，则在 URL 中携带错误信息跳转至登录页面，登录页面显示错误信息 3. 个人信息页面获取 Cookie 和 Session 中保存的用户信息并进行输出	1. 会话机制 2. Cookie 操作 3. Session 操作 4. 超全局变量$_POST 5. 页面跳转
11	PHP 数据库编程	学生信息系统管理（MySQL）	1. 使用 xampp 的 shell 命令行登录数据库 2. 创建学生信息系统数据库 3. 创建学生信息表 4. 编写初始化数据脚本，用来初始化学生信息表中的学生数据，使用命令行导入该表。 5. 使用 mysqldump 命令导出数据库保存为脚本	1. 数据库登录 2. 数据定义语言（DDL） 3. 数据操纵语言（DML） 4. 数据查询语言（DQL） 5. 数据库脚本导入 6. 数据库备份
12		学生信息新增	1. 编写一个新增学生信息页面，有一个表单要求输入学生姓名、年龄、班级，表单提交方式为 POST 提交 2. 新增学生信息功能文件接收表单提交的数据，将其保存至数据库中 3. 使用 shell 命令行查看数据库中新增的数据	1. MySQLi 面向对象操作数据库 2. 连接数据库 3. 设置连接字符集 4. 执行 SQL 语句
13		学生信息列表	编写学生信息列表页，以按年龄从小到大的顺序获取全部学生信息，并在页面上以表格的形式输出	1. MySQLi 面向对象操作数据库 2. 连接数据库 3. 预处理 4. 执行 SQL 语句 5. 获取结果集

续表

编号	类型	专题名称	内容说明	训练知识点
14	Laravel 框架	创建 Laravel 工程	下载和安装 Laravel 框架,创建工程,并编写第一个 Laravel 程序	1. Composer 工具 2. Laravel 工程创建 3. Laravel 程序结构 4. Blade 模板 5. 路由
15		在线答题系统	进行客观题答题和自动评分,包括 4 道题目,每道题目 3 个选项,能够自动批改,并给出评分	1. PHP 类和对象 2. Laravel 框架 (1) 模板 (2) 路由 (3) 控制器 (4) Request 类 (5) Session 操作 (6) Artisan 命令 (7) CSRF 令牌
16	Web 前后端交互	书籍目录页面（AJAX）	1. 编写一个书籍目录页面,页面通过原生 JavaScript 实现 AJAX,以 GET 方式从后台获取数据 2. 后台将书籍目录列表以 JSON 的格式返回给前端 3. 前端将书籍目录在页面上显示	1. 原生 JavaScript 实现 AJAX 2. JSON 数据格式 3. json_encode 函数

1.3 案例设计

项目选取"在线音乐平台",为 PHP 动态网站程序,采用 HBuilder 和 XAMPP 工具开发,技术选型为"Bootstrap+PHP + PHP Web + MySQLi 数据库编程 + Laravel 框架 + MySQL"。案例按企业标准进行建设,结合瀑布模型、RUP 模型、增量开发思想,内容包括项目目标、需求分析、系统设计、每个功能迭代开发,在迭代开发过程中,按功能、技能和知识进行组织。整个项目分为 5 大阶段,分别为 Bootstrap 编程、PHP Web 基础、PHP + MySQL 数据库、PHP 三层结构和 Laravel 框架。

案例迭代开发内容如表 1.3 所示。

表 1.2 案例迭代开发内容

编号	阶段	节（迭代工程）	内容	训练知识点
1	需求设计	需求分析	介绍项目背景,描述项目页面需求	—
2		数据库设计和管理	数据库设计和生成 SQL 设计在线音乐平台数据库,并生成 MySQL 数据库脚本	E/R 图、数据库设计、MySQL
3	搭建静态页面	搭建静态页面	界面设计和制作 设计在线音乐平台界面,并制作 Bootstrap 静态页面	HTML、CSS、JavaScript、jQuery、Bootstrap

续表

编号	阶段	节（迭代工程）	内容	训练知识点
4	PHP Web 基础	管理员登录	1. 访问管理员登录页面，在登录框中输入相应信息，单击登录，若信息正确，则跳转至后台管理页面，若信息错误，则在登录框中显示错误信息 2. 管理页面分为三个部分：顶部、主体和尾部 （1）顶部为网站 LOGO、管理员信息栏和"注销"按钮 （2）主体分为两个部分，主体左侧为管理分类栏，分别为用户管理、专辑管理、音乐管理和评论管理，主体右侧为数据列表、列表信息栏和分页栏 （3）尾部展示网站相关信息	1. PHP 基础语法 2. 一维数组 3. PHP 与 Web 页面交互 4. 使用超全局变量$_PSOT 获取表单数据 5. 页面跳转 header 6. 超全局变量$_SESSION 操作 Session
5		查询音乐列表	管理员登录成功后，进入后台管理页面进行音乐管理，查询音乐列表 （1）以编码方式编写音乐列表数据 （2）将数据显示在管理页面主体部分	1. 二维数组 2. 遍历数组 3. 输出 echo
6	PHP + MySQL 数据库	后台登录优化	1. 访问管理员登录页面，在登录框中输入相应信息，单击登录，连接数据库，查询提交的信息是否与数据库中信息一致。若信息正确，则跳转至后台管理页面，若信息错误，则在登录框中显示错误信息 2. 管理页面分为三个部分：顶部、主体和尾部 （1）顶部为网站 LOGO、管理员信息栏和"注销"按钮 （2）主体分为两个部分，主体左侧为管理分类栏，分别为用户管理、专辑管理、音乐管理和评论管理，主体右侧为数据列表、列表信息栏和分页栏 （3）尾部展示网站相关信息	1. MySQLi 面向过程连接 MySQL 数据库 2. PHP 数据库编程 3. 面向过程数据库查询编程
7		查询音乐列表优化	管理员登录成功后，进入后台管理页面进行音乐管理，查询音乐列表 （1）连接数据库获取音乐列表数据 （2）将数据显示在管理页面主体部分	1. MySQLi 面向过程连接 MySQL 数据库 2. PHP 数据库编程 3. 面向过程数据库查询编程 4. MySQLi 获取结果集 5. 遍历数组
8	PHP 三层结构	程序结构优化	将后台登录和查询音乐列表功能代码结构进行优化，改为三层结构（View 层、业务层、DAO 层）	1. 3 层架构设计与实现 2. 实体类 3. PHP 面向对象 4. MySQLi 查询数据
9		添加音乐	通过表单，录入音乐信息，点击"提交"按钮，保存音乐信息到数据库并在添加页面显示操作的提示信息	1. 使用超全局变量$_POST 获取表单数据 2. 使用超全局变量$_GET 获取 URL 参数 3. PHP 面向对象 4. 预处理 5. MySQLi 添加数据 6. 文件上传

续表

编号	阶段	节（迭代工程）	内　　容	训练知识点
10	PHP 三层结构	音乐列表搜索与分页	音乐列表分页功能，音乐列表实现模糊搜索功能： （1）表单输入框为空时，显示所有 （2）在表单中输入音乐名称或歌手名称时，从数据库中模糊查询出对应的音乐，显示在音乐列表中 （3）搜索框显示当前搜索的关键词	1. 使用超全局变量$_GET 获取 url 数据 2. PHP 面向对象 3. MySQLi 模糊查询 4. MySQLi 获取总记录数 5. MySQLi 分页查询 6. ceil()向下取整 7. for 循环
11		编辑音乐	1. 修改音乐页面包含一个搜索框和"查询"按钮。在搜索框输入音乐 ID 并单击"查询"按钮，查询数据库把查询到的歌曲信息以表单的形式显示到页面 2. 在表单中修改歌曲相关信息，单击"提交"按钮，把修改后的歌曲信息存储到数据库	1. 使用超全局变量$_GET 获取表单数据 2. MySQLi 面向过程连接 MySQL 数据库 3. PHP 面向对象 4. 遍历数组 5. 预处理 6. MySQLi 查询数据，修改数据
12		删除音乐	1. 删除音乐页面包含一个搜索框和"查询"按钮。在搜索框输入音乐 ID 并单击"查询"按钮，查询数据库并把查询到的歌曲信息和一个"删除"按钮显示到页面 2. 单击"删除"按钮，即改变数据库中该歌曲的删除字段标识	1. 使用超全局变量$_GET 获取表单数据 2. MySQLi 面向过程连接 MySQL 数据库 3. PHP 面向对象 4. 遍历数组 5. 预处理 6. MySQLi 查询数据，删除数据
13		注册	在响应式开发部分的注册页面上进行迭代开发，实现注册功能 （1）输入注册相关信息提交，注册成功后跳转至登录页面 （2）注册失败则在注册框中显示注册失败信息	1. 使用超全局变量$_POST 获取表单数据 2. 文件引入 3. PHP 面向对象 4. 预处理 5. MySQLi 查询数据 6. MySQLi 插入数据 7. 跳转页面 header
14		登录	在响应式开发部分的登录页面上进行迭代开发，实现登录功能 （1）输入登录相关信息提交，登录成功保存用户登录信息并跳转至首页 （2）登录失败则在登录框显示登录失败信息	1. 使用超全局变量$_POST 获取表单数据 2. 文件引入 3. PHP 面向对象 4. 预处理 5. MySQLi 查询数据 6. 跳转页面 header 7. 使用超全局变量$_SESSION 操作 session
15		首页	在响应式开发部分的首页页面上进行迭代开发，实现动态首页功能 （1）导航栏上根据用户登录的情况显示不同信息，登录时显示用户信息，未登录时显示"登录"按钮 （2）正文部分的音乐列表从数据库中动态读取前 5 条音乐	1. 文件引入 2. PHP 面向对象 3. 预处理 4. MySQLi 查询数据 5. 遍历数组 6. 使用超全局变量$_SESSION 操作 session

续表

编号	阶段	节 （迭代工程）	内　　容	训练知识点
16	PHP 三层结构	音乐试听	音乐试听页面分为三部分，顶部和尾部与首页一致，主体分为两部分。其中主体内容的左边显示播放音乐列表，右边显示当前正在播放的音乐信息及"评论"按钮，尾部显示音乐播放器 （1）单击首页热门音乐列表中的音乐，进入试听页面。单击的音乐放入播放列表，右侧显示音乐的信息 （2）底部的播放器播放之前单击的音乐 （3）单击播放列表中的音乐，播放单击的音乐	1．使用超全局变量$\_GET 获取 get 参数 2．文件引入 3．PHP 面向对象 4．预处理 5．MySQLi 查询数据 6．遍历数组 7．使用超全局变量$_SEEION 存放音乐列表 8．数组元素的获取，添加，修改
17		音乐评论	单击播放列表中"音乐评论"按钮，进入音乐的评论页面 （1）显示当前音乐的评论列表 （2）在评论框输入内容，单击发布，保存评论到数据库	1．使用超全局变量$_GET 获取 url 中的参数 2．文件引入 3．PHP 面向对象 4．预处理 5．MySQLi 添加，查询数据 6．遍历数组
18		排行榜	单击顶部导航栏的"我的排行榜"按钮，进入排行榜页面 （1）新歌排行榜：最新前 5 名音乐列表，单击列表中的图片，进入音乐试听页面播放音乐 （2）热门排行榜：点击量前 5 名音乐列表，单击列表中的图片，进入音乐试听页面播放音乐 （3）全选：在前面 2 个列表中，全选时，单击"播放"按钮，把选中的歌曲全部加入音乐试听列表 （4）勾选多个音乐：在"新歌排行榜"或"热门排行榜"中，勾选想播放的音乐，单击"播放"按钮，把选中的歌曲加入音乐试听列表	1．文件引入 2．PHP 面向对象 3．预处理 4．MySQLi 查询数据 5．遍历数组 6．使用超全局变量$_SEEION 存放音乐列表 7．数组元素的获取、添加、修改、遍历 8．字符串转为数组
19	Laravel 框架	用户注册	1．在注册页面上进行迭代开发，实现注册功能 2．输入注册相关信息提交，注册成功后跳转至登录页面，注册失败则在注册框中显示注册失败信息	1．基本路由 2．路由方法（GET 与 POST） 3．控制器 4．Blade 模板 5．引入子模板 6．HTTP 请求/响应 7．DB 类（原生 SQL）
20		用户登录	1．在登录页面上进行迭代开发，实现登录功能 2．输入登录相关信息并提交，登录成功保存用户登录信息到 Session 并跳转至首页，登录失败则在登录框显示登录失败信息	1．路由 2．控制器 3．Blade 模板 4．HTTP 请求/响应 5．DB 类（原生 SQL） 6．Session

第 2 章 开发环境：HBuilder+XAMPP

2.1 技能和知识点

知识导图如图 2.1 所示。

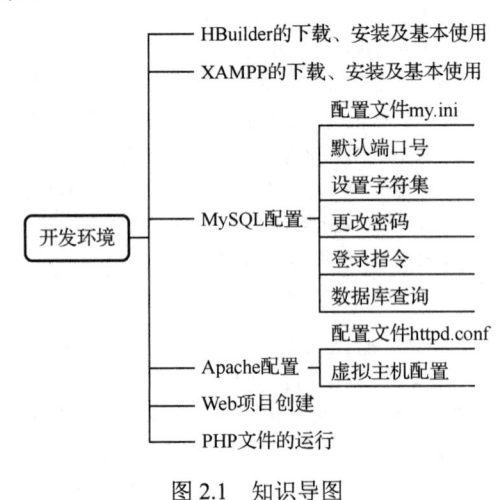

```
                        ┌── HBuilder的下载、安装及基本使用
                        ├── XAMPP的下载、安装及基本使用
                        │              ┌── 配置文件my.ini
                        │              ├── 默认端口号
                        │              ├── 设置字符集
                        ├── MySQL配置 ──┼── 更改密码
  开发环境 ──────────────┤              ├── 登录指令
                        │              └── 数据库查询
                        │              ┌── 配置文件httpd.conf
                        ├── Apache配置 ─┤
                        │              └── 虚拟主机配置
                        ├── Web项目创建
                        └── PHP文件的运行
```

图 2.1 知识导图

2.2 需求简介

（1）搭建 Web 开发环境，并掌握相关软件的使用。
① 下载安装 Google Chrome 浏览器。
② 下载安装 HBuilder、网页及 PHP 脚本文件编辑工具。
③ 服务器端集成环境安装，下载安装 XAMPP，配置并启动 Apache 和 MySQL。

（2）测试开发环境。

① 创建 Web 项目"test"，编写 index.php 文件。

② 启动 Apache 服务器，使用浏览器访问 index.php 页面，在页面中显示"Hello World！"字符串，运行效果如图 2.2 所示。

图 2.2　运行效果图

2.3　设计思路

1. 编程工具 HBuilder

HBuilder 是 DCloud（数字天堂）推出的一款支持 HTML、HTML5、CSS 和 JS 的 Web 开发 IDE。通过安装 PHP 插件，可以进行 PHP 开发。

2. Web 项目运行

编写的 Web 项目要发布到 Web 服务器中运行，用户才能通过浏览器去访问。若 Web 项目中包含 PHP 脚本代码，则需要 PHP 解释器进行解析，PHP 数据库操作库可以与数据库进行交互。交互过程如图 2.3 所示。

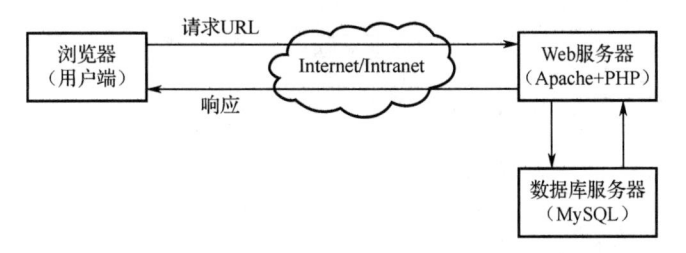

图 2.3　Web 数据交互过程

3. XAMPP 套件

XAMPP（Apache+MySQL+PHP+PERL）是一个功能强大的 PHP 建站集成软件包。可以在 Windows、Linux、Solaris、Mac OS X 等多种操作系统下安装使用，支持多语言。

Web 前端开发会使用到 XAMPP 中集成的软件如下：

（1）数据库服务器 MySQL；

（2）Web 服务器 Apache；

（3）PHP 解释器。

4. 浏览器 Google Chrome

Google Chrome 是一款由 Google 公司开发的网页浏览器，该浏览器稳定性、速度和安全性都比较好。

5. 安装部署 Web 项目

（1）使用 Apache 默认端口（HTTP 默认端口 80）运行 Web 项目。

创建 Web 项目 test，编写 index.php 脚本。将项目放到 Apache 默认网页根目录（htdocs）下，启动 Apache，使用浏览器访问 index.php 文件。

（2）配置虚拟域名，使用 8080 端口运行 Web 项目。

在 D 盘创建 Web 项目 MusicProject，编写 index.php 脚本。在 Apache 中添加虚拟域名*.8080，运行 MusicProject 项目。

2.4 实现

2.4.1 下载安装 Chrome

1. 下载 Chrome

（1）访问 Chrome 官网：https://www.google.cn/chrome/。

（2）单击页面中"下载 Chrome"按钮，下载 Chrome 安装包，如图 2.4 所示。

图 2.4　Chrome 下载页面

2. 安装 Chrome

双击 Chrome 安装文件即可自动完成安装，安装完成后，启动 Chrome 浏览器，安装文件如图 2.5 所示。

图 2.5　Chrome 安装文件

3. Chrome 的开发者工具

（1）打开"开发者工具"。

打开任意网页（如百度），按 F12 打开"开发者工具"。也可以在页面空白处右击，在弹出菜单中选择"检查"，如图 2.6 所示。

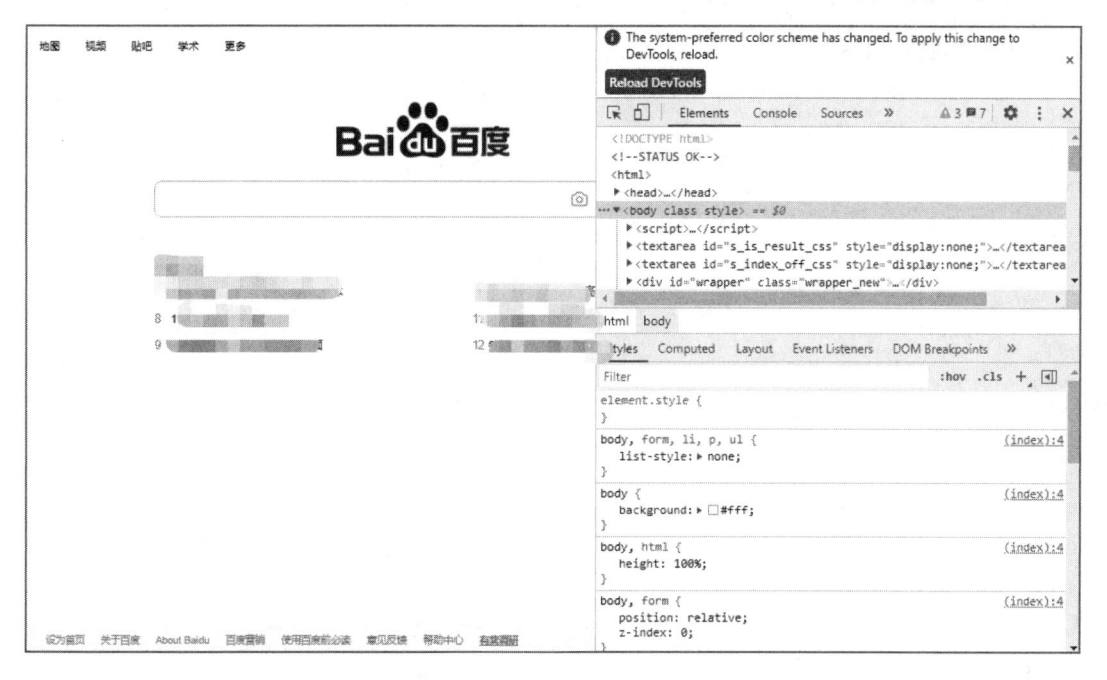

图 2.6 开发者工具

（2）常用的"开发者工具"功能如下。

① Elements：查看页面元素及布局，如图 2.7 所示。

② Console：控制台，用于打印输出和调试。

③ Network：查看网络通信的数据包。

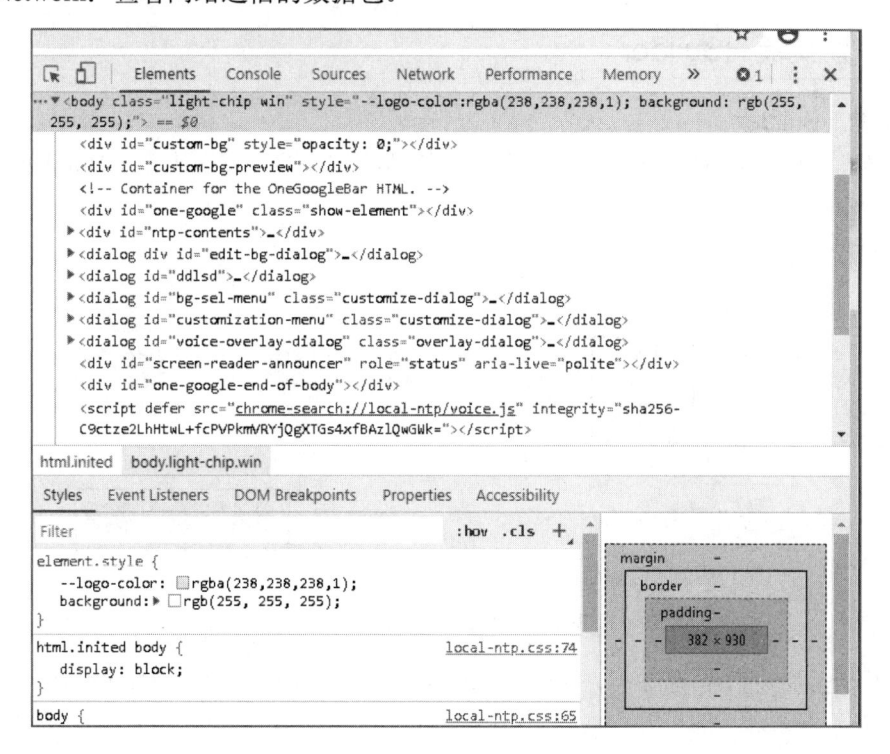

图 2.7 "Elements"查看工具

（3）移动设备模拟。

单击"□"按钮，可切换到"移动设备模拟"状态，如图 2.8 所示。

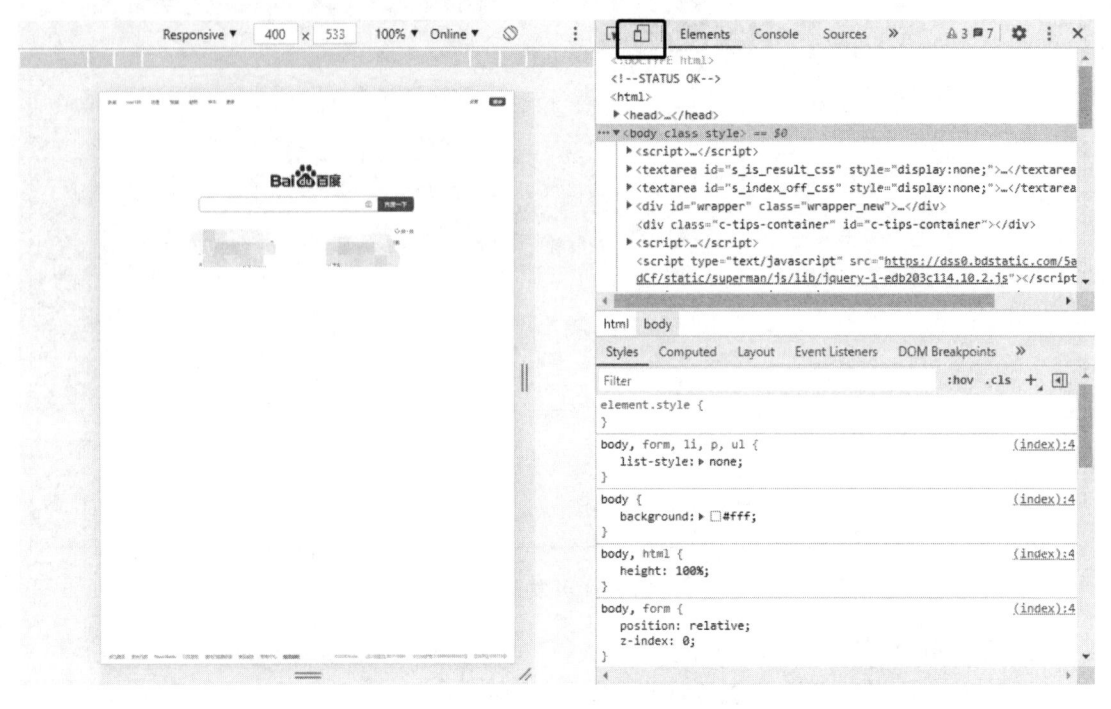

图 2.8 "移动设备模拟"状态

2.4.2 下载安装 HBuilder

1. 下载 HBuilder

（1）进入 HBuilder 官方网站首页，单击"DOWNLOAD"按钮下载 HBuilder，如图 2.9 所示。

图 2.9 HBuilderX 下载页面

（2）在弹出的窗口中选择"上一代 HBuilder 下载"，选择"win（258.6M）"文件包，如图 2.10 所示。

（3）下载后得到压缩文件（HBuilder.9.1.29.windows.zip），如图 2.11 所示。

图 2.10　HBuilder 下载　　　　　　　　图 2.11　HBuilder 安装包

2. 安装（解压下载文件后即可以使用）

（1）解压 HBuilder.9.1.29.windows.zip 到一个目录下（如解压到 C 盘根目录下，解压后将生成 C:\HBuilder），即 HBuilder 的文件夹，文件目录如图 2.12 所示。

图 2.12　HBuilder 文件目录

（2）运行 HBuilder.exe 文件。

第一次使用，会弹出注册界面，可以选择"注册用户"或"暂不登录"，如图 2.13 所示。

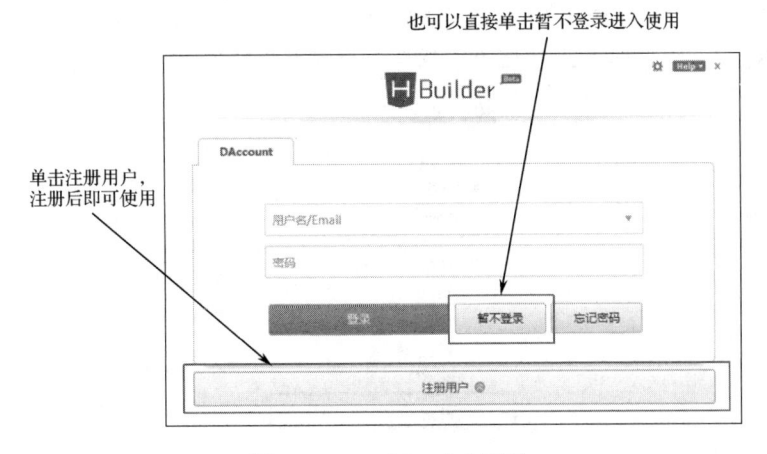

图 2.13　HBuilder 启动页面

3. HBuilder 工具

（1）HBuilder 主界面如图 2.14 所示。

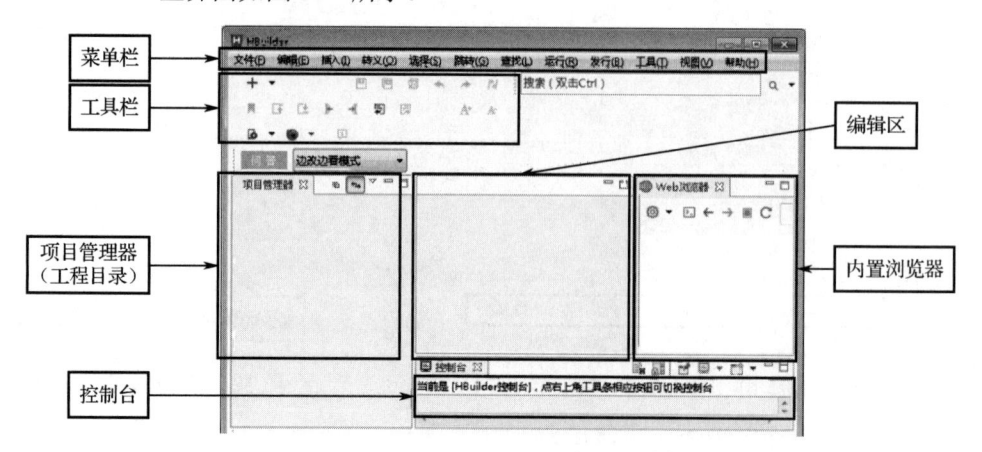

图 2.14　HBuilder 主界面

（2）使用 HBuilder 创建页面的基本步骤，如图 2.15 所示。
① 创建 Web 项目工程；
② 在项目工程中创建文件，包括页面文件和项目文件夹等；
③ 编辑页面文件等。

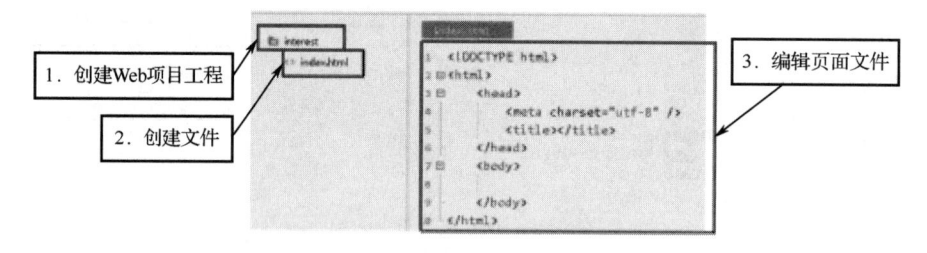

图 2.15　HBuilder 创建页面步骤

4. HBuilder 安装 PHP 插件

在后面的章节中，需要使用 PHP 开发 Web 项目，因此需要安装对应的 PHP 插件。
（1）在 HBuilder 主界面上，选择"工具"→"插件安装"命令，如图 2.16 所示。

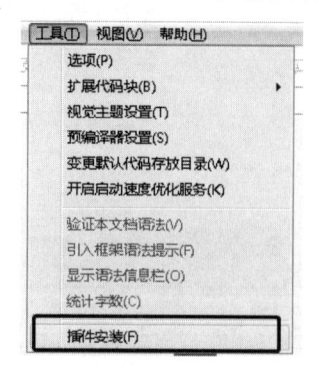

图 2.16　"插件安装"菜单项

（2）在"插件安装"界面，勾选"Aptana php 插件"复选框，单击"安装"按钮，进行自动安装，如图 2.17 所示。

图 2.17 "插件安装"界面

5．设置语法验证器

（1）在 HBuilder 主界面上，选择"工具"→"选项"命令，如图 2.18 所示。

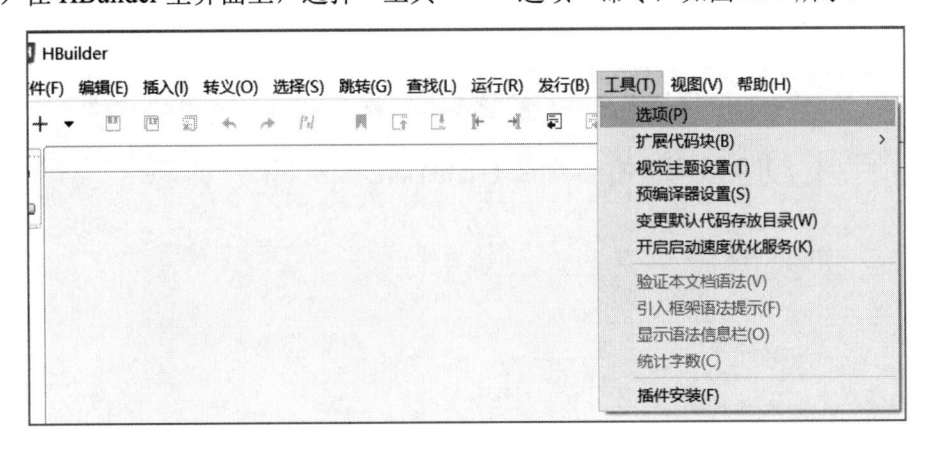

图 2.18 "选项"命令

（2）在弹出的"选项"窗口，左侧选择"HBuider"下的"语法验证器设置"。将右侧表格中 CSS、HTML、JSON、JavaScript 语法验证器打开，单击右下角的"应用"按钮，如图 2.19 所示。

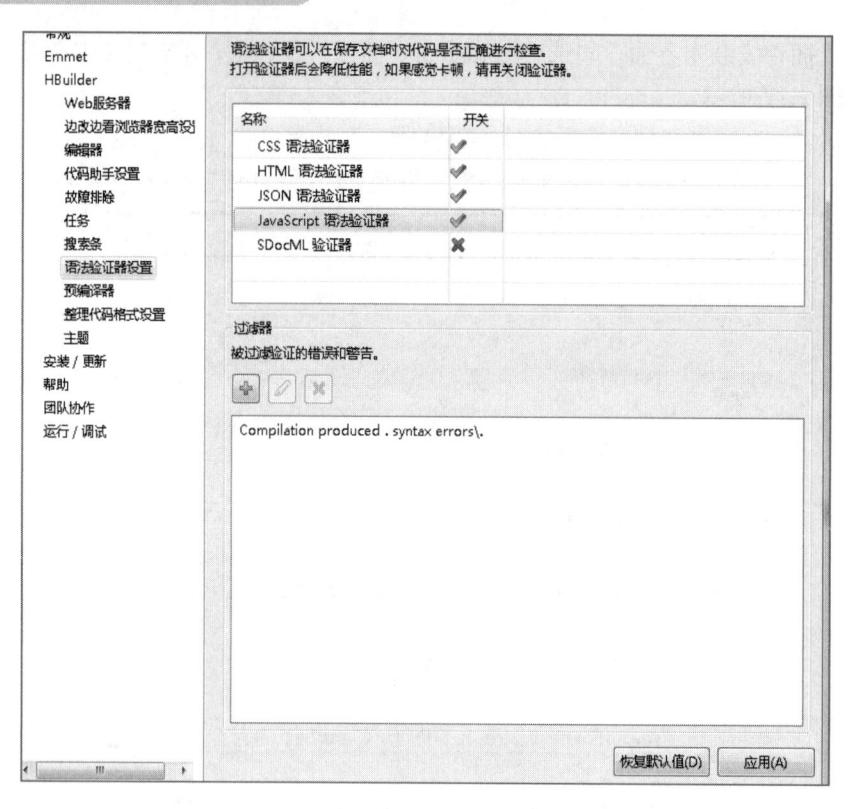

图 2.19 "语法验证器"设置界面

2.4.3 下载安装 XAMPP

1. 下载 XAMPP

(1) 进入 XAMPP 官方网站进行下载，如图 2.20 所示。

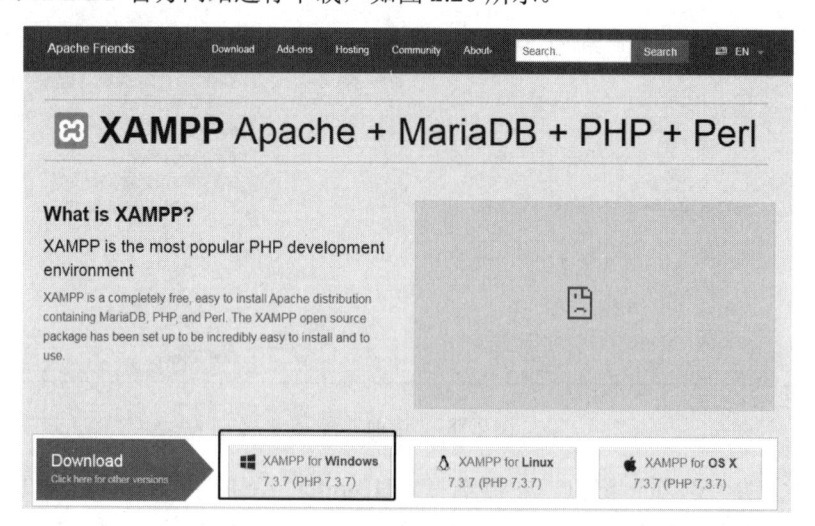

图 2.20 XAMPP 下载页面

(2) 若没有自动开始下载，单击"click here"，前往版本列表下载，如图 2.21 所示。

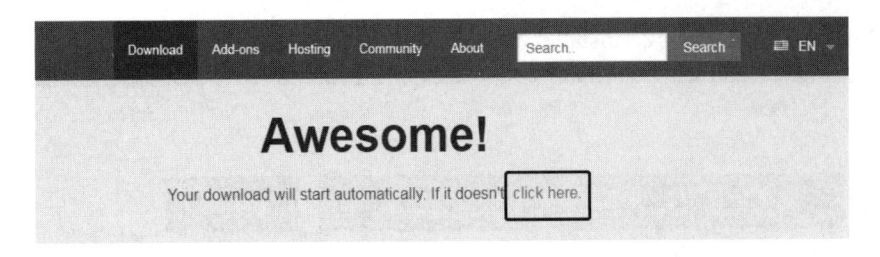

图 2.21　XAMPP 下载连接页面

（3）在版本列表里选择需要的操作系统，如图 2.22 所示。

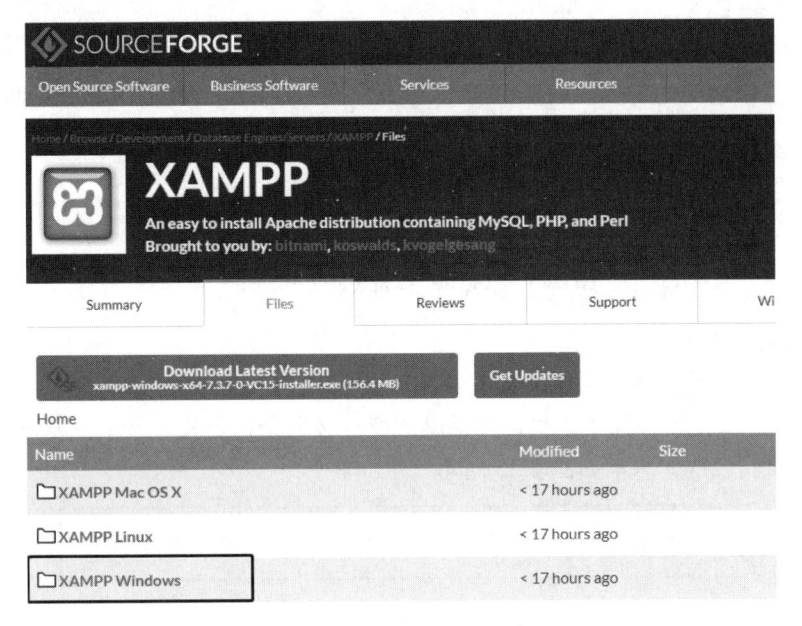

图 2.22　XAMPP Windows 下载页面 1

（4）选择版本 7.3.7 或最新版本，如图 2.23 所示。

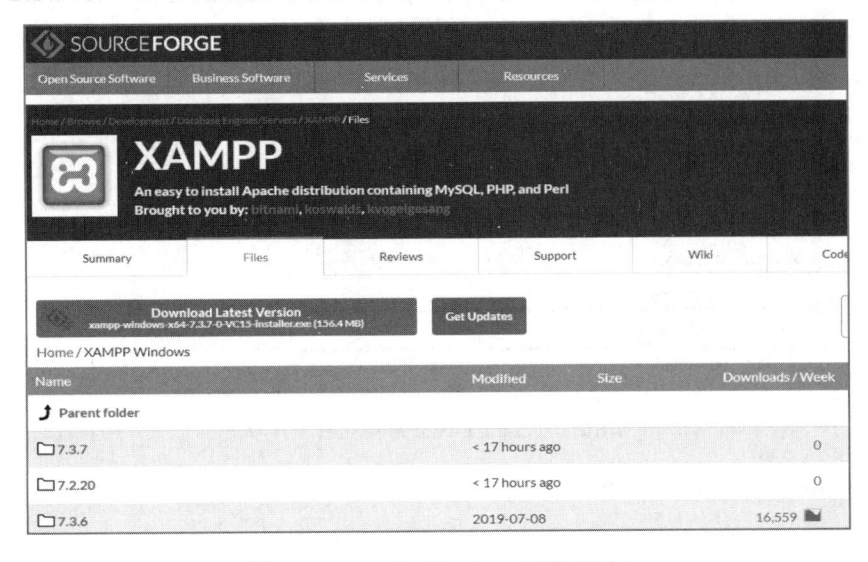

图 2.23　XAMPP Windows 下载页面 2

（5）Windows 系统中下载*.installer.exe 安装程序，如图 2.24 所示。

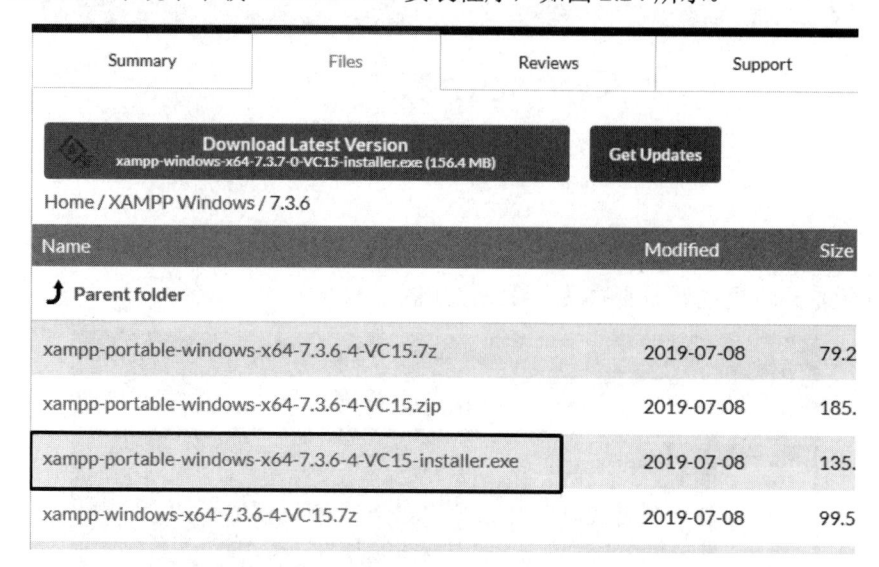

图 2.24 XAMPP 安装文件下载链接页

2. 安装 XAMPP

（1）双击运行安装文件，采用默认安装即可。

XAMPP 默认安装在 C 盘下，也可以手动改变安装目录，安装目录中不要包含空格字符或中文，建议不要安装得太深，如图 2.25 所示。

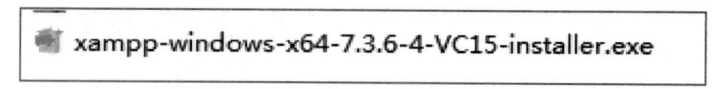

图 2.25 XAMPP 安装文件

（2）安装成功后，启动 XAMPP 控制面板。

打开 XAMPP 根目录（默认为 C:/xampp），找到 xampp-control.exe 文件，双击运行，如图 2.26 所示。

图 2.26 xampp-control 可执行文件

（3）XAMPP 控制面板如图 2.27 所示。

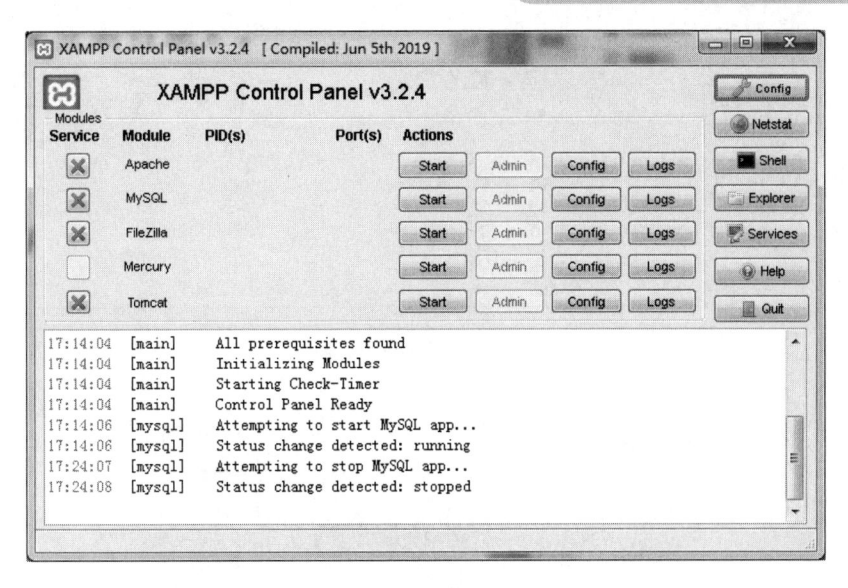

图 2.27 XAMPP 控制面板

2.4.4 配置 MySQL

1. 启动 MySQL

打开 XAMPP 控制面板，单击 MySQL 模块"Start"按钮，启动 MySQL，启动 MySQL 后 XAMPP 控制面板如图 2.28 所示。

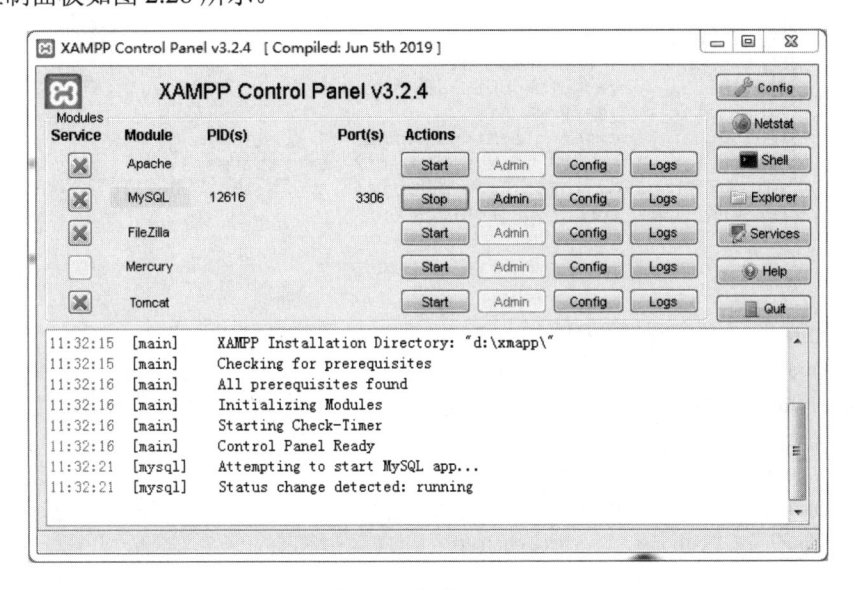

图 2.28 启动 MySQL

如果 MySQL 启动失败，可以单击右侧的"Netstat"按钮打开端口列表，查看 3306 端口是否被占用，在 cmd 控制台或任务栏管理器中关闭对应的程序，如图 2.29 所示。

2. MySQL 配置

（1）选择 MySQL 对应的 Config 下的 my.ini 文件，如图 2.30 所示。

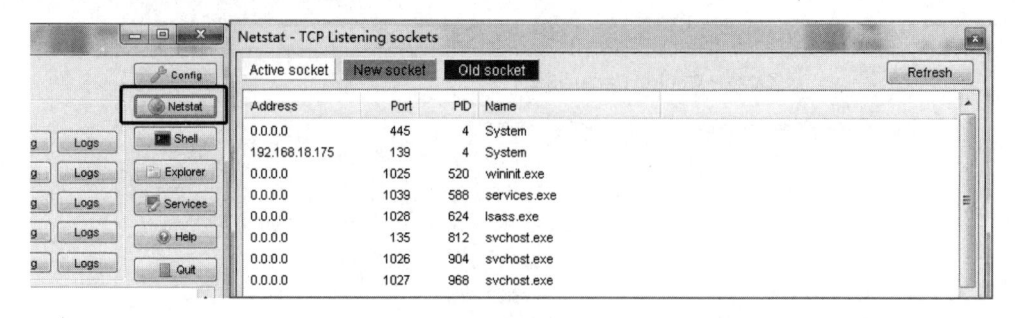

图 2.29 打开 Netstat 窗口

图 2.30 打开 my.ini 文件

（2）将连接字符集更换为 UTF8。

① 在 my.ini 文件中找到"UTF 8 Settings"部分，如图 2.31 所示。

```
## UTF 8 Settings
#init-connect=\'SET NAMES utf8\'
#collation_server=utf8_unicode_ci
#character_set_server=utf8
#skip-character-set-client-handshake
#character_sets-dir="C:/xmapp/mysql/share/charsets"
sql_mode=NO_ZERO_IN_DATE,NO_ZERO_DATE,NO_ENGINE_SUBSTITUTION
log_bin_trust_function_creators = 1
```

图 2.31 修改字符集

② 将每行前的"#"注释符去掉。

```
# UTF 8 Settings
init-connect=\'SET NAMES utf8\'
collation_server=utf8_unicode_ci
character_set_server=utf8
skip-character-set-client-handshake
character_sets-dir="C:/xampp/mysql/share/charsets"
```

③ 保存文件，重启 MySQL。

3. 修改 MySQL 密码

XAMPP 默认 MySQL 数据库 root 密码为空，通过以下步骤进行设置。

（1）通过单击 XAMPP 控制面板中的"Shell"按钮打开 Windows 命令提示符。

（2）使用 mysqladmin 命令行实用程序更改 MySQL/MariaDB 密码，使用以下语法：
#mysqladmin --user = root password newpassword，如图 2.32 所示。

图 2.32 设置 root 账号密码

（3）使用新密码登录 MySQL

启动 Shell，输入 MySQL 数据库登录命令"# mysql -u root -p"，在"Enter password:"提示符后输入密码，如图 2.33 所示。

图 2.33 登录 MySQL

4．测试 MySQL

编写 SQL 语句查询所有数据库，命令行输入："show databases;"，如图 2.34 所示。

图 2.34 查询数据库

2.4.5 创建 Web 项目并运行

1．创建 Web 项目

（1）在 HBuilder 主界面上，选择"文件"→"新建"→"Web 项目"命令（也可按 Ctrl+N 组合键，然后选择"Web 项目"命令）。

（2）在"创建 Web 项目"对话框中，填写"项目名称"，项目保存"位置"（更改此路径 HBuilder 会记录，下次默认使用更改后的路径），选择使用的模板，如图 2.35 所示。

① 项目名称：test。
② 位置：选择 XAMPP 安装的目录（默认为 C:\xampp）下的 htdocs 文件夹。
③ 模板：选择"默认项目"即可。
（3）单击"完成"按钮，创建 test 项目。
（4）在编辑器左侧的"项目管理器"中会出现项目目录，如图 2.36 所示。

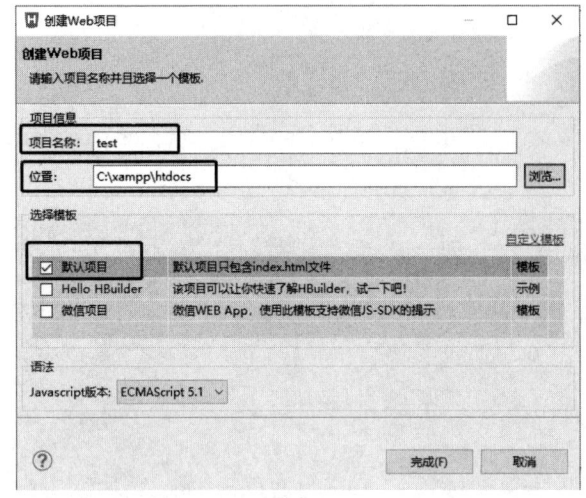

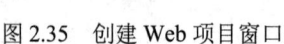

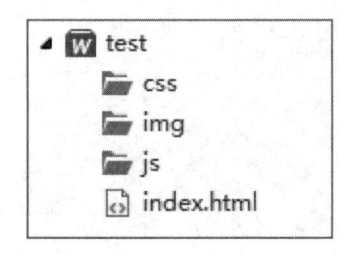

图 2.35　创建 Web 项目窗口　　　　图 2.36　项目目录

2. 修改默认项目文件

（1）删除默认创建的 css、img、js 文件夹。

选择 css、img 和 js 文件夹（按着 Ctrl 键可以选多个文件夹或文件），右击，在弹出菜单中选择"删除"命令，如图 2.37 所示。

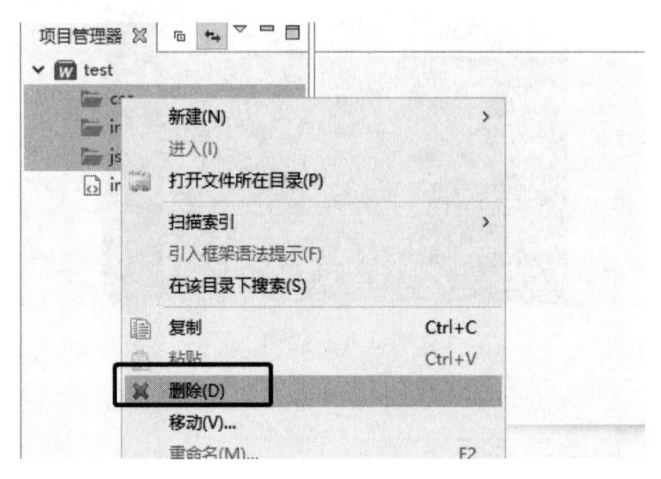

图 2.37　删除文件

（2）修改 index.html 文件名为 index.php。
① 选中"index.html"文件，右击，在弹出的快捷菜单中选择"重命名"命令，如图 2.38 所示。

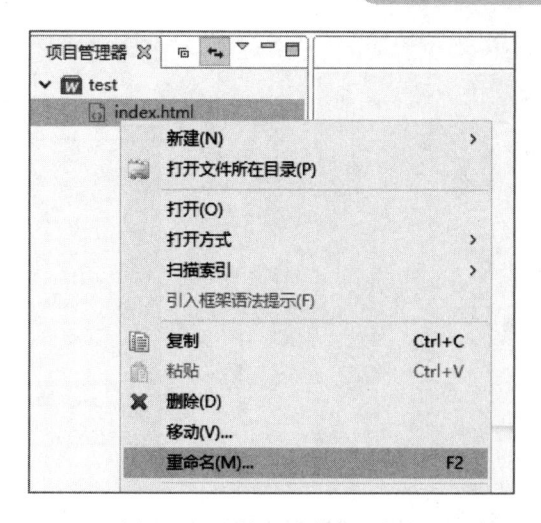

图 2.38 文件"重命名"命令

② 在"重命名资源"对话框中,"新建名称"的输入框中修改文件名为"index.php",单击"确定"按钮,如图 2.39 所示。

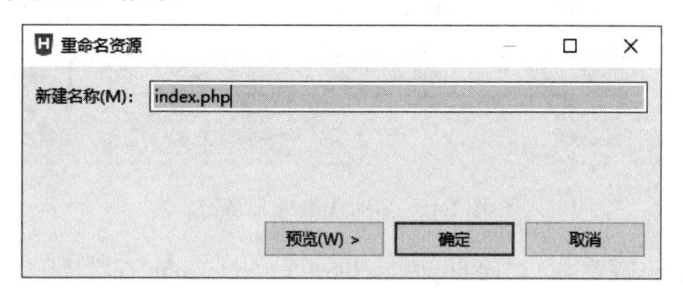

图 2.39 设置新文件名

3. 编写 index.php 文件

(1)双击"项目管理器"test 项目中的 index.php 文件,在中间编辑器中显示 index.php 文件代码,如图 2.40 所示。

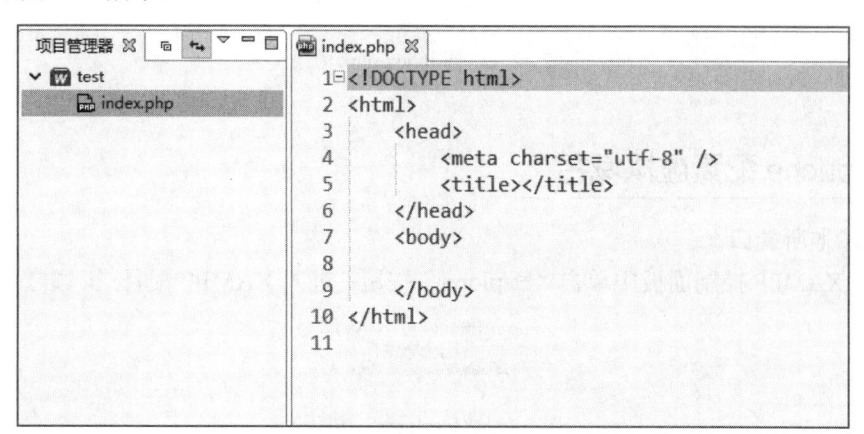

图 2.40 编辑 index.php 文件

(2)在<body></body>标签之间添加一段 php 代码。

```
<!DOCTYPE html>
<html>
<head>
    <meta chars="utf-8" />
    <title></title>
</head>
<body>
    <?php
        echo "Hello World！";
    ?>
</body>
</html>
```

4. 运行项目

（1）打开 XAMPP 控制面板，单击 Apache 模块的"Start"按钮启动 Apache 服务器，如图 2.41 所示表示启动成功。

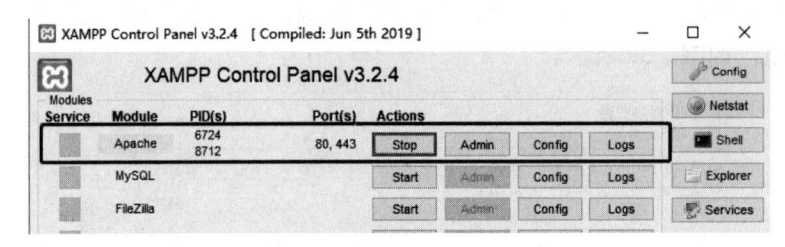

图 2.41　启动 Apache 服务器

（2）打开 Chrome 浏览器，访问 http://localhost/test/index.php 查看代码运行效果，如图 2.42 所示。

图 2.42　访问 index.php 文件

2.4.6　Apache 配置虚拟域名

1. 新增监听端口

（1）在 XAMPP 控制面板中单击"Explorer"按钮，进入 XAMPP 根目录，如图 2.43 所示。

图 2.43　"Explorer"按钮

（2）打开\xampp\apache\conf\httpd.conf 文件。
（3）找到"Listen 80"行，在其下面新增监听端口（如 8080），如图 2.44 所示。

```
59  #Listen 12.34.56.78:80
60  Listen 80
61  Listen 8080
62
```

图 2.44　添加 8080 端口监听

2. 配置虚拟域名

打开\xampp\apache\conf\extra\httpd-vhosts.conf 文件，在最底部添加如下代码。

```
<VirtualHost *:8080>
    DocumentRoot "D:/MusicProject"
    ServerName localhost
    <Directory "D:/MusicProject">
        Options Indexes FollowSymLinks MultiViews
        AllowOverride all
        Require all granted
    </Directory>
</VirtualHost>
```

3. 重启 Apache 服务器

单击"Stop"按钮后再单击"Start"按钮，如图 2.45 所示。

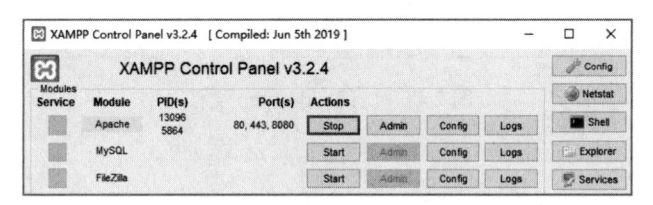

图 2.45　重启 Apache 服务器

4. 创建 Web 项目

（1）使用 HBuilder 在 D 盘下创建 Web 项目 MusicProject，如图 2.46 所示。

① 项目名称：MusicProject。

② 位置：选择 D 盘。

图 2.46　创建"MusicProject"工程

（2）在"项目管理器"中删除 css、img、js 文件夹，修改 index.html 文件名为 index.php。
（3）在<body></body>标签之间添加一段 php 代码。

```
<!DOCTYPE html>
<html>
<head>
    <meta chars="utf.8" />
    <title></title>
</head>
<body>
    <?php
        echo "Hello World！";
    ?>
</body>
</html>
```

5．打开 Chrome 浏览器，输入 http://localhost:8080/index.php，如图 2.47 所示。

图 2.47　访问 index.php 文件

第3章 Bootstrap：响应式网站首页

3.1 技能和知识点

知识导图如图 3.1 所示。

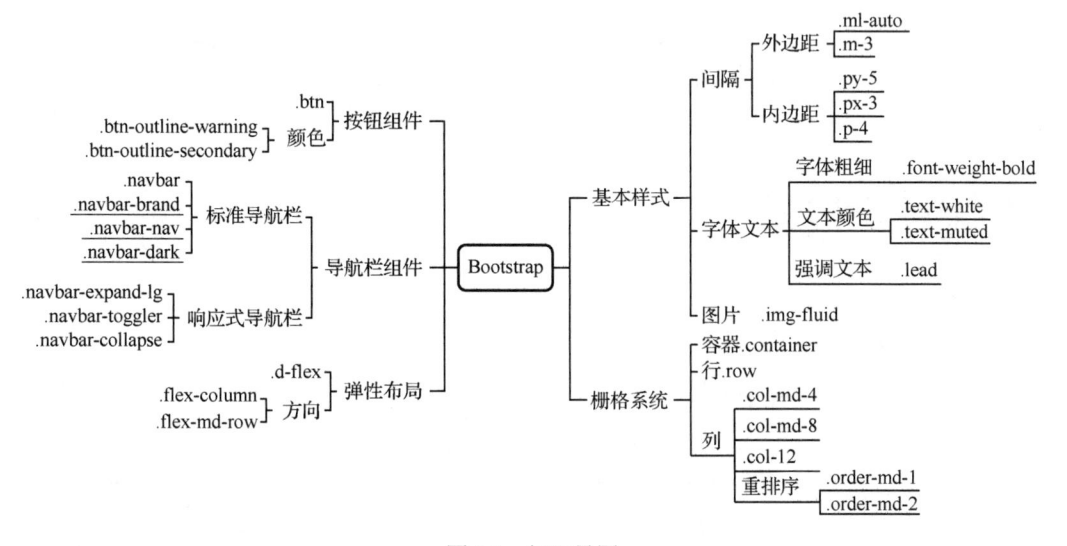

图 3.1 知识导图

3.2 需求简介

模拟 Bootstrap 网站，应用 Bootstrap 框架构建响应式首页。

（1）PC 端效果图如图 3.2 所示。
（2）移动端效果图如图 3.3 所示。

图 3.2　PC 端效果图 　　　　　　图 3.3　移动端效果图

3.3　设计思路

1. 程序设计

（1）项目名称：responsePage。
（2）项目文件结构如表 3.1 所示。

表 3.1　项目文件结构

类　　型	文　　件	说　　明
html 文件	index.html	响应式首页 html 页面
css 文件	css/bootstrap.min.css	Bootstrap 样式文件
js 文件	js/jquery.min.js	jQuery 文件
	js/bootstrap.min.js	Bootstrap 脚本文件
png 文件	img/logo.png	logo 图，大小 36 像素×36 像素
	img/bootstrap.png	Bootstrap 图，大小 475 像素×420 像素

（3）在 Bootstrap 官方网站（https://getbootstrap.com/）下载 Bootstrap4 的资源包（包括 bootstrap.min.js 文件、bootstrap.min.css 文件和 jquery.min.js 文件）。

2．界面设计

（1）搭建页面主体结构，分为页头导航栏<nav>和正文<div>两部分，其中正文部分由文本和图片构成。

① PC 端页面结构如图 3.4 所示。

② 移动端页面结构如图 3.5 所示。

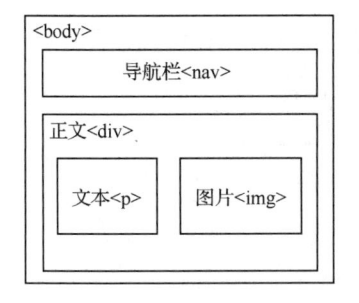

图 3.4　PC 端页面结构 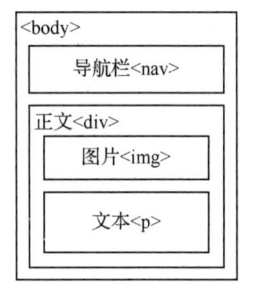　　　　图 3.5　移动端页面结构

（2）用 Bootstrap 的响应式导航栏组件制作页头。

① PC 端将 logo、导航项、下载链接平铺并排显示，如图 3.6 所示。

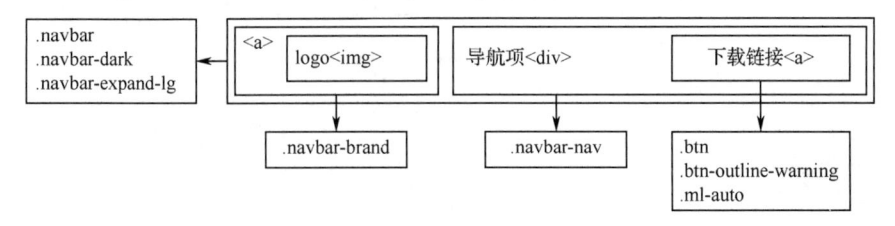

图 3.6　PC 端页头结构图

② 移动端导航栏展示为折叠导航栏，如图 3.7 所示。

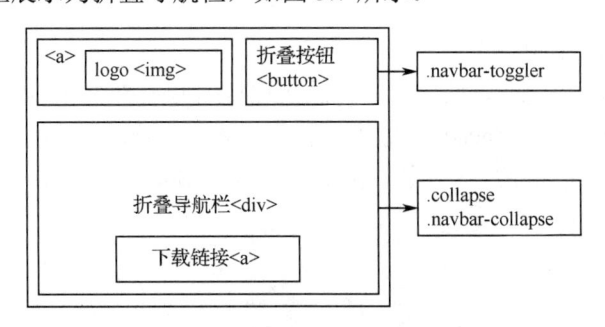

图 3.7　移动端页头结构图

（3）用 Bootstrap 的栅格系统制作正文。

① 在 PC 端图片占 4 列，文本内容占 8 列，通过 order-*类控制图片和文本内容在 PC 端的顺序为先文本内容后图片。其中图片为自适应图片.img-fluid。PC 端正文页面结构如图 3.8 所示。

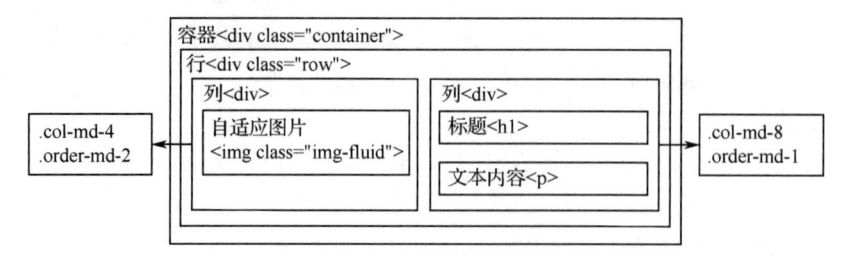

图 3.8　PC 端正文结构

② 在移动端时图片占 12 列，文本内容占 12 列，正文结构如图 3.9 所示。

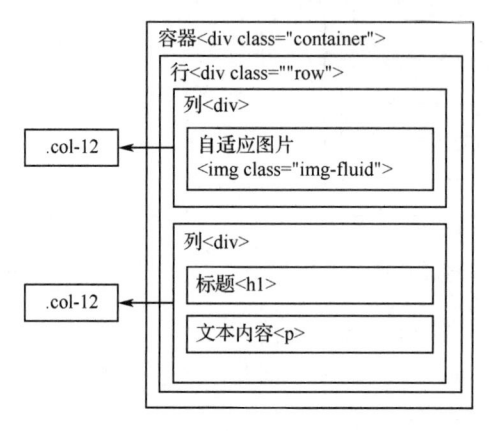

图 3.9　移动端正文结构

3.4　实现

3.4.1　引入 Bootstrap 文件

（1）创建项目 responsePage。
（2）下载 Bootstrap 资源包，将相应文件放入项目的 js 文件夹和 css 文件夹中。
（3）在首页 index.html 的<head>标签中设置视口来响应移动端。
（4）依次引入 Bootstrap 的 css 文件、jQuery 文件和 Bootstrap 的 js 文件。

```html
<head>
    <meta charset="UTF-8">
    <meta name="viewport" content="width=device-width,initial-scale=1">
    <link rel="stylesheet" type="text/css" href="css/bootstrap.min.css">
    <script type="text/javascript" src="js/jquery.min.js"></script>
    <script type="text/javascript" src="js/bootstrap.min.js"></script>
    <title>bootstrap</title>
</head>
```

3.4.2 搭建页面结构

在 index.html 文件的<body>标签中搭建页面基本结构,由导航栏<nav>和正文<div>构成。

```
<body>
    <nav>
        <!..导航栏..>
    </nav>
    <div>
        <!..正文..>
    </div>
</body>
```

3.4.3 创建导航栏

(1)对<nav>添加类创建浅色文本的响应式导航栏,通过设置 navbar-expand-lg 使导航栏在大屏及以上时展开(屏幕宽度>992px 时导航栏水平铺开,<992px 垂直堆叠)。

```
<nav class="navbar navbar-dark bg navbar-expand-lg">
    <!..导航栏..>
</nav>
```

(2)编写内部样式,设置导航栏背景颜色。

```
<style>
    .bg {
        background.color: #7952b3;
    }
</style>
```

(3)在<nav>标签中添加 logo 图和折叠按钮。按钮设置 data-toggle 属性为 collapse,使其功能切换为折叠按钮。

```
<nav class="navbar navbar-dark bg navbar-expand-lg">
    <a class="navbar-brand" href="#">
        <img src="./img/logo.png">
    </a>
    <button class="navbar-toggler" type="button" data-toggle="collapse" data-target="#navbar">
        <span class="navbar-toggler-icon"></span>
    </button>
</nav>
```

① 导航栏 PC 端效果如图 3.10 所示。

图 3.10 导航栏 PC 端效果图

② 导航栏移动端效果如下图 3.11 所示。

图 3.11　导航栏移动端效果图

（4）在<nav>标签中添加导航菜单内容，为"首页""中文文档""实例"链接及"下载 Bootstrap"按钮。给折叠菜单容器添加 id 属性，值跟折叠按钮的 data.target 属性相同，使两者进行关联。

```
<nav class="navbar navbar-dark bg navbar-expand-lg">
    <!--logo(省略)-->
    <!--折叠按钮(省略)-->
    <div class="collapse navbar-collapse" id="navbar">
        <div class="navbar-nav">
            <a class="nav-item nav-link active" href="#">首页</a>
            <a class="nav-item nav-link" href="#">中文文档</a>
            <a class="nav-item nav-link" href="#">实例</a>
        </div>
        <a href="" class="btn btn-outline-warning ml-auto">下载 Bootstrap</a>
    </div>
</nav>
```

① 导航栏 PC 端效果如图 3.12 所示。

图 3.12　导航栏 PC 端效果图

② 导航栏移动端效果如图 3.13 所示。

图 3.13　导航栏移动端效果图

3.4.4　创建正文

（1）在<div>中添加 Bootstrap 类.py-5 设置上下内边距，.px-3 设置左右内边距。

```
<div class="main py-5 px-3">
    <!--正文-->
</div>
```

(2)在<style>中编写内部样式,设置正文背景为从左上到右下的渐变色。

```
.main{
    background: linear-gradient(to right bottom,#f7f5fb 50%,#fff 50%);
}
```

(3)添加正文内容。

使用栅格系统添加图片,设置.col-md-4 使图片在屏幕≥768px 占四列,设置.col-12 使其在屏幕<576px 占 12 列,.order-类控制内容的视觉顺序,img-fluid 设置响应式图片。

正文部分页面效果如图 3.14 所示。

```
<div class="main py-5 px-3">
    <div class="container p-4">
        <div class="row">
            <div class="col-md-4 col-12 order-md-2">
                <img class="img-fluid" src="./img/bootstrap.png">
            </div>
        </div>
    </div>
</div>
```

图 3.14　正文部分页面效果

(4)使用栅格系统添加标题和文本内容,设置.col-md-8 使其在屏幕≥768px 占 8 列,设置.col-12 使其在屏幕<576px 占 12 列,.order-类控制内容的视觉顺序。

```
<div class="row">
    <!--省略图片代码-->
    <div class="col-md-8 col-12 order-md-1">
        <h1 class="font-weight-bold">利用 Bootstrap 构建快速、响应式的网站</h1>
        <p class="lead">Bootstrap 是全球最受欢迎的前端开源工具库,它支持 Sass 变量和 mixin、响应式栅格系统、自带大量组件和众多强大的 JavaScript 插件。基于 Bootstrap 提供的强大功能,能够让你快速设计并自定义你的网站。</p>
    </div>
</div>
```

① PC 端正文页面效果如图 3.15 所示。

图 3.15 PC 端正文页面效果

② 移动端正文页面效果如图 3.16 所示。

图 3.16 移动端正文页面效果

(5) 添加按钮和版本号,通过.d-flex 让按钮使用弹性布局,设置.flex-md-row 使其在屏幕宽度≥768px 横向排列,设置. flex-column 使其< 768px 纵向排列。

```html
<div class="row">
    <!--省略图片代码-->
    <div class="col-md-8 col-12 order-md-1">
        <!--省略标题和文本内容-->
        <div class="d-flex flex-column flex-md-row">
            <a href="" class="btn btn-lg bg text-white m-3">快速入门</a>
            <a href="" class="btn btn-lg btn-outline-secondary m-3">下载 Bootstrap</a>
        </div>
        <p class="text-muted">当前版本:v4.5.0</p>
    </div>
</div>
```

① PC 端正文页面效果如图 3.17 所示。

图 3.17　PC 端正文页面效果

② 移动端正文页面效果如图 3.18 所示。

图 3.18　移动端正文页面效果

第4章 PHP 编程基础：折扣计算

4.1 技能和知识点

知识导图如图 4.1 所示。

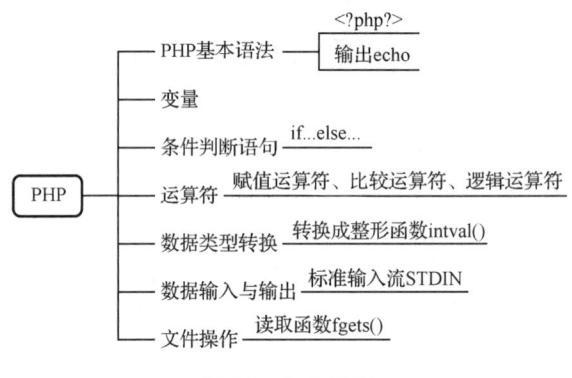

```
                          ┌── PHP基本语法 ──┬── <?php?>
                          │                 └── 输出echo
                          ├── 变量
                          ├── 条件判断语句 ── if...else...
        PHP ──────────────┼── 运算符 ── 赋值运算符、比较运算符、逻辑运算符
                          ├── 数据类型转换 ── 转换成整形函数intval()
                          ├── 数据输入与输出 ── 标准输入流STDIN
                          └── 文件操作 ── 读取函数fgets()
```

图 4.1 知识导图

4.2 需求简介

根据用户输入的购买商品的数量，计算出商品的折扣率，运行效果如图 4.2 所示。

```
D:\project\discount>php discount.php
请输入购买商品数量：51
购买商品数量为51
折扣为7折
```

图 4.2 折扣程序运行效果图

（1）在 PHP 命令行输入购买商品数量。
（2）依据购买商品数量进行折扣判断，得出其所能享受的折扣。
① 如果购买商品数量小于 10，则不能享受折扣；
② 如果购买商品数量大于等于 10，小于 30 则享受折扣为 9 折；
③ 如果购买商品数量大于等于 30，小于 50 则享受折扣为 8 折；
④ 如果购买商品数量大于等于 50，则享受折扣为 7 折。
（3）将购买商品数量和折扣输出。

4.3 设计思路

1. 程序设计

（1）文件设计如表 4.1 所示。

表 4.1 文件设计

类 型	文 件	说 明
php 文件	discount.php	折扣计算功能文件

（2）将 discount.php 文件放到 discount 文件夹中，在命令行中程序执行 PHP 文件。

2. 实现步骤

（1）获取从命令行输入的购买商品的数量。

PHP CLI(command line interface)中，有三个系统常量，如表 4.2 所示。可以在 php 脚本里使用这三个常量，使用 fgets(STDIN)接收用户的输入，使用 echo 函数输出结果或提示信息。

表 4.2 CLI 系统常量

常 量	描 述
STDIN	标准的输入设备
STDOUT	标准的输出设备
STDERR	标准的错误设备

（2）将获取到的字符串信息转换为整数类型。
使用 intval()函数将字符串转为整数。
（3）使用获取到的购买商品数量判断所能享受的折扣。
使用 if 分支语句根据数量的不同判断折扣率。因有 5 种条件，故使用 if...elseif...else...实现。
（4）将购买商品数量及所能享受的折扣进行输出。

4.4 实现

4.4.1 新建 PHP 脚本文件

（1）新建 discount.php 文件。
在 D 盘下创建 project 文件夹，在 project 文件夹下创建 discount 文件夹。在 discount 文件

夹下新建文件 discount.php，目录结构如图 4.3 所示。

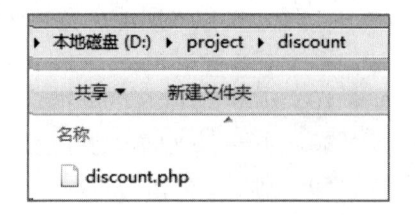

图 4.3 discount.php 文件

（2）打开 discount.php 文件。

① 启动 HBuilder，选择"文件"→"打开文件"命令，如图 4.4 所示。

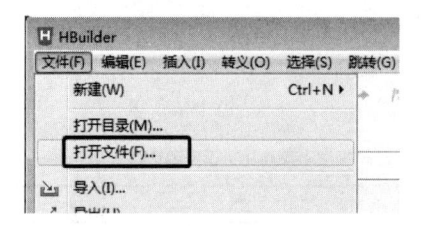

图 4.4 "打开文件"菜单项

② 在文件选择框中打开"D:\project\discount\discount.php"文件，如图 4.5 所示。

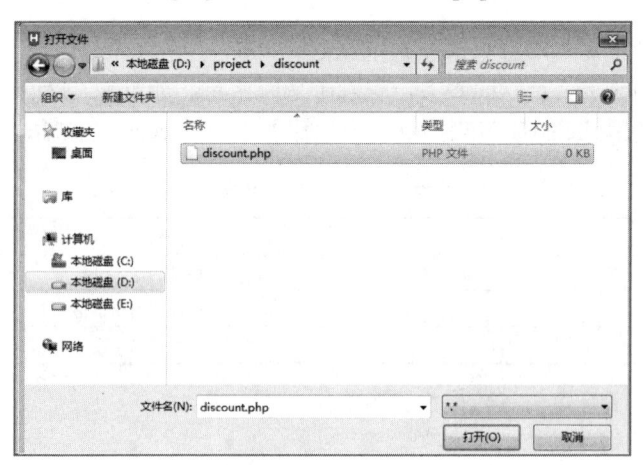

图 4.5 打开"discount.php 文件"对话框

③ 在编辑器里显示 discount.php 文件选项卡，如图 4.6 所示。

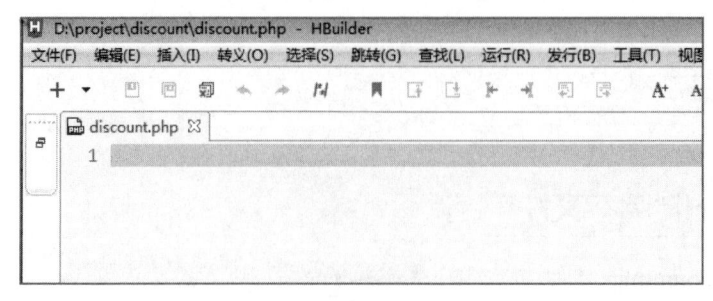

图 4.6 编辑"discount.php"文件

(3) 编写 discount.php 文件，添加 php 标记。

```php
<?php
```

4.4.2 命令行输入和输出

（1）使用 echo 语句输出信息，询问购买商品的数量。

```php
<?php
echo "请输入购买商品数量: ";
```

（2）使用 fgets()函数将从标准输入设备 STDIN 获得的用户输入信息读取到一个 PHP 变量 $num 里，并使用 intval()函数将其转换为整数类型。

```php
<?php
echo "请输入购买商品数量: ";
$num = intval(fgets(STDIN));
```

（3）定义存储折扣信息的字符串变量$discount。

```php
$discount = '';
```

4.4.3 折扣判断

使用 if...elseif...esle 条件判断语句判断所能享受的折扣，并赋值给折扣信息变量$discount。
（1）如果购买商品数量小于 10，则"不能享受折扣"；
（2）如果购买商品数量大于等于 10，小于 30 则"折扣为 9 折"；
（3）如果购买商品数量大于等于 30，小于 50 则"折扣为 8 折"；
（4）如果购买商品数量大于等于 50，则"折扣为 7 折"。

```php
// 折扣计算
if($num < 10){
    $discount = "不能享受折扣";
}elseif($num>=10&&$num<30){
    $discount = "折扣为 9 折";
}elseif($num>=30&&$num<50){
    $discount = "折扣为 8 折";
}else{
    $discount = "折扣为 7 折";
}
```

4.4.4 输出购买商品数量及折扣信息

（1）使用字符串连接运算符"."拼接购"买商品数量为"字符串及购买商品数量$num，并使用 echo 语句输出。其中"\n"为换行转义字符，需要使用双引号包裹才能正确解析。

```php
echo "购买商品数量为".$num."\n";
```

（2）换行输出折扣信息。

echo $discount;

4.4.5 命令行运行 PHP 脚本文件

在命令行窗口中,使用 PHP 程序运行 discount.php 脚本文件。

(1)启动命令行。

① 选择"开始菜单"→"运行"命令,在弹出的"运行"对话框的"打开(O):"下拉列表框中输入"cmd"命令,如图 4.7 所示。

图 4.7 启动命令行

② 弹出命令行窗口如图 4.8 所示。

图 4.8 命令行窗口

(2)进入"D:\project\discount"目录。输入"D:"回车,切换到 D 盘,再输入"CD project\discount",如图 4.9 所示。

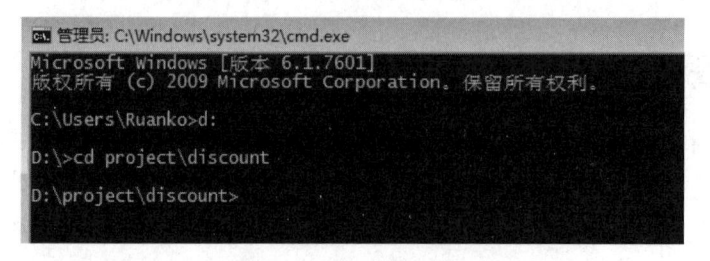

图 4.9 进入 discount 目录

(3)使用 PHP 程序运行 discount.php 文件。

● 测试并配置 PHP 环境变量。

① 在命令行界面,输入"php -version"命令。若出现如图 4.10 所示界面,表示 PHP 的环境变量已配置,则跳过下面配置步骤。

图 4.10　查看 PHP 版本

② 若出现如图 4.11 所示界面,则表示 PHP 环境变量未配置,需要进行以下配置。

图 4.11　PHP 命令不存在

③ 选择"我的电脑",单击右键,在弹出的快捷菜单中选择"属性"命令,在弹出的窗口中选择"高级系统设置"选项,如图 4.12 所示。

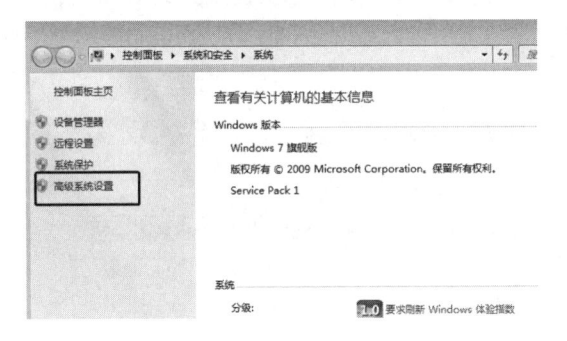

图 4.12　选择"高级系统设置"

④ 在弹出的"系统属性"对话框中,选择"高级"选项卡,单击"环境变量"按钮,如图 4.13 所示。

图 4.13　单击"环境变量"按钮

⑤ 在"环境变量"窗口的"系统变量"中找到"Path"变量，双击，如图 4.14 所示。

图 4.14　选择"Path"变量

⑥ 在弹出的"编辑系统变量"对话框，在变量值的最后加上":C:\xampp\php:"，单击"确定"按钮。若 XAMPP 不是安装在 C 盘，则将"C:\xampp"替换为实际的路径，如图 4.15 所示。

图 4.15　在 Path 中添加 PHP 的目录

⑦ 关闭原来的命令行窗口，再次启动，测试"php -version"命令。
● 运行脚本。

在命令行输入"php discount.php"命令，输入商品数量为 51，运行效果如图 4.16 所示。注意由于 Windows 命令行界面默认字符集为 GBK，PHP 文件默认字符集为 UTF-8，所以输出中文时会乱码。可以通过在运行 PHP 文件前执行"chcp 65001"命令将字符集切换为 UTF-8 来解决乱码问题。

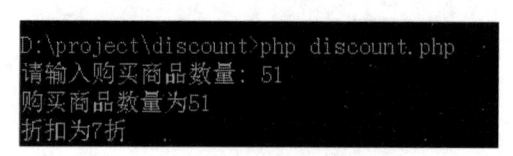

图 4.16　在命令行运行 discount.php 文件

第 5 章

PHP 程序结构：日期计算

5.1 技能和知识点

知识导图如图 5.1 所示。

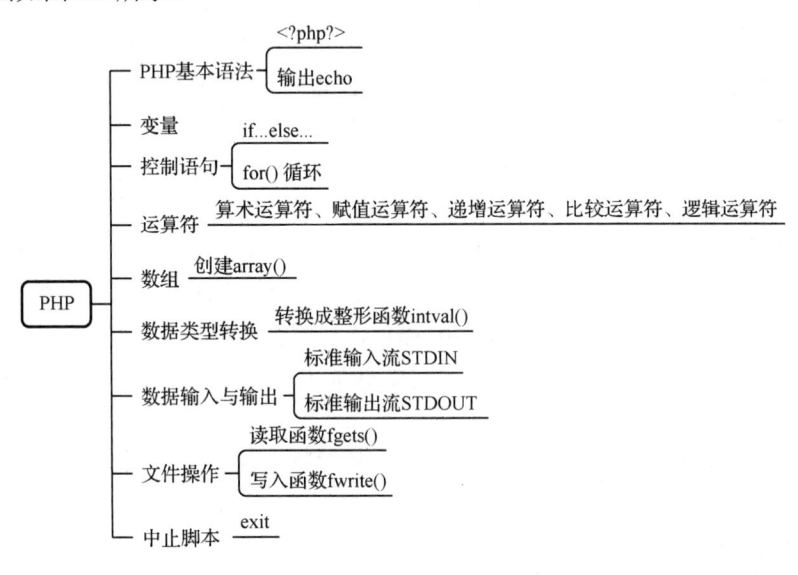

```
                           ┌── PHP基本语法 ──┬── <?php?>
                           │                 └── 输出echo
                           ├── 变量
                           │                 ┌── if...else...
                           ├── 控制语句 ─────┤
                           │                 └── for() 循环
                           ├── 运算符 ── 算术运算符、赋值运算符、递增运算符、比较运算符、逻辑运算符
            PHP ───────────┤
                           ├── 数组 ── 创建array()
                           │
                           ├── 数据类型转换 ── 转换成整形函数intval()
                           │                   ┌── 标准输入流STDIN
                           ├── 数据输入与输出 ─┤
                           │                   └── 标准输出流STDOUT
                           │               ┌── 读取函数fgets()
                           ├── 文件操作 ───┤
                           │               └── 写入函数fwrite()
                           └── 中止脚本 ── exit
```

图 5.1 知识导图

5.2 需求简介

根据用户输入的年、月、日，计算出当年是平年还是闰年，计算该年元旦到这一天经过了

多少天。运行效果如图 5.2 所示。

(1) 在 PHP 命令行输入年、月、日信息。
(2) 根据输入的年份，判断是平年还是闰年。
(3) 计算从该年元旦到这一天一共经过多少天。
(4) 将结果输出到命令行。

图 5.2 日期计算程序运行效果图

5.3 设计思路

1. 程序设计

(1) 文件设计如表 5.1 所示。

表 5.1 文件设计

类 型	文 件	说 明
php 文件	date.php	日期计算功能文件

(2) 将 date.php 文件放到 date 文件夹中，在命令行中程序执行 PHP 文件。

2. 实现步骤

(1) 获取从命令行输入的年、月、日信息。

使用 fgets(STDIN)接收用户的输入，使用 fwrite()函数向标准的输出设备输出提示信息。

(2) 将获取到的字符串信息，转换为整数类型。

使用 intval()函数将字符串转为整数。

(3) 验证日期。

① 用条件语句对输入的月、日进行验证；

② 用条件语句判断该年是否是闰年。

(4) 计算天数。

① 使用 switch 语句，判断各个月份的天数；

② for 循环，计算输入月份之前的所有月份天数之和；

③ 月份之和加上天数，即为从该年元旦到这一天一共经过的天数。

(5) 日期计算器程序流程图如图 5.3 所示。

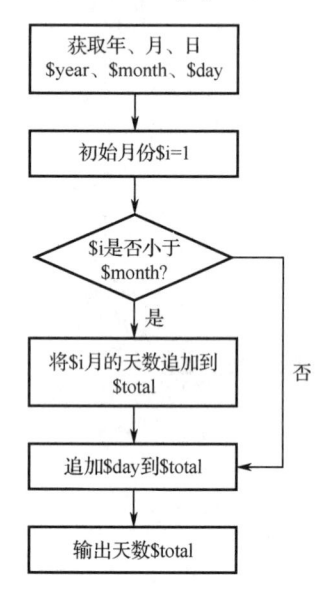

图 5.3 日期计算器程序流程图

5.4 实现

5.4.1 命令行输入和输出

(1) 创建 date 文件夹，在该文件夹下创建 PHP 文件 date.php。

```
<?php
```

（2）fwrite()函数向标准的输出设备 STDOUT 写一条消息，询问年、月和日。

```
<?php
fwrite(STDOUT, "year:");          //输入年
fwrite(STDOUT, "month:");         //输入月
fwrite(STDOUT, "day:");           //输入日
```

（3）使用 fgets()函数从标准输入设备 STDIN 获得的用户输入年、月、日信息并分别保存至 PHP 变量$year、$month、$day 中，并通过 intval()函数转换为整数类型。

```
<?php
fwrite(STDOUT, "year:");          //输入年
$year = intval(fgets(STDIN));
fwrite(STDOUT, "month:");         //输入月
$month = intval(fgets(STDIN));
fwrite(STDOUT, "day:");           //输入日
$day = intval(fgets(STDIN));
```

（4）定义当前是否为闰年的布尔值变量$isLeapYear，并设置初始值为 false。

```
$isLeapYear = false;
```

（5）启动命令行运行 date.php，输入年、月、日，运行效果如图 5.4 所示。

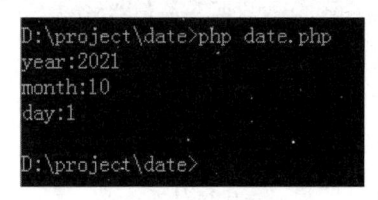

图 5.4 获取年、月、日

5.4.2 验证日期

使用 if 条件判断语句对获取到的年、月、日进行验证。
（1）月份不在 1～12 或天数超过 31，则输出"日期不存在"并使用 exit 语句停止脚本运行。

```
if($month<1 || $month>12 || $day>31 || $day<1){
    echo "日期不存在";
    exit;
}
```

（2）定义每个月的最大日期数组。

定义每个月的最大日期数组$dayList，数组下标为月份，因数组下标默认从 0 开始，第 1 个元素不使用，默认为 0。

```
$dayList = array(0,31,28,31,30,31,30,31,31,30,31,30,31);
```

（3）计算当前年份是否为闰年，如果为闰年，则设置数组下标为 2 的值即 2 月天数为 29，并设置变量$isLeapYear 的值为 true。闰年的计算方法如下。

① 能被 4 整除而不能被 100 整除；
② 能被 100 整除也能被 400 整除。

```
if($year % 4 = = 0 && $year % 100 != 0)||($year % 100 = = 0 && $year % 400 = = 0)){
    $dayList[2] = 29;
    $isLeapYear = true;
}
```

（4）判断当前天数是否超过了当月的最大值。如果超过则输出"日期不存在"并停止脚本运行。

```
if($day>$dayList[$month]){
    echo "日期不存在";
    exit;
}
```

（5）启动命令行运行 date.php，输入一个不存在的年、月、日，运行效果如图 5.5 所示。

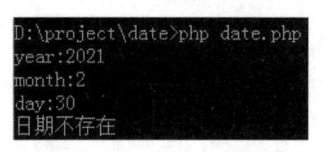

图 5.5　日期不存在运行效果

5.4.3　计算天数

（1）定义总天数变量$total，设置初始值为 0。

```
$total=0;
```

（2）定义一个 for 循环，循环初始值$i 为 1，步进值为 1，计算从元旦 1 月 1 日到输入日期的上个月月底经过了多少天，将每月的天数从$dayList 数组中取出添加到总天数$total 上。

```
for($i = 1;$i < $month;$i++){
    // 计算天数
    $total += $dayList[$i];
}
```

（3）将本月经过天数添加到$total 上，并测试输出。测试完成后删除或注释测试代码。

```
$total = $total + $day-1;
//测试代码，测试完成后删除或注释
echo $total;
```

（4）启动命令行运行 date.php，输入年、月、日，运行效果如图 5.6 所示。

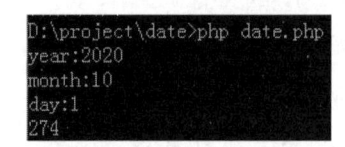

图 5.6　测试输出总天数

5.4.4 输出结果

（1）判断当前年份是否为闰年并输出结果。

```
if($isLeapYear){
    echo $year."是闰年。\n";
}else{
    echo $year."是平年。\n";
}
```

（2）输出当前年份元旦至当前日期共经过多少天。

```
if($isLeapYear){
    echo $year."是闰年。\n";
}else{
    echo $year."是平年。\n";
}
$date=$year."-".$month."-".$day;
echo "从".$year."-1-1 到".$date."共经过".$total."天";
```

（3）在命令行窗口中，使用 PHP 程序运行 date.php 脚本文件，输入 2021 年 10 月 1 日，运行效果如图 5.7 所示。

图 5.7 运行日期计算程序

第 6 章

PHP 数组：学生成绩排序

6.1 技能和知识点

知识导图如图 6.1 所示。

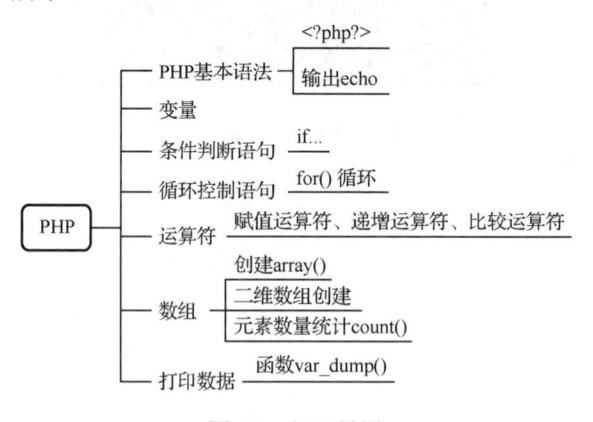

图 6.1 知识导图

6.2 需求简介

（1）定义学生信息数组，保存多个学生信息，每个学生信息包含姓名和成绩，成绩为整数。

（2）将学生信息按照成绩从高到低进行排列并在页面上打印该数组，运行效果如图 6.2 所示。

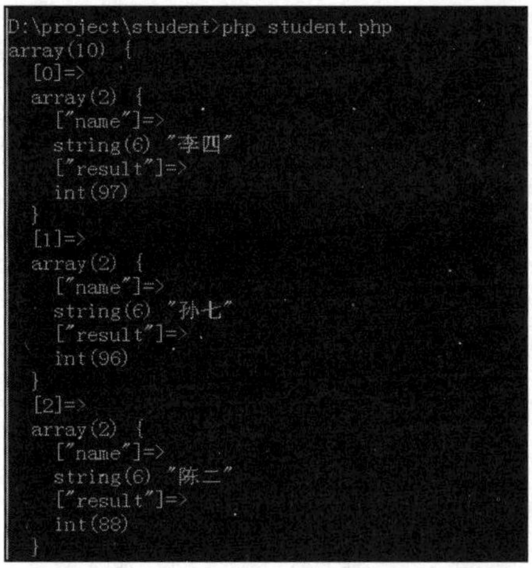

图 6.2　学生成绩排序程序运行效果

6.3　设计思路

1. 程序设计

（1）文件设计如表 6.1 所示。

表 6.1　文件设计

类　型	文　件	说　明
php 文件	student.php	学生成绩排序功能文件

（2）将 student.php 文件放到 student 文件夹中，在程序命令行中执行 PHP 文件。

2. 实现步骤

（1）定义一个二维数组为学生信息数组，数组中有十个元素，每个元素中包含学生姓名及成绩。

（2）使用 for 循环遍历学生信息数组进行冒泡排序，按照元素中的成绩从高到低进行排序。

（3）使用 var_dump()函数将排序后的学生信息数组打印输出。

6.4　实现

6.4.1　定义学生信息二维数组

（1）创建 student 文件夹，在该文件夹下创建 PHP 文件 student.php。

```
<?php
```

（2）定义一个二维数组为学生信息数组$studentList，数组中有十个元素，每个元素中包含学生姓名 name 及成绩 result。

```
$studentList = array(
    array('name'=>'刘一','result'=>61),
    array('name'=>'陈二','result'=>88),
    array('name'=>'张三','result'=>65),
    array('name'=>'李四','result'=>97),
    array('name'=>'王五','result'=>66),
    array('name'=>'赵六','result'=>80),
    array('name'=>'孙七','result'=>96),
    array('name'=>'周八','result'=>85),
    array('name'=>'吴九','result'=>69),
    array('name'=>'郑十','result'=>62)
);
```

6.4.2 执行冒泡排序

(1) 使用 count()函数计算数组中元素的数量,将函数返回值赋值给变量$count。

```
$count = count($studentList);
```

(2) 执行冒泡排序,按学生成绩从高到低排序。

① 编写 for 循环遍历数组。

```
for($i=0;$i<$count;$i++){
    for($j=$i;$j<$count;$j++){
        // 进行比较,如果前面的比后面的小则交换位置
    }
}
```

② 编写 for 循环内部交换元素位置部分的代码。定义一个中间变量$temp,用于交换两个元素的位置。

```
// 进行比较,如果前面的比后面的小则交换位置
if($studentList[$i]['result']<$studentList[$j]['result']){
    $temp = $studentList[$i];
    $studentList[$i] = $studentList[$j];
    $studentList[$j] = $temp;
}
```

6.4.3 打印学生信息数组

(1) 使用 var_dump()函数打印学生信息数组。

```
var_dump($studentList);
```

(2) 在浏览器中运行 student.php 文件的效果如图 6.3 所示。

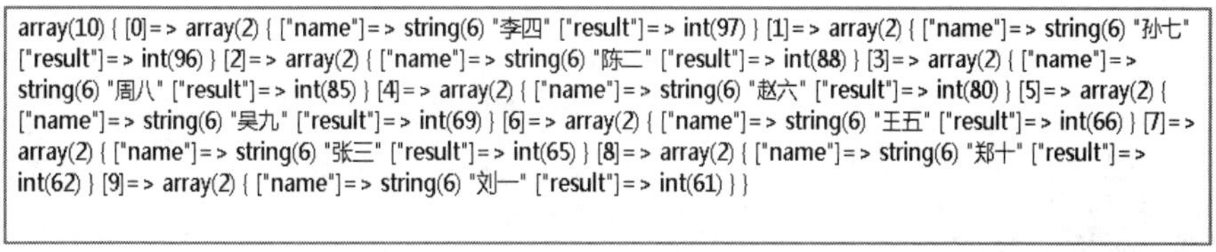

```
array(10) { [0]=> array(2) { ["name"]=> string(6) "李四" ["result"]=> int(97) } [1]=> array(2) { ["name"]=> string(6) "孙七"
["result"]=> int(96) } [2]=> array(2) { ["name"]=> string(6) "陈二" ["result"]=> int(88) } [3]=> array(2) { ["name"]=>
string(6) "周八" ["result"]=> int(85) } [4]=> array(2) { ["name"]=> string(6) "赵六" ["result"]=> int(80) } [5]=> array(2) {
["name"]=> string(6) "吴九" ["result"]=> int(69) } [6]=> array(2) { ["name"]=> string(6) "王五" ["result"]=> int(66) } [7]=>
array(2) { ["name"]=> string(6) "张三" ["result"]=> int(65) } [8]=> array(2) { ["name"]=> string(6) "郑十" ["result"]=>
int(62) } [9]=> array(2) { ["name"]=> string(6) "刘一" ["result"]=> int(61) } }
```

图 6.3　在浏览器中运行 student.php 文件的效果

（3）在命令行中运行 student.php 文件的效果如图 6.4 所示。

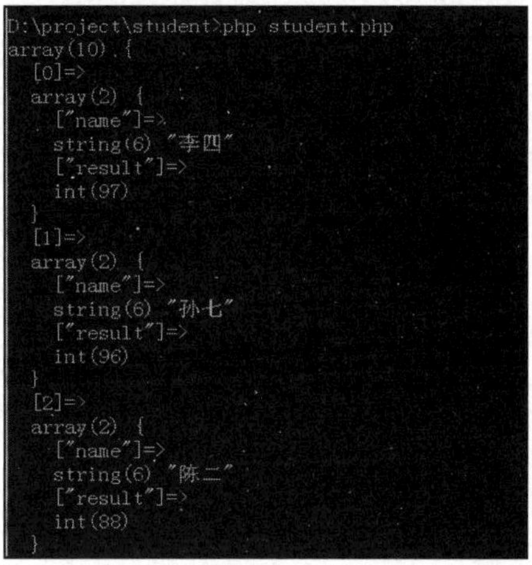

图 6.4　在命令行中运行 student.php 文件的效果

第 7 章 PHP 函数：简单计算器

7.1 技能和知识点

知识导图如图 7.1 所示。

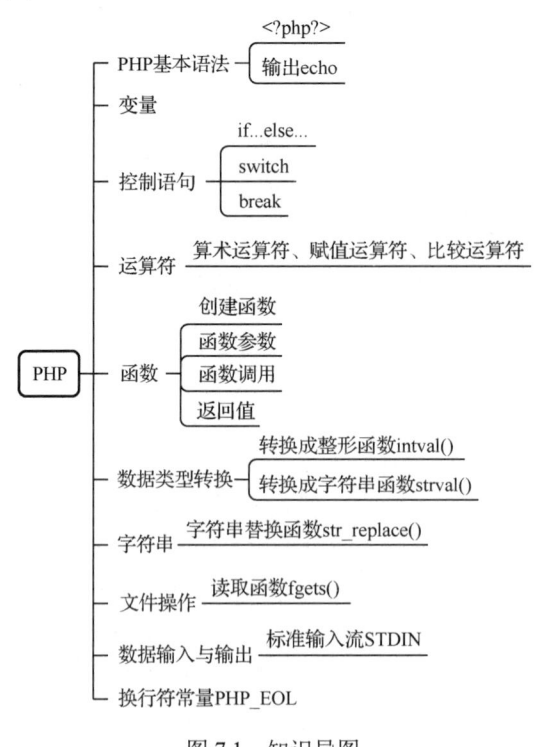

```
                            <?php?>
            PHP基本语法 ─┬─ 输出echo
            变量
                        ┬ if...else...
            控制语句 ─┼ switch
                        └ break
            运算符 ── 算术运算符、赋值运算符、比较运算符
                    ┬ 创建函数
                    ├ 函数参数
   PHP ── 函数 ─┼ 函数调用
                    └ 返回值
                            ┬ 转换成整形函数intval()
            数据类型转换 ─┴ 转换成字符串函数strval()
            字符串 ── 字符串替换函数str_replace()
            文件操作 ── 读取函数fgets()
            数据输入与输出 ── 标准输入流STDIN
            换行符常量PHP_EOL
```

图 7.1 知识导图

7.2 需求简介

（1）在 PHP 命令行输入两个数字及一个运算符。
① 运算符可输入加（+）、减（-）、乘（*）、除（/）。
② 数字为整数。
（2）根据输入的运算符对两个数字进行计算。
（3）将得到的结果输出到命令行，运行效果如图 7.2 所示。

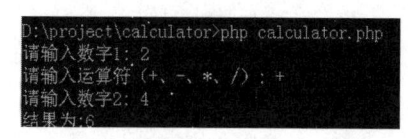

图 7.2 简单计算器程序运行效果

7.3 设计思路

1. 程序设计

（1）文件设计如表 7.1 所示。

表 7.1 文件设计

类 型	文 件	说 明
php 文件	calculator.php	计算器功能文件

（2）将 calculator.php 文件放到 student 文件夹中，在程序命令行中执行 PHP 文件。

2. 实现步骤

（1）定义一个计算器函数。
① 函数的参数为两个数字及一个运算符。
② 通过 switch 条件判断语句判断运算符并对两个数字进行指定的运算。
③ 将得到的结果作为返回值返回。
（2）获取从命令行输入的两个数字及运算符信息。
（3）将数字信息转换为整数类型，运算符信息转换成字符串后去除换行符。
（4）调用计算器函数并传入两个数字及一个运算符，取得函数返回后判断。
① 如果返回结果为 false，则输出"运算符或数据错误"。
② 如果返回结果不为 false，则输出"返回结果"。

7.4 实现

7.4.1 定义计算器函数

（1）创建 calculator 文件夹，在该文件夹下创建 PHP 文件 calculator.php。

```
<?php
```

（2）定义一个计算器函数 calculator()，函数需要三个参数，两个数字$n1、$n2 及一个运算符$op。

```
function calculator($n1,$n2,$op){
    //1.定义返回结果变量
    //2.判断运算符并执行相应的计算
    //3.返回计算结果
}
```

（3）实现计算器函数 calculator()。
① 定义返回结果变量$result。

```
//1.定义返回结果变量
$result = 0;
```

② 使用 switch...case...语句判断运算符变量$op 并执行相应的计算。

```
//2.判断运算符并执行相应的计算
switch($op){
    case "+": $result = $n1+$n2;break;
    case "-": $result = $n1-$n2;break;
    case "*": $result = $n1*$n2;break;
    case "/":
        //判断除数是否为0
        if($n2 == 0){
            $result = false;
        }else{
            $result = $n1/$n2;
        }
        break;
    //匹配不到运算符则返回 false
    default:$result = false;break;
}
```

③ 使用 return 关键字将变量$result 作为函数返回值进行返回。

```
//3.返回计算结果
return $result;
```

7.4.2 命令行输入和输出

（1）从标准输入设备STDIN获得的用户输入两个数字和一个运算符信息并分别保存至PHP变量$num1、$operator、$num2，数字信息变量通过 intval()函数转换为整数类型，运算符信息变量通过 strval()函数转换为字符串。

```
echo "请输入数字 1: ";
$num1 = intval(fgets(STDIN));
echo "请输入运算符（+、-、*、/）: ";
$operator = strval(fgets(STDIN));
echo "请输入数字 2: ";
```

```
$num2 = intval(fgets(STDIN));
```

（2）使用 str_replace()字符串替换函数将运算符变量中的换行符去除。
PHP_EOL 为 PHP 换行符常量，根据系统不同会切换值，提高程序的可移植性。

```
$operator= str_replace(PHP_EOL, '', $operator);
```

（3）在命令行中运行 calculator.php，输入两个数字和一个运算符，运行效果如图 7.3 所示。

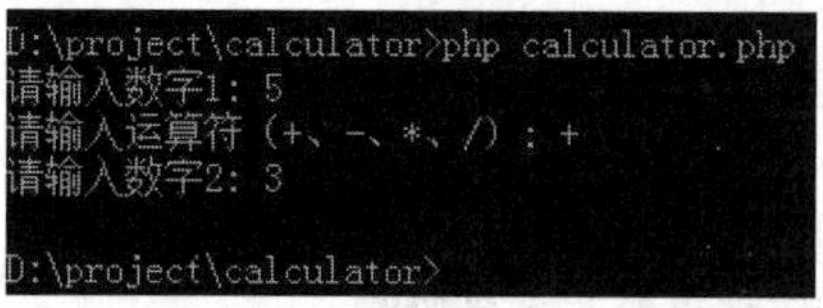

图 7.3　输入两个数字和一个运算符的运行效果

7.4.3　调用计算器函数并打印返回结果

（1）调用计算器函数 calculator()将用户输入的两个数字和运算符作为参数输入，获得运算结果赋值给变量$data。

```
$data = calculator($num1, $num2, $operator);
```

（2）判断运算结果变量$data 是否为 false，如果是则输出"运算符或数据错误"，如果不是则输出运算结果。

```
if($data === false){
    echo "运算符或数据错误";
}else{
    echo "结果为:".$data;
}
```

（3）在命令行中运行 calculator.php，输入两个数字和一个运算符，运行"简单计算器"程序效果如图 7.4 所示。

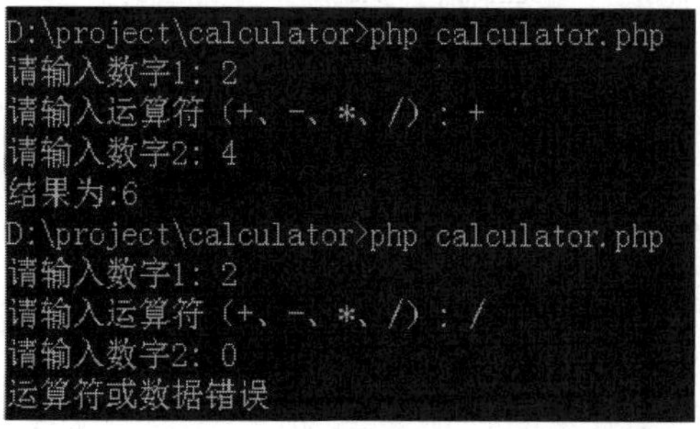

图 7.4　运行"简单计算器"程序的效果

第8章 PHP 类和对象：工资计算

8.1 技能和知识点

知识导图如图 8.1 所示。

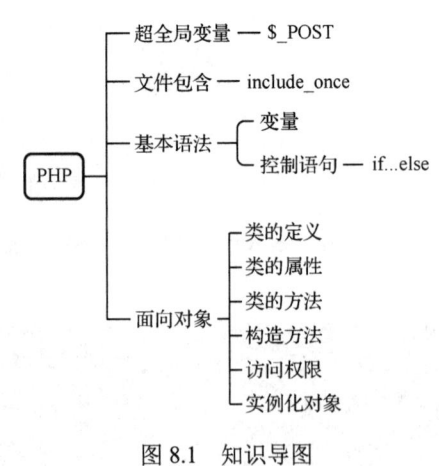

```
                    ┌─ 超全局变量 ── $_POST
                    │
                    ├─ 文件包含 ── include_once
                    │
                    ├─ 基本语法 ─┬─ 变量
         PHP ───────┤            └─ 控制语句 ── if...else
                    │
                    │             ┌─ 类的定义
                    │             ├─ 类的属性
                    │             ├─ 类的方法
                    └─ 面向对象 ──┤
                                  ├─ 构造方法
                                  ├─ 访问权限
                                  └─ 实例化对象
```

图 8.1　知识导图

8.2 需求简介

完成一个工资计算系统，能计算当年截至某月的总工资。
（1）"工资计算"页面（index.php）。
页面显示"岗位""月薪""月份"三个输入框，及一个"计算"按钮，如图 8.2 所示。
（2）输入岗位、月薪、月份，如图 8.3 所示。

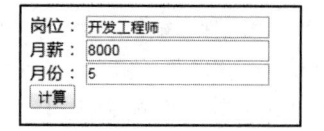

图 8.2 "工资计算"首页　　　　图 8.3 输入岗位、月薪和月份

（3）单击"计算"按钮，显示员工信息及总工资，如图 8.4 所示。

图 8.4 输出计算结果

8.3 设计思路

1．程序设计
（1）项目名称：salary_calculator。
（2）文件设计如表 8.1 所示。

表 8.1 文件设计

类　　型	文　　件	说　　明
php 文件	index.php	首页
	compute.php	功能处理文件
	Salary.php	工资类文件，用于计算工资

（3）开发环境：HBuilder + XAMPP。

2．实现步骤
（1）编写 index.php，用于显示表单。
① 新建 index.php 文件。
② 创建 form 表单，提交地址 compute.php，提交方式 POST。
③ 编写三个 input 文本框，分别输入岗位、月薪和月份数据。
（2）编写工资类 Salary。
① 新建 Salary.php 文件。
② 定义 Salary 类。
③ 定义私有化属性：岗位名称$post。
④ 定义私有化属性：月薪$salary。
⑤ 定义构造方法：function __construct(){}，初始化$post、$salary。
⑥ 定义公用化方法 compute()，用于计算总工资。
工资类结构图如图 8.5 所示。

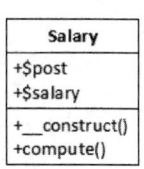

图 8.5 工资类结构图

（3）编写 compute.php，用于处理计算功能。
① 新建 compute.php 文件。
② 引入类文件 Salary.php。

③ 获取 POST 参数：岗位$post、月薪$salary、月份$month，若有其中一个参数为空，则提示"请将数据输入完整!"，终止脚本执行。

④ 实例化 Salary 类，并传递$post、$salary 参数。

⑤ 使用对象调用 compute 方法()，传递$month 参数，并将结果输出。

8.4 实现

8.4.1 创建 Web 工程

（1）启动 HBuilder，在 C:\xampp\htdocs 目录下创建"Web 项目"，项目名称"salary_calculator"，并删除默认创建的 img\css\js 文件夹和文件。

（2）在工程目录下，新增 compute.php、index.php 和 Salary.php 文件。

① 在 HBuilder 主界面，选择"文件"→"新建"→"PHP 文件"命令。在弹出窗口输入要创建的文件名，如图 8.6 所示。

② 依次完成功能处理文件 compute.php、首页 index.php、工资类文件 Salary.php 的创建，程序目录如图 8.7 所示。

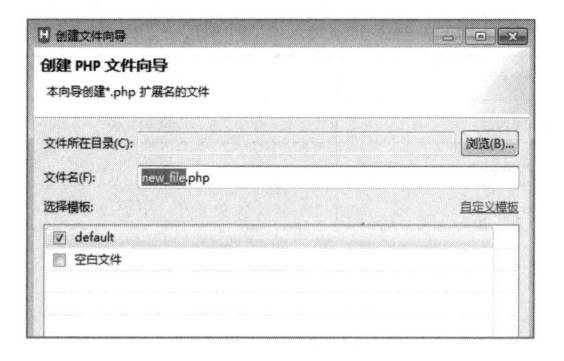

图 8.6　创建 PHP 文件 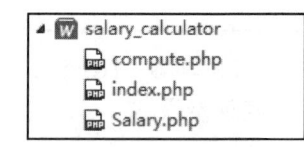　　　　　　　　图 8.7　程序目录

8.4.2 编写首页 index.php

（1）打开 index.php 文件，清除工具默认添加的 PHP 标记。

（2）编写 HTML 页面代码，创建 form 表单，提交地址 compute.php，提交方式为 POST。

```
<html>
    <head>
        <title>工资计算</title>
    </head>
    <body>
        <form action="compute.php" method="post">
            <input type="submit" value="计算"/>
        </form>
    </body>
```

</html>

(3)编写三个 input 文本框,分别输入岗位、月薪和月份数据。

```
<form action="compute.php" method="post">
    岗位:<input type="text" name="post" value="" /><br/>
    月薪:<input type="text" name="salary" value="" /><br/>
    月份:<input type="text" name="month" value="" /><br/>
    <input type="submit" value="计算"/>
</form>
```

(4)启动 Apache 服务器,打开 Google Chrome 浏览器,输入"http://localhost/salary_calculator"地址(当输入的地址是某个文件夹时,默认会访问该目录下的 index.php 文件),首页效果如图 8.8 所示。

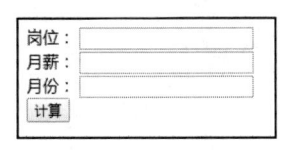

图 8.8 首页效果

8.4.3 编写工资类 Salary

(1)打开 Salary.php 文件,在<?php 与?>之间编写代码。
(2)定义 Salary 类。

```
<?php
class Salary{
}
```

(3)定义私有化属性:岗位名称$post、月薪$salary。

```
class Salary{
    //工作岗位
    private $post;
    //月薪
    private $salary;
}
```

(4)定义构造方法:function __construct(){},初始化$post、$salary 属性。

```
class Salary{
    // 工作岗位
    private $post;
    // 月薪
    private $salary;
    // 构造方法
    public function __construct($post='',$salary=''){
        $this->post = $post;
        $this->salary = $salary;
```

        }
    }

（5）定义公有化方法 compute，用于计算总工资。

```
class Salary{
    ......
    // 构造方法
    public function __construct($post='',$salary=''){
        $this->post = $post;
        $this->salary = $salary;
    }
    // 计算总工资
    public function compute($month){
        $totalSalary = $this->salary * $month;
        return "您担任的".$this->post."岗位  截至".$month."月,当年的总工资为:".$totalSalary." 元";
    }
}
```

8.4.4 编写功能处理文件 compute.php

（1）打开 compute.php 文件，在<?php 与?>之间编写代码。

（2）使用 include_once 语句引入类文件 Salary.php。

```
<?php
include_once 'Salary.php';
```

（3）使用超全局变量$_POST 获取 POST 参数并分别赋值给岗位$post、月薪$salary 和月份$month 这三个变量。

使用 if 语句进行判断，若其中一个参数为空，则提示输出"请将数据输入完整!"，使用 exit 语句终止脚本执行。

```
......
// 获取表单数据
$post = $_POST['post'];
$salary = $_POST['salary'];
$month = $_POST['month'];
if($post = = '' || $salary = = '' || $month = = ''){
    echo '请将数据输入完整!';
    exit;
}
```

（4）使用 new 关键词实例化 Salary 类为对象$obj，并传递$post、$salary 参数。

```
......
$obj = new Salary($post,$salary);
```

（5）使用对象$obj 调用 compute 方法，传递$month 参数，并将方法返回结果输出。

```
......
echo $obj->compute($month);
```

(6)运行计算功能。

① 访问：http://localhost/salary_calculator/index.php。输入表单数据如图 8.9 所示。

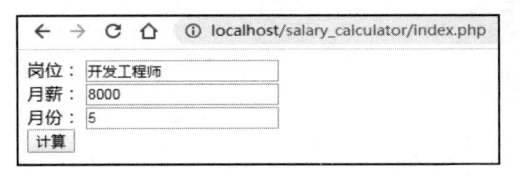

图 8.9　输入表单数据

② 单击"计算"按钮提交表单，页面输出员工信息和总工资，计算结果如图 8.10 所示。

图 8.10　计算结果

第 9 章

继承：面积计算

9.1 技能和知识点

知识导图如图 9.1 所示。

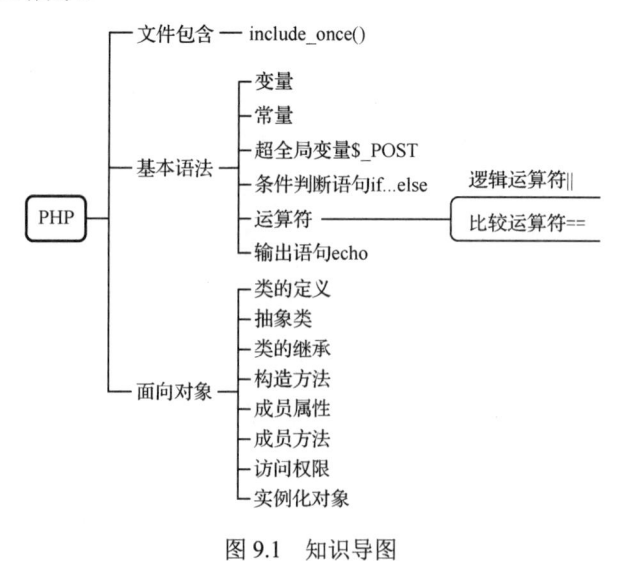

```
PHP ─┬─ 文件包含 ─── include_once()
     │
     ├─ 基本语法 ─┬─ 变量
     │           ├─ 常量
     │           ├─ 超全局变量$_POST
     │           ├─ 条件判断语句if...else ─┬─ 逻辑运算符||
     │           ├─ 运算符 ────────────────┴─ 比较运算符==
     │           └─ 输出语句echo
     │
     └─ 面向对象 ─┬─ 类的定义
                 ├─ 抽象类
                 ├─ 类的继承
                 ├─ 构造方法
                 ├─ 成员属性
                 ├─ 成员方法
                 ├─ 访问权限
                 └─ 实例化对象
```

图 9.1　知识导图

9.2 需求简介

完成一个面积计算器，能计算矩形和圆形的面积，页面效果如图 9.2 所示。

（1）"面积计算"页面（index.php）。
① 页面显示矩形和圆形计算两个部分。
② 矩形部分显示"长度"和"宽度"的输入框及"计算"按钮。
③ 圆形部分显示"半径"输入框及"计算"按钮。
（2）输入矩形长度、宽度，如图9.3所示。

图9.2 "面积计算"页面 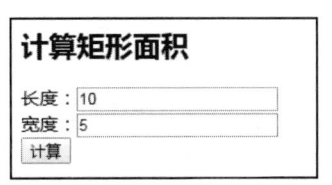　　　　图9.3 "计算矩形面积"表单

（3）单击"计算"按钮，显示"此图形的面积为：50m^2"，如图9.4所示。
（4）输入圆形半径，如图9.5所示。
（5）单击"计算"按钮，显示"此图形的面积为：78.54m^2"，如图9.6所示。

图9.4 输出矩形面积 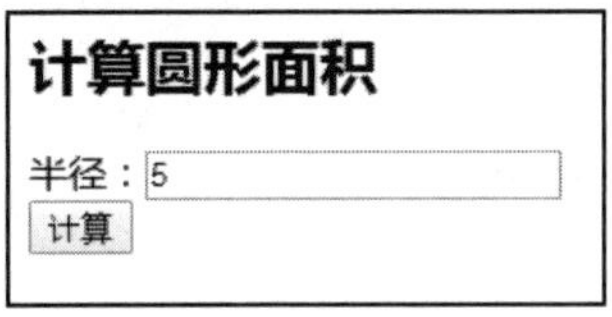　　　图9.5 "计算圆形面积"表单 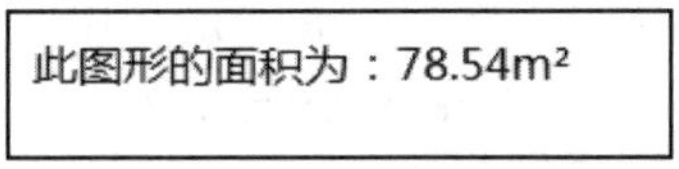　　　图9.6 输出圆形面积

9.3 设计思路

1. 程序设计

（1）项目名称：area_calculator。
（2）文件设计如表9.1所示。

表9.1 文件设计

类　　型	文　　件	说　　明
php 文件	index.php	首页
	compute.php	功能处理文件
	Shape.php	图形抽象类，其他类的父类，用于规范其子类的方法
	Rectangle.php	矩形类，用于计算矩形面积
	Circle.php	圆形类，用于计算圆形面积

（3）开发环境：HBuilder + XAMPP。

2. 类设计

（1）抽象类 Shape。

（2）矩形类 Rectangle。

（3）圆形类 Circle。

类图的结构如图 9.7 所示。

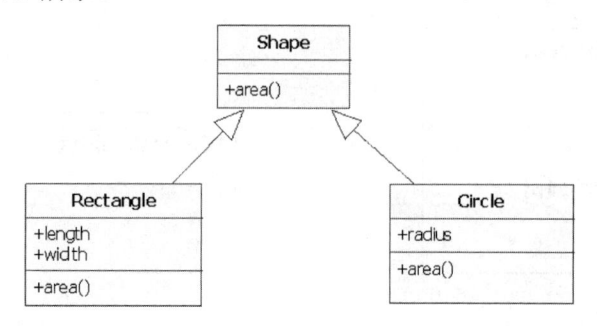

图 9.7 类图的结构

3. 面积计算公式

（1）矩形：面积=长×宽。

（2）圆形：面积=π×半径^2。

4. 实现步骤

（1）编写 index.php，用于显示表单。

① 新建 index.php 文件。

② 编写矩形面积计算表单。

创建矩形面积计算 form 表单，提交地址 compute.php，提交方式为 POST。编写两个 input 文本框，分别输入矩形长度、宽度数据。编写一个隐藏域，name 设置为 type，value 设置为 1，用于提交图形类型。

③ 编写圆形面积计算表单。

创建圆形面积计算 form 表单，提交地址 compute.php，提交方式为 POST。编写一个 input 文本框，用于输入圆形半径数据。编写一个隐藏域，name 设置为 type，value 设置为 2，用于提交图形类型。

（2）编写图形抽象类 Shape。

① 新建 Shape.php 文件。

② 定义 Shape 抽象类。

③ 定义抽象方法 area，用于计算面积。

（3）编写矩形类 Rectangle。

① 新建 Rectangle.php 文件。

② 引入图形抽象类文件 Shape.php。

③ 定义 Rectangle 矩形类，并继承 Shape 类。

④ 定义私有化属性：长度$length、宽度$width。

⑤ 定义构造方法：function __construct($length, $width){}，初始化属性$length、$width 的值。

⑥ 实现抽象方法 area，根据成员属性$length、$width 计算矩形面积。

（4）编写圆形类 Circle。

① 新建 Circle.php 文件。
② 引入图形抽象类文件 Shape.php。
③ 定义常量 PI，赋值为 3.1415926。
④ 定义 Circle 圆形类，并继承 Shape 类。
⑤ 定义私有化属性：半径$radius。
⑥ 定义构造方法：function __construct($radius){}，并初始化属性$radius。
⑦ 实现抽象方法 area，根据成员属性$radius 计算圆形面积。
（5）编写 compute.php，用于处理计算功能。
① 新建 compute.php 文件。
② 搭建功能处理主体框架。

获取 POST 参数，图形类型$type。定义变量$obj，并赋值为 null。编写 if 条件分支，若$type 为 1，则处理矩形面积计算，若$type 为 2，则处理圆形面积计算。使用对象$obj 调用成员方法 area，获取面积计算结果，并将结果输出。

③ 编写矩形面积计算功能。

引入类文件 Rectangle.php。获取 POST 参数$length、$width，若任一参数为空则提示"矩形长度和宽度不能为空!"，并终止代码。实例化 Rectangle 类，并传递以上参数。

④ 编写圆形面积计算功能。

引入类文件 Circle.php。获取 POST 参数$radius，若参数为空则提示"圆形半径不能为空!"。实例化 Circle 类，并传递以上参数。

9.4 实现

9.4.1 创建 Web 工程

（1）启动 HBuilder，在 C:\xampp\htdocs 目录下创建"Web 项目"，项目名称"area_calculator"，并删除默认创建的 img\css\js 文件夹和文件。

（2）创建首页 index.php、功能处理文件 compute.php、图形抽象类文件 Shape.php、矩形类文件 Rectangle.php 和圆形类文件 Circle.php。

（3）程序目录如图 9.8 所示。

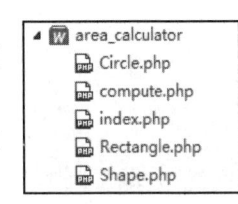

图 9.8　程序目录

9.4.2 编写首页 index.php

（1）打开 index.php 文件，清除工具默认添加的 PHP 标记。
（2）编写矩形面积计算表单。
① 创建矩形面积计算 form 表单，提交地址 compute.php，提交方式为 POST。

```
<html>
    <head>
        <title>面积计算</title>
```

```
        </head>
        <body>
            <h2>计算矩形面积</h2>
            <form action="compute.php" method="post">
                <input type="submit" value="计算"/>
            </form>
        </body>
</html>
```

② 编写两个 input 文本框，分别输入矩形长度、宽度数据。

```
<h2>计算矩形面积</h2>
<form action="compute.php" method="post">
    长度：<input type="text" name="length" value=""/><br/>
    宽度：<input type="text" name="width" value=""/><br/>
    <input type="submit" value="计算"/>
</form>
```

③ 编写一个隐藏域，name 设置为 type，value 设置为 1，用于提交图形类型。

```
<h2>计算矩形面积</h2>
<form action="compute.php" method="post">
    ......
    <input type="hidden" name="type" value="1" />
    <input type="submit" value="计算"/>
</form>
```

④ 查看页面运行效果，"计算矩形面积"运行效果如图 9.9 所示。

图 9.9 "计算矩形面积"运行效果

（3）编写圆形面积计算表单。

① 创建圆形面积计算 form 表单，提交地址 compute.php，提交方式为 POST。

```
<h2>计算矩形面积</h2>
<form action="compute.php" method="post">
    ......
</form>
<h2>计算圆形面积</h2>
<form action="compute.php" method="post">
    <input type="submit" value="计算"/>
</form>
```

② 编写一个 input 文本框，用于输入圆形半径数据。

```
<h2>计算圆形面积</h2>
<form action="compute.php" method="post">
    半径：<input type="text" name="radius" value=""/><br/>
    <input type="submit" value="计算"/>
</form>
```

③ 编写一个隐藏域，name 设置为 type，value 设置为 2，用于提交图形类型。

```
<h2>计算圆形面积</h2>
<form action="compute.php" method="post">
    半径：<input type="text" name="radius" value=""/><br/>
    <input type="hidden" name="type" value="2" />
    <input type="submit" value="计算"/>
</form>
```

④ 查看页面运行效果，"面积计算"运行效果如图 9.10 所示。

图 9.10 "面积计算"运行效果

9.4.3 编写图形抽象类 Shape

（1）打开 Shape.php 文件，在<?php 与?>之间编写代码。
（2）定义 Shape 抽象类。

```
<?php
abstract class Shape{
}
```

（3）定义抽象方法 area，用于计算面积。

```
abstract class Shape{
    abstract public function area();
}
```

9.4.4 编写矩形类 Rectangle

（1）打开 Rectangle.php 文件，在<?php 与?>之间编写代码。
（2）使用 include_once 语句引入图形抽象类文件 Shape.php。

```
<?php
```

include_once 'Shape.php';

（3）定义 Rectangle 矩形类，并继承 Shape 类。

```
include_once 'Shape.php';

class Rectangle extends Shape{
}
```

（4）定义私有化属性：长度$length、宽度$width。

```
class Rectangle extends Shape{
    // 矩形长度
    private $length;
    // 矩形宽度
    private $width;
}
```

（5）定义构造方法：function __construct($length, $width){}，初始化属性$length、$width 的值。

```
class Rectangle extends Shape{
    // 矩形长度
    private $length;
    // 矩形宽度
    private $width;
    // 构造方法
    public function __construct($length,$width){
        $this->length = $length;
        $this->width = $width;
    }
}
```

（6）实现抽象方法 area，根据成员属性$length、$width 计算矩形面积。

```
class Rectangle extends Shape{
    // 矩形长度
    private $length;
    // 矩形宽度
    private $width;
    // 构造方法
    public function __construct($length,$width){
        $this->length = $length;
        $this->width = $width;
    }
    // 计算面积
    public function area(){
        return $this->length * $this->width;
    }
}
```

9.4.5 编写圆形类 Circle

（1）打开 Circle.php 文件，在<?php 与?>之间编写代码。
（2）引入图形抽象类文件 Shape.php。

```
<?php
include_once 'Shape.php';
```

（3）定义常量 PI，赋值为 3.1415926。

```
include_once 'Shape.php';
define("PI", 3.1415926);
```

（4）定义 Circle 矩形类，并继承 Shape 类。

```
include 'Shape.php';
define("PI", 3.1415926);
// 定义圆形类
class Circle extends Shape {
}
```

（5）定义私有化属性：半径$radius。

```
class Circle extends Shape {
    // 半径
    private $radius;
}
```

（6）定义构造方法：function __construct($radius){}，并初始化属性$radius。

```
class Circle extends Shape {
    // 半径
    private $radius;
    // 构造方法
    public function __construct($radius) {
        $this -> radius = $radius;
    }
}
```

（7）实现抽象方法 area，根据成员属性$radius 计算矩形面积。

```
class Circle extends Shape {
    // 半径
    private $radius;
    // 构造方法
    public function __construct($radius) {
        $this -> radius = $radius;
    }
    // 计算面积
    public function area() {
        return round(PI * $this -> radius * $this -> radius, 2);
```

        }
}
```

## 9.4.6 编写功能处理文件 compute.php

（1）打开 compute.php 文件，在<?php 与?>之间编写代码。
（2）搭建功能处理主体框架。
① 获取 POST 参数，图形类型$type。

```
<?php
$type = $_POST['type'];
```

② 定义变量$obj，并赋值为 null。

```
$type = $_POST['type'];
$obj = null;
```

③ 编写 if 条件分支，若$type 为 1，则处理矩形面积计算，若$type 为 2，则处理圆形面积计算。

```
$type = $_POST['type'];
$obj = null;
if($type == 1){
    // 处理矩形面积计算
}elseif($type == 2){
    // 处理圆形面积计算
}else{
    exit('图形不支持');
}
```

④ 使用对象$obj 调用成员方法 area，获取面积计算结果，并将结果输出。

```
......
if($type == 1){
    // 处理矩形面积计算
}elseif($type == 2){
    // 处理圆形面积计算
}else{
    exit('图形不支持');
}
// 计算面积
if($obj != null){
    $area = $obj->area();
    echo "此图形的面积为： " . $area . "m² ";
}
```

（3）编写矩形面积计算功能。
① 引入类文件 Rectangle.php。

```
if($type == 1){
```
```

```
    // 处理矩形面积计算
    include_once 'Rectangle.php';
}elseif($type == 2){
    // 处理圆形面积计算
}else{
    exit('图形不支持');
}
```

② 获取 POST 参数$length、$width，若任一参数为空则提示"矩形长度和宽度不能为空！"，并终止代码。

```
if($type == 1){
    // 处理矩形面积计算
    include_once 'Rectangle.php';
    $length = $_POST['length'];
    $width = $_POST['width'];
    if($length == '' || $width == ''){
        exit('矩形长度和宽度不能为空!');
    }
}
```

③ 实例化 Rectangle 类，并传递以上参数。

```
if($type == 1){
    // 处理矩形面积计算
    include_once 'Rectangle.php';
    $length = $_POST['length'];
    $width = $_POST['width'];
    if($length == '' || $width == ''){
        exit('矩形长度和宽度不能为空!');
    }
    $obj = new Rectangle($length,$width);
}
```

④ 测试矩形面积计算功能。

- 访问：http://localhost/area_calculator/index.php。在矩形表单处输入表单数据，如图 9.11 所示。
- 单击"计算"按钮，页面输出矩形面积的计算结果，如图 9.12 所示。

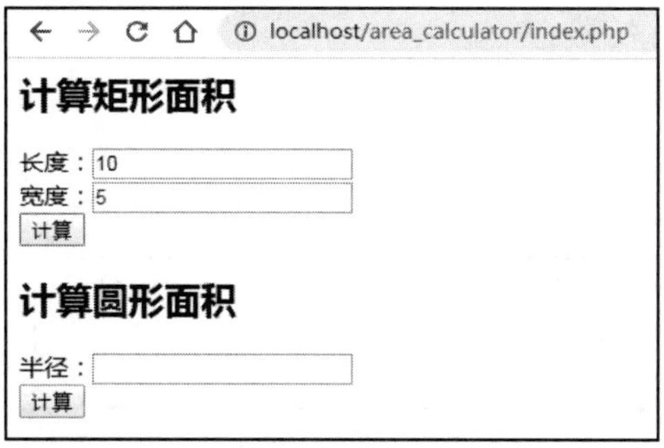

图 9.11　在矩形表单处输入表单数据 　　　　图 9.12　矩形面积的计算结果

（4）编写圆形面积计算功能。

① 引入类文件 Circle.php。

```php
if($type == 1){
    ......
}elseif($type == 2){
    // 处理圆形面积计算
    include_once 'Circle.php';

}
```

② 获取 POST 参数 $radius，若参数为空则提示"圆形半径不能为空！"。

```php
if($type == 1){
    ......
}elseif($type == 2){
    // 处理圆形面积计算
    include_once 'Circle.php';
    $radius = $_POST['radius'];
    if($radius == ''){
        exit('圆形半径不能为空!');
    }
}
```

③ 实例化 Circle 类，并传递以上参数。

```php
if($type == 1){
    ......
}elseif($type == 2){
    // 处理圆形面积计算
    include_once 'Circle.php';
    $radius = $_POST['radius'];
    if($radius == ''){
        exit('圆形半径不能为空!');
    }
    $obj = new Circle($radius);
}
```

④ 测试圆形面积计算功能。
- 访问 index.php。在圆形表单处输入表单数据，如图 9.13 所示。
- 单击"计算"按钮，页面输出圆形面积的计算结果，如图 9.14 所示。

图 9.13　在圆形表单处输入表单数据

图 9.14　圆形面积的计算结果

第10章

PHP 接口：商品信息管理

10.1 技能和知识点

知识导图如图 10.1 所示。

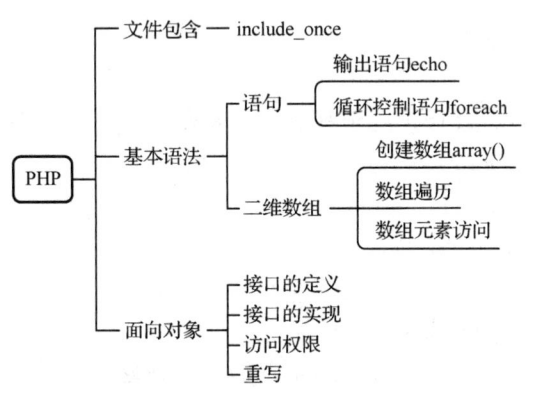

```
            ┌─ 文件包含 ── include_once
            │                    ┌─ 输出语句echo
            │         ┌─ 语句 ───┤
            │         │          └─ 循环控制语句foreach
     ┌─ 基本语法 ─────┤          ┌─ 创建数组array()
PHP ─┤         └─ 二维数组 ──────┤─ 数组遍历
     │                            └─ 数组元素访问
     │              ┌─ 接口的定义
     │              ├─ 接口的实现
     └─ 面向对象 ───┤
                    ├─ 访问权限
                    └─ 重写
```

图 10.1 知识导图

10.2 需求简介

完成一个商品信息管理系统，能展示商品列表数据，页面效果如图 10.2 所示。

页头显示"商品信息管理"，页面内容显示所有的商品列表。每条记录显示商品名、售价和库存，以及"编辑"与"删除"按钮。

商品信息管理

商品名	售价	库存	操作
火龙果	26.90	20	编辑|删除
柑橘	35.90	15	编辑|删除
山竹	35.90	10	编辑|删除

图 10.2 商品信息管理列表页面

10.3 设计思路

1. 程序设计

（1）项目名称：goods_manage。

（2）文件设计如表 10.1 所示。

表 10.1 文件设计

类 型	文 件	说 明
php 文件	index.php	首页
	FreshGoods.php	生鲜类文件，用于获取商品列表
	Goods.php	接口文件，用于规范其他商品类

（3）开发环境：HBuilder + XAMPP。

2. 实现步骤

（1）编写静态页面 index.php。

① 新建 index.php 文件。

② 编写 h2 标题。

③ 创建 table 表格，展示商品列表。

（2）编写接口 Goods。

① 新建 Goods.php 文件。

② 定义 Goods 接口。

③ 定义公用化方法 goodsList，用于获取商品列表。

（3）编写生鲜类 FreshGoods。

① 新建 FreshGoods.php 文件。

② 引入接口文件 Goods.php。

③ 定义 FreshGoods 生鲜类，并实现 Goods 接口。

④ 实现接口中的方法 goodsList。

⑤ 在 goodsList 方法中，定义一个生鲜商品数组，并返回。

类结构图如图 10.3 所示。

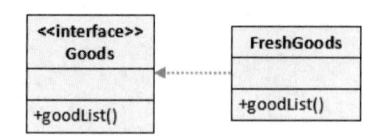

图 10.3 类结构图

（4）修改 index.php，动态获取数据。

① 引入生鲜类 FreshGoods。

② 实例化 FreshGoods 类。

③ 调用 goodsList 方法，获取商品列表。

④ 循环渲染商品数据。

10.4 实现

10.4.1 创建 Web 工程

（1）启动 HBuilder，在 C:\xampp\htdocs 目录下创建"Web 项目"，项目名称"goods_manage"，并删除默认创建的 img\css\js 文件夹和文件。

（2）创建 index.php、FreshGoods.php 和 Goods.php 文件。

（3）程序目录如图 10.4 所示。

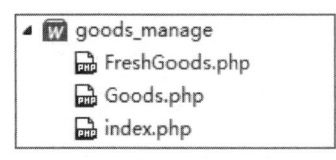

图 10.4 程序目录

10.4.2 编写静态页面 index.php

（1）打开 index.php 文件，清除工具默认添加的 PHP 标记。
（2）编写 h2 标题：商品信息管理。

```
<html>
    <head>
        <meta charset="UTF-8">
        <title>商品信息管理</title>
    </head>
    <body>
        <h2>商品信息管理</h2>
    </body>
</html>
```

（3）创建 table 表格，用于展示商品列表。

```
……
<h2>商品信息管理</h2>
<table border="" cellspacing="" cellpadding="">
    <tr>
        <th>商品名</th>
        <th>售价</th>
        <th>库存</th>
        <th>操作</th>
    </tr>
    <tr>
        <td>苹果</td>
        <td>12.80</td>
        <td>15</td>
        <td>编辑|删除</td>
    </tr>
```

</table>

（4）查看运行效果，商品信息列表如图 10.5 所示。

图 10.5 商品信息列表

10.4.3 编写接口 Goods

（1）打开 Goods.php 文件，在<?php 与?>之间编写代码。
（2）使用 interface 关键词定义接口 Goods。

```php
<?php
interface Goods{

}
```

（3）定义公用化方法 goodsList，用于获取商品列表。

```
interface Goods{
    public function goodsList();
}
```

10.4.4 编写生鲜类 FreshGoods

（1）打开 FreshGoods.php 文件，在<?php 与?>之间编写代码。
（2）引入接口文件 Goods.php。

```
<?php
include_once 'Goods.php';
```

（3）定义 FreshGoods 生鲜类，并实现 Goods 接口。

```
include_once 'Goods.php';

class FreshGoods implements Goods{

}
```

（4）实现接口中的方法 goodsList。

```
include_once 'Goods.php';

class FreshGoods implements Goods{
```

```php
    // 获取商品列表
    public function goodsList(){

    }
}
```

（5）在 goodsList 方法中，定义一个生鲜商品数组$list，并返回。

```php
// 获取商品列表
public function goodsList(){
    // 生鲜商品数据
    $list = array(
        array(
            'name'=>'火龙果',
            'price' => 26.90,
            'nums' => 20
        ),array(
            'name'=>'柑橘',
            'price' => 35.90,
            'nums' => 15
        ),array(
            'name'=>'山竹',
            'price' => 35.90,
            'nums' => 10
        ),
    );
    // 返回数据
    return $list;
}
```

10.4.5　修改 index.php，动态获取数据

（1）打开 index.php 文件，在页头添加 PHP 标记，引入生鲜类 FreshGoods。

```php
<?php
include_once 'FreshGoods.php';//引入生鲜类 FreshGoods
?>
<html>
    <head>
        <title>商品信息管理</title>
    </head>
    ......
</html>
```

（2）实例化 FreshGoods 类为对象$obj。

```php
<?php
include_once 'FreshGoods.php';//引入生鲜类 FreshGoods
$obj = new FreshGoods();//实例化 FreshGoods 类
```

```
?>
<html>
    ……
</html>
```

（3）调用对象$obj 的 goodsList()方法，获取商品列表$list。

```
<?php
include_once 'FreshGoods.php';//引入生鲜类 FreshGoods
$obj = new FreshGoods();//实例化 FreshGoods 类
$list = $obj->goodsList();
?>
<html>
    ……
</html>
```

（4）使用 foreach 循环遍历商品列表数组$list，渲染商品数据到页面上。

```
……
<table border="" cellspacing="" cellpadding="">
    <tr>
        <th>商品名</th>
        <th>售价</th>
        <th>库存</th>
        <th>操作</th>
    </tr>
    <?php foreach($list as $v):   ?>
    <tr>
        <td><?php echo $v['name']; ?></td>
        <td><?php echo $v['price']; ?></td>
        <td><?php echo $v['nums']; ?></td>
        <td>编辑|删除</td>
    </tr>
    <?php endforeach;   ?>
</table>
……
```

（5）测试数据是否获取成功，访问：http://localhost/area_calculator/index.php，页面效果如图 10.6 所示。

图 10.6　访问 index.php 文件

第11章

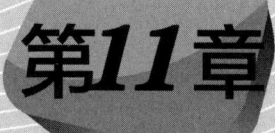

PHP Web 编程：用户登录

11.1 技能和知识点

知识导图如图 11.1 所示。

图 11.1 知识导图

11.2 需求简介

完成一个用户登录系统。

（1）"用户登录"页面（login.php）。

页面显示"账号""密码"两个输入框，以及一个"登录"按钮，如图 11.2 所示。

（2）当输入账号、密码后，单击"登录"，请求登录处理页面。

① 若登录成功，将账号存储到 Cookie 与 Session 中，然后跳转至"个人信息"页面。

② 若登录失败，则携带错误信息跳转至登录页，页面效果如图 11.3 所示。

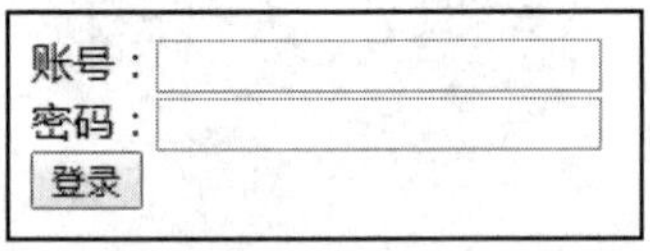

图 11.2　登录表单 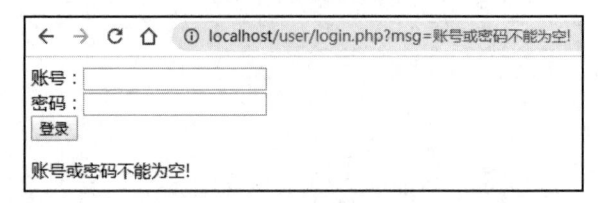　　　　　　　　　图 11.3　登录失败页面

（3）"个人信息"页面（center.php）。

获取 Cookie 与 Session 中存储的账号信息，显示在页面中，如图 11.4 所示。

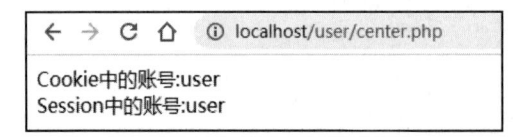

图 11.4　"个人信息"页面

11.3　设计思路

1．程序设计

（1）项目名称：user。

（2）文件设计如表 11.1 所示。

表 11.1　文件设计

类　型	文　件	说　明
php 文件	login.php	登录页面文件
	login_server.php	登录处理文件
	center.php	个人信息页面文件

（3）开发环境：HBuilder + XAMPP。

2．实现步骤

（1）编写 login.php，用于显示登录表单。

① 新建 login.php 文件。

② 创建 form 表单，提交地址 login_server.php，提交方式为 POST。

③ 编写两个 input 文本框，分别输入账号、密码数据。

（2）编写登录处理文件 login_server.php。

① 新建 login_server.php 文件。

② 获取表单数据：账号$account、密码$password。

③ 检测数据，若表单数据中有任一参数为空，则携带错误信息"账号或密码不能为空！"

跳转至登录页。

④ 若账号密码填写完整，将账号$account 存储在 Cookie 中。

⑤ 将账号$account 存储在 Session 中。

⑥ 跳转至个人信息页面 center.php。

（3）编写个人信息页面 center.php。

① 新建 center.php 文件。

② 获取 Cookie 中的账号信息，并输出。

③ 获取 Session 中的账号信息，并输出。

（4）优化 login.php 页面。

获取页面中的登录错误信息，并显示在表单中。

11.4 实现

11.4.1 创建 Web 工程

（1）启动 HBuilder，在 C:\xampp\htdocs 目录下创建"Web 项目"，项目名称"user"，并删除默认创建的 img\css\js 文件夹和文件。

（2）创建 login.php、login_server.php 和 center.php 文件。

（3）程序目录如图 11.5 所示。

图 11.5　程序目录

11.4.2 编写登录页 login.php

（1）打开 login.php 文件，清除工具默认添加的 PHP 标记。

（2）添加 form 表单，设置 action 属性值为 login_server.php，method 属性值为 POST；在表单中添加一个提交按钮。

```
<html>
    <head>
        <title>用户登录</title>
    </head>
    <body>
        <form action="login_server.php" method="post">
            <input type="submit" value="登录"/>
        </form>
    </body>
</html>
```

（3）编写两个 input 文本框，分别输入账号、密码数据。

```
<form action="login_server.php" method="post">
    账号：<input type="text" name="account" value="" /><br/>
    密码：<input type="password" name="password" value="" /><br/>
```

```
<input type="submit" value="登录"/>
</form>
```

（4）页面运行效果如图 11.6 所示。

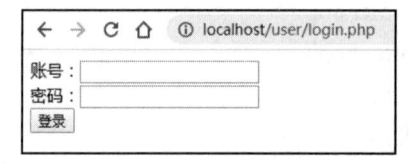

图 11.6　页面运行效果

11.4.3　编写登录处理文件 login_server.php

（1）打开 login_server.php 文件，在<?php 与?>之间编写代码。
（2）使用超全局变量$_POST 获取表单数据：账号$account、密码$password，并测试输出。

```
<?php
// 获取表单数据
$account = $_POST['account'];
$password = $_POST['password'];
// 测试：将数据输出（测试后注释）
echo $account . "<br/>";
echo $password . "<br/>";
```

（3）运行 login.php 页面，账号"user"，密码"123456"，页面效果如图 11.7 所示。
（4）单击"登录"按钮，结果如图 11.8 所示。

图 11.7　输入账号和密码 　　　　　　　　图 11.8　登录结果页面

（5）检测数据，若表单数据中有任一参数为空，则携带错误信息"账号或密码不能为空！"跳转至登录页。

```
// 检测数据
if($account == '' || $password == ''){
    // 跳转至登录页
    header("location:login.php?msg=账号或密码不能为空！");
}else{


}
```

（6）运行 login.php 页面，页面效果如图 11.9 所示。
（7）单击"登录"按钮，浏览器 URL 变化如图 11.10 所示。

图 11.9　运行 login.php 文件　　　　　图 11.10　错误登录信息

（8）若账号密码填写完整，使用 setcookie()函数将账号$account 存储在 Cookie 中并使用超全局变量$_COOKIE 测试输出。

```
if($account == '' || $password == ''){
    // 跳转至登录页
    ......
}else{
    // 保存 cookie
    setcookie('account',$account,time()+3600);
    // 测试：输出 cookie 的值（测试后注释）
    echo $_COOKIE['account'];
}
```

（9）运行 login.php 页面，账号"user"，密码"123456"，单击"登录"，页面显示 Cookie 中的账号信息如图 11.11 所示。

注意：由于 Cookie 保存在浏览器本地的特性，第二次提交才会有结果。

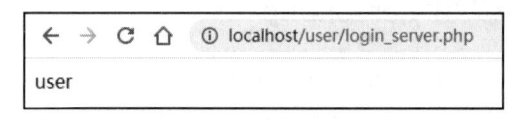

图 11.11　显示账号信息

（10）使用 session_start()函数打开 Session，将账号$account 通过超全局变量$_SESSION 存储在 Session 中并测试输出。

```
if($account == '' || $password == ''){
    ......
}else{
    // 保存 cookie
    setcookie('account',$account,time()+3600);
    // 测试：输出 Cookie 的值（测试后注释）
    //echo $_COOKIE['account'];
    // 保存 Session
    session_start();
    $_SESSION['account'] = $account;
    // 测试：输出 Session 的值（测试后注释）
    echo $_SESSION['account'];
}
```

（11）运行 login.php 页面，账号"user"，密码"123456"，单击"登录"，页面显示 Session 中的账号信息如图 11.12 所示。

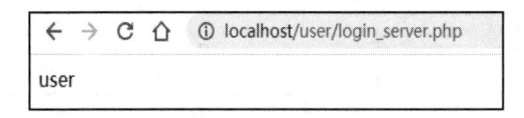

图 11.12 显示账号信息

（12）使用 header()函数跳转至个人信息页面 center.php。

```
if($account == '' || $password == ''){
    ......
}else{
    ......
    header('location:center.php');
}
```

（13）运行 login.php 页面，账号"user"，密码"123456"，单击"登录"，跳转至 center.php 页面，如图 11.13 所示。

图 11.13 跳转至 center.php 页面

11.4.4 编写个人信息页面 center.php

（1）打开 center.php 文件，在<?php 与?>之间编写代码。
（2）使用超全局变量$_COOKIE 获取 Cookie 中的账号信息，并输出。

```
<?php
$cookie_account = !empty($_COOKIE['account']) ? $_COOKIE['account'] : '';
echo 'Cookie 中的账号:' . $cookie_account .'<br/>';
```

（3）运行 login.php 页面，账号"user"，密码"123456"，单击"登录"，显示 Cookie 中的账号信息，如图 11.14 所示。

图 11.14 显示 Cookie 中的账号信息

（4）使用 session_start()函数打开 session，使用超全局变量$_SESSION 获取 Session 中的账号信息，并输出。

```
......
session_start();
$session_account = !empty($_SESSION['account']) ? $_SESSION['account'] : '';
echo 'Session 中的账号:' . $session_account;
```

（5）运行 login.php 页面，账号"user"，密码"123456"，单击"登录"，显示 Session 中的

账号信息,如图 11.15 所示。

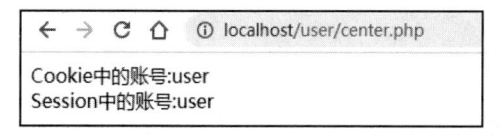

图 11.15　显示 Session 中的账号信息

11.4.5　优化登录页 login.php

(1) 打开 login.php 文件,通过超全局变量 $_GET 获取 URL 携带的登录错误信息 msg,并显示在表单中。

```
……
<form action="login_server.php" method="post">
    账号:<input type="text" name="account" value="" /><br/>
    密码:<input type="password" name="password" value="" /><br/>
    <input type="submit" value="登录"/>
    <p><?php echo !empty($_GET['msg']) ? $_GET['msg'] : '';   ?></p>
</form>
……
```

(2) 运行 login.php 页面,页面效果如图 11.16 所示。

图 11.16　运行 login.php 文件

(3) 单击"登录"按钮,页面显示错误信息,如图 11.17 所示。

图 11.17　显示错误登录信息

第12章 MySQL 操作：学生信息系统管理

12.1 技能和知识点

知识导图如图 12.1 所示。

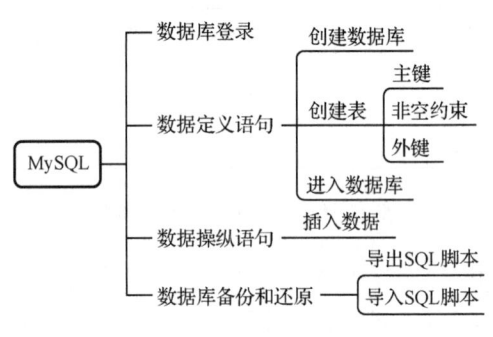

图 12.1 知识导图

（1）数据库登录。
（2）数据定义语言（DDL）。
（3）数据操纵语言（DML）。
（4）数据查询语言（DQL）。
（5）数据库脚本导入。
（6）数据库备份。

12.2 需求简介

（1）创建学生信息系统数据库，数据库名为 student。

（2）数据库中包含学生信息表，表名 student_info，每个学生信息包括学生编号、姓名、年龄、班级。学生编号为从 1 开始的序号，姓名为字符串，年龄为整数，班级为字符串。

（3）编写初始化数据脚本，向学生表中插入四条初始数据，数据如表 12.1 所示。导入初始化数据脚本，以此来初始化学生信息系统数据库中的数据。

表 12.1　学生信息数据

学 生 编 号	姓　　名	年　　龄	班　　级
1	张三	8	一年级三班
2	李四	9	二年级四班
3	王五	12	五年级一班
4	郑六	10	三年级一班

（4）导出学生信息系统数据库结构与数据，保存为脚本。

12.3　设计思路

（1）使用 XAMPP 的 Shell 命令行登录 MySQL 数据库。

（2）使用 SQL 语句创建学生信息系统数据库 student。

（3）使用 SQL 语句创建学生信息表 student_info，表中有四个字段学生编号、姓名、年龄、班级，表结构如表 12.2 所示。

表 12.2　学生信息表 student_info 结构

名　　称	字　段　名	数 据 类 型	备　　注
学生编号	id	int(11)	主键，自增，每次增长为 1
学生姓名	name	varchar(20)	非空
学生年龄	age	int(3)	非空
学生班级	class	varchar(20)	非空

（4）编写初始化数据脚本，脚本内容为给学生信息表 student_info 插入四条数据。

（5）使用 source 命令导入初始化数据脚本，初始化学生信息系统数据库中的数据。

（6）使用 mysqldump 命令导出学生信息系统数据库结构与数据，保存为脚本 student_backup.sql。

12.4　实现

12.4.1　登录数据库

（1）在 XAMPP 的控制面板中启动 MySQL。

（2）登录 MySQL。

打开 XAMPP 控制面板,单击"Shell"按钮,启动 Shell 命令行,使用 root 账号登录 MySQL。
SQL 命令:

```
mysql -u root -p
```

效果如图 12.2 所示。

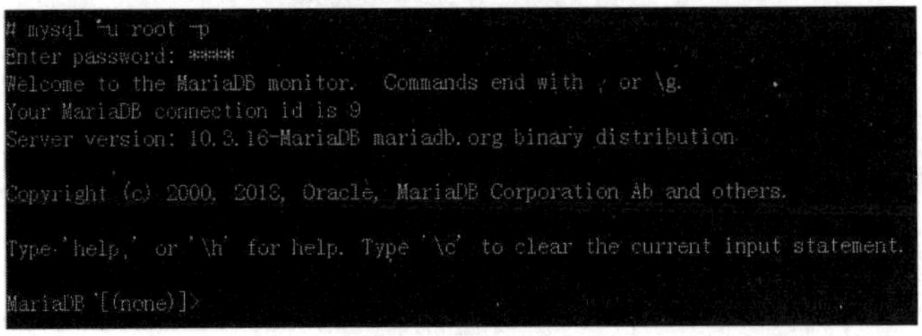

图 12.2　登录 MySQL

12.4.2　创建学生信息系统数据库及信息表

(1)创建学生信息系统数据库。
SQL 命令:

```
create database student;
```

效果如图 12.3 所示。

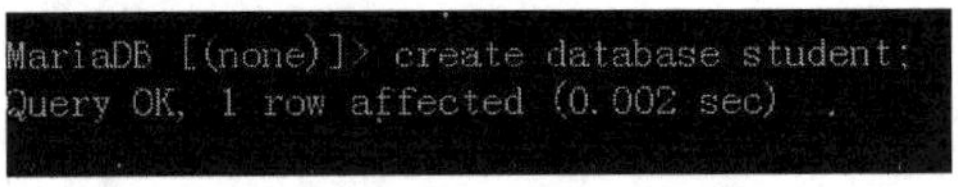

图 12.3　创建 student 数据库

(2)进入学生信息系统数据库。
SQL 命令:

```
use student;
```

效果如图 12.4 所示。

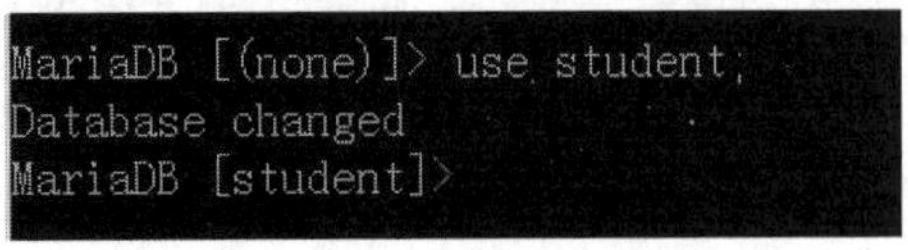

图 12.4　进入 student 数据库

(3)创建学生信息表 student_info。
SQL 命令:

```
create table student_info(
    id int(11) not null auto_increment comment '学生编号',
    name varchar(20) not null comment '学生姓名',
    age int(3) not null comment '学生年龄',
```

```
    class varchar(20) not null comment '学生班级',
    primary key (id)
) engine = InnoDB comment = '学生信息表';
```

效果如图 12.5 所示。

图 12.5 创建 student_info 表

12.4.3 编写初始化脚本并导入

（1）编写数据库脚本 student.sql，给学生信息表初始化四条学生信息数据。

```
insert into student_info (name,age,class) values ('张三',8,'一年级三班');
insert into student_info (name,age,class) values ('李四',9,'二年级四班');
insert into student_info (name,age,class) values ('王五',12,'五年级一班');
insert into student_info (name,age,class) values ('郑六',10,'三年级一班');
```

（2）使用 source 命令导入数据库脚本 student.sql 保存在 D 盘根目录下。
SQL 命令：

```
source D:/student.sql;
```

效果如图 12.6 所示。

图 12.6 导入 student.sql 文件

（3）查询插入的记录。
查询 student_info 表中的记录。SQL 命令：

```
select * from student_info;
```

效果如图 12.7 所示。

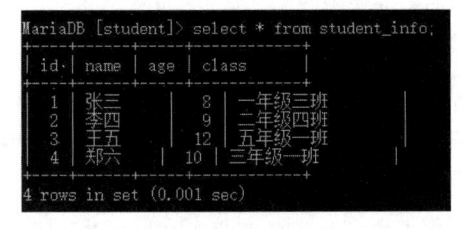

图 12.7 查询 student_info 表数据

（4）由于数据中含有中文和 Windows 命令行的默认字符集问题，若出现如图 12.8 所示的乱码情况，则需要将字符集设置为 GBK。

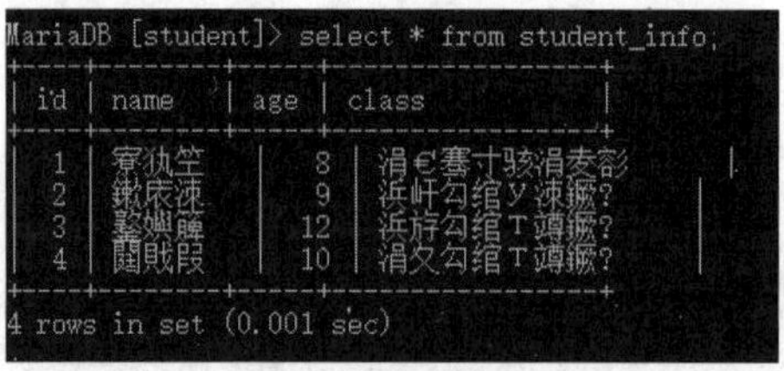

图 12.8　中文乱码

（5）输入"show variables like 'character%';"命令，查看当前命令行客户端的编码格式，默认编码为 UTF-8，如图 12.9 所示。

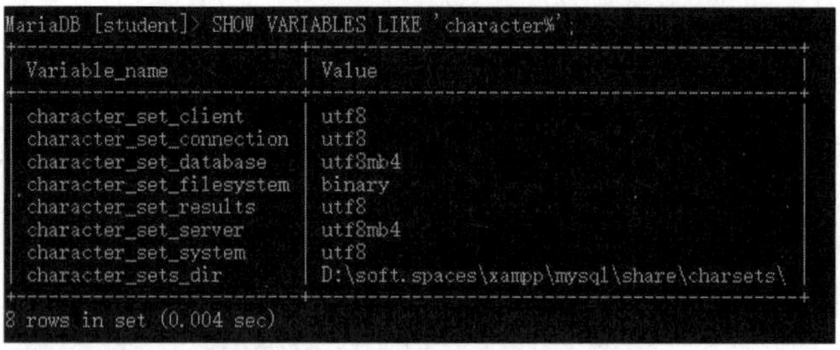

图 12.9　查询数据库编码格式

（6）输入"set names gbk;"命令将客户端的编码格式改为 GBK，则可以正常显示中文。

12.4.4　导出备份数据库

（1）使用 mysqldump 命令导出数据库表结构及数据。

mysqldump.exe 文件在 XAMPP 根目录 C:\xampp\mysql\bin 目录下，可在命令行执行该程序。打开 XAMPP 控制面板，单击"Shell"启动命令行窗口，输入如下命令。

mysqldump -u root -p　student > D:/student_backup.sql

效果如图 12.10 所示。

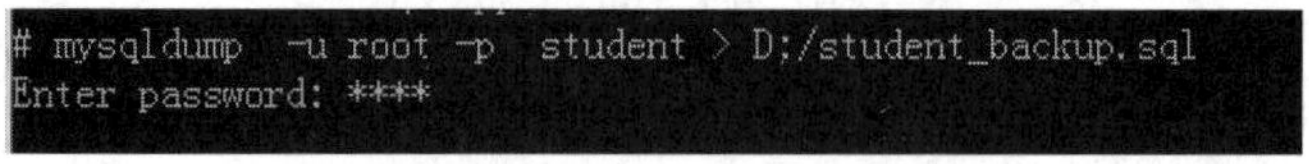

图 12.10　导出 student 数据库

（2）脚本文件 student_backup.sql 的部分内容如图 12.11 所示。

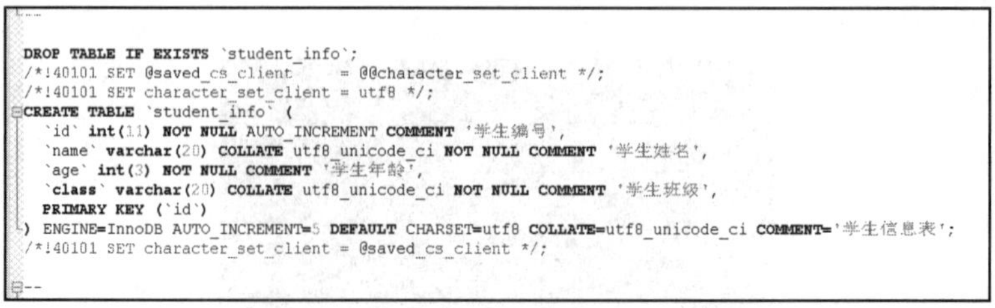

图 12.11　生成的 student_backup.sql 文件

第13章

PHP 数据库编程：新增学生信息

13.1 技能和知识点

知识导图如图 13.1 所示。

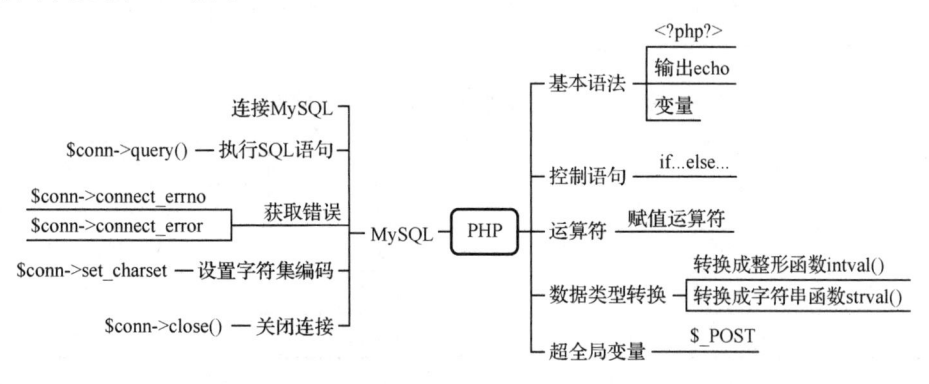

图 13.1 知识导图

13.2 需求简介

实现学生信息添加功能，向 student 数据库的 student_info 表中添加学生信息数据。

（1）在"添加学生"表单页面输入学生信息，包括学生姓名、学生年龄和班级信息，单击"提交"按钮请求学生信息添加处理页面，如图 13.2 所示。

（2）将接收到的学生信息保存到 student 数据库中的 student_info 表。

（3）在页面上输出保存的结果，如图 13.3 所示。

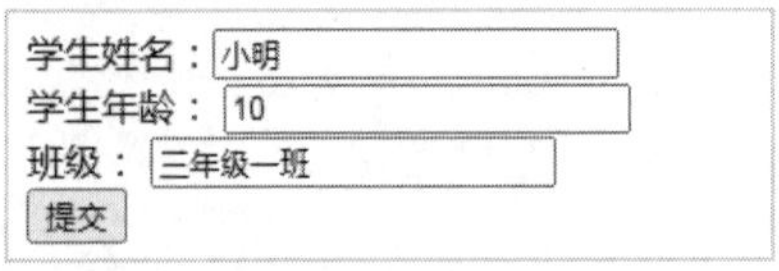

图 13.2　添加学生信息表单 　　　　　图 13.3　添加学生成功

13.3　设计思路

1. 程序设计

（1）项目名称：student。

（2）文件设计如表 13.1 所示。

表 13.1　文件设计

类　　型	文　　件	说　　明
php 文件	studentAdd.php	学生信息添加功能文件
html 文件	studentAdd.html	学生信息添加页面

（3）开发环境：HBuilder + XAMPP。

2. 实现步骤

（1）数据库使用"第 12 章 MySQL 操作：学生信息系统管理"中创建的数据库 student 及表 student_info。其中表 student_info 结构如表 13.2 所示。

表 13.2　学生信息表 student_info 结构

名　　称	字 段 名	数 据 类 型	备　　注
学生编号	id	int(11)	主键，自增，每次增长为 1
学生姓名	name	varchar(20)	非空
学生年龄	age	int(3)	非空
学生班级	class	varchar(20)	非空

（2）后台接收表单通过 POST 方式提交的学生姓名、年龄和班级信息，保存至变量中。

（3）使用 MySQLi 面向对象的方式连接数据库并设置字符集为 utf8。

（4）将获取到的学生信息变量连接成插入 SQL 语句，执行该 SQL 语句获取返回结果。

（5）判断返回结果，如果成功则输出"插入成功！"，如果失败则输出"插入失败！"。

13.4　实现

13.4.1　创建 Web 工程

（1）启动 HBuilder，在 C:\xampp\htdocs 目录下创建"Web 项目"，项目名称"student"，

并删除默认创建的 img\css\js 文件夹和文件。

（2）创建 studentAdd.php、studentAdd.html 文件。

（3）程序目录如图 13.4 所示。

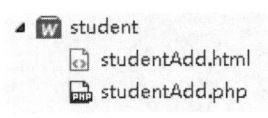

图 13.4　程序目录

13.4.2　编写表单页面

（1）编写学生信息提交表单页面 studentAdd.html。

① 编写一个 form 表单，提交地址为 studentAdd.php，提交方式为 POST。

② 表单内部有三个 input 输入框，分别为学生姓名、学生年龄及班级输入框。

③ 表单底部是一个提交按钮。

```
<!DOCTYPE html>
<html>
    <head>
        <meta charset="UTF-8">
        <title>学生信息新增</title>
    </head>
    <body>
        <form action="studentAdd.php" method="post">
            学生姓名：<input type="text" placeholder="请输入学生姓名" name="name" /><br />
            学生年龄：<input type="number" placeholder="请输入学生年龄" name="age" /><br />
            班级：<input type="text" placeholder="请输入学生所属班级" name="class" /><br />
            <input type="submit" value="提交" />
        </form>
    </body>
</html>
```

（2）浏览器访问页面 studentAdd.html（http://localhost/student/studentAdd.html），学生信息添加页面效果如图 13.5 所示。

图 13.5　学生信息添加页面

13.4.3　获取表单提交

（1）编辑学生信息添加功能文件 studentAdd.php。

（2）获取表单提交的数据保存至变量中，分别为学生姓名$name、学生年龄$age、学生所属班级$class，其中姓名和班级数据使用 strval()函数转换成字符串，年龄数据使用 intval()函数转换成整型。

```php
<?php
$name = strval($_POST['name']);//学生姓名
$age = intval($_POST['age']);//学生年龄
$class = strval($_POST['class']);//学生所属班级
```

13.4.4　连接数据库

（1）编辑 studentAdd.php 文件，定义数据库配置相关变量，包括数据库地址$servername、数据库用户名$username、用户密码$password、数据库名$dbname。

```php
$servername = "127.0.0.1";    //数据库地址
$username = "root";           //用户名
$password = "123456";         //密码
$dbname = "student";          //数据库名
```

（2）使用 MySQLi 面向对象方式连接数据库。实例化一个 MySQLi 类的对象$conn，将数据库信息作为构造函数参数传入。

```php
$conn = new mysqli($servername, $username, $password, $dbname);
```

（3）使用数据库对象$conn 的 connect_errno 属性检测数据库是否连接成功。connect_errno 属性如果为 0 则表示连接成功，不为 0 则表示连接失败。

判断 connect_errno 属性是否为 0，不为 0 则代表连接失败，输出错误信息属性 connect_error，并终止脚本运行。

```php
if ($conn -> connect_errno) {
//连接失败则输出错误信息
    die("连接失败: " . $conn -> connect_error);
}
```

（4）使用数据库对象$conn 的 set_charset()方法设置连接字符集为 utf8。

```php
//设置字符集为 utf8
$conn -> set_charset('utf8');
```

13.4.5　执行 SQL 语句

（1）编辑 studentAdd.php，定义新增学生信息 SQL 语句，将学生姓名$name、学生年龄$age 和学生所属班级$class 这三个变量拼接到 SQL 语句中。

```php
$sql = "insert into student_info(name,age,class) values ('".$name."','".$age."','".$class."');";
```

（2）使用数据库对象$conn 的 query()执行 SQL 语句。

```php
$result = $conn->query($sql);
```

（3）判断 SQL 语句执行返回结果，如果插入成功则输出"插入成功！"，如果插入失败则输出"插入失败！"。

```
if($result){
    echo "插入成功！";
}else{
    echo "插入失败！";
}
```

（4）使用数据库对象$conn 的 close()函数关闭数据库连接。

```
$conn->close();
```

（5）浏览器访问页面 studentAdd.html（http://localhost/student/studentAdd.html），填写信息并提交，添加学生信息如图 13.6 所示。

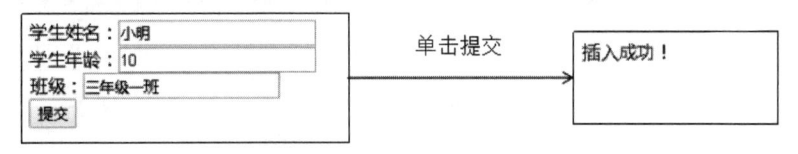

图 13.6　添加学生信息

（6）进入数据库 student，查询刚插入的学生信息表数据，如图 13.7 所示。

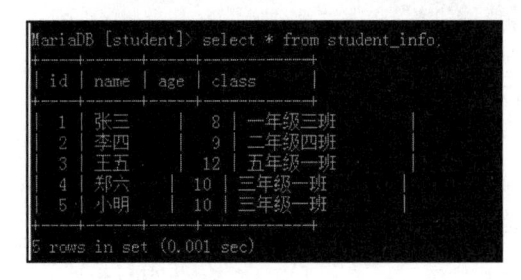

图 13.7　查询学生信息表数据

第14章 PHP 数据库编程：学生信息列表

14.1 技能和知识点

知识导图如图 14.1 所示。

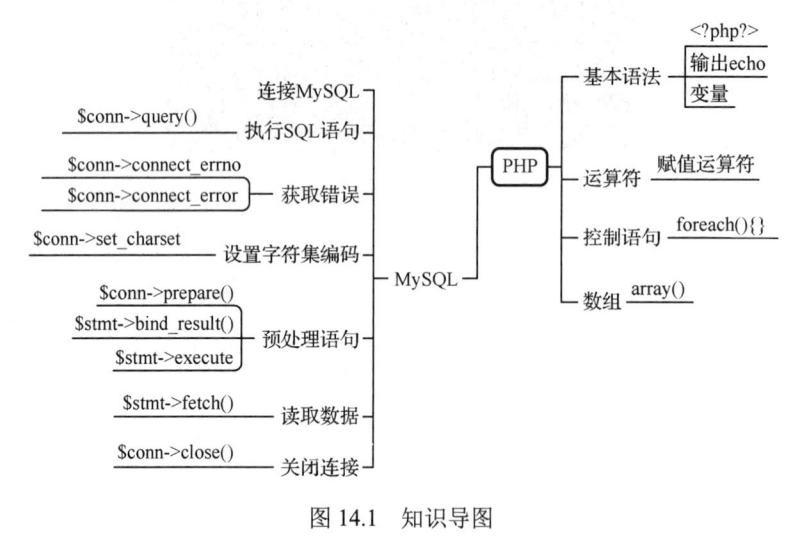

图 14.1 知识导图

14.2 需求简介

（1）查询 student 数据库中 student_info 表中的数据，按照年龄从小到大的顺序进行排序。
（2）使用预编译的方式查询数据。
（3）将获取到的学生信息数据以表格的形式在页面上显示，页面效果如图 14.2 所示。

学生编号	学生姓名	学生年龄	所在班级
1	张三	8	一年级三班
2	李四	9	二年级四班
4	郑六	10	三年级一班
5	小明	10	三年级一班
3	王五	12	五年级一班

图 14.2　学生信息列表

14.3　设计思路

1．程序设计

（1）项目名称：student。

（2）文件设计如表 14.1 所示。

表 14.1　文件设计

类　　型	文　　件	说　　明
php 文件	studentList.php	学生信息列表页面

（3）开发环境：HBuilder + XAMPP。

2．实现步骤

（1）数据库使用"第 12 章 MySQL 操作：学生信息系统管理"中创建的数据库 student 及表 student_info。其中表 student_info 结构如表 14.2 所示。

表 14.2　学生信息表 student_info 结构

名　　称	字　段　名	数据类型	备　　注
学生编号	id	int(11)	主键，自增，每次增长为 1
学生姓名	name	varchar(20)	非空
学生年龄	age	int(3)	非空
学生班级	class	varchar(20)	非空

（2）连接数据库并设置连接字符集。

（3）使用预编译的方式查询学生信息表，数据按年龄从小到大排序。

（4）使用 while 循环遍历返回的结果集并保存至学生信息数组中。

（5）在页面上使用 foreach 遍历学生信息数组，以表格形式将数组中的信息进行展示。

14.4　实现

14.4.1　连接数据库

（1）启动 HBuilder，在 C:\xampp\htdocs 目录下创建"Web 项目"，项目名称"student"，

删除默认创建的 img\css\js 文件夹和文件并创建 studentList.php。

（2）程序目录如图 14.3 所示。

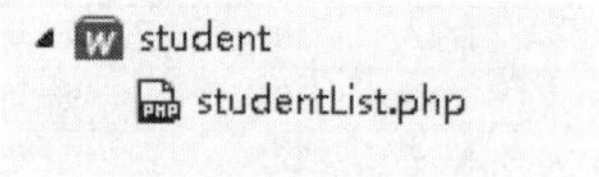

▲ student
　　studentList.php

图 14.3　程序目录

（3）编辑 studentList.php 文件，定义数据库配置相关变量，包括数据库地址$servername、数据库用户名$username、用户密码$password、数据库名$dbname。

```
<?php
$servername = "127.0.0.1";          //数据库地址
$username = "root";                 //用户名
$password = "123456";               //密码
$dbname = "student";                //数据库名
```

（4）使用 MySQLi 面向对象方式连接数据库，实例化一个 MySQLi 类的对象$conn。

```
$conn = new mysqli($servername, $username, $password, $dbname);
```

（5）使用数据库对象$conn 的 connect_errno 属性检测数据库是否连接成功。connect_errno 属性如果为 0 则表示连接成功，不为 0 则表示连接失败。

判断 connect_errno 属性是否为 0，不为 0 则代表连接失败，输出错误信息属性 connect_error，并终止脚本运行。

```
if ($conn -> connect_errno) {
    die("连接失败: " . $conn -> connect_error);
}
```

（6）使用数据库对象$conn 的 set_charset()方法设置连接字符集为 utf8。

```
$conn .> set_charset('utf8');
```

14.4.2　预编译 SQL 语句

（1）使用数据库对象$conn 的 prepare()方法预编译按学生年龄从小到大排序查询的 SQL 语句，得到预编译对象$stmt。

```
$sql = "select id,name,age,class from student_info order by age asc";
$stmt = $conn->prepare($sql);
```

（2）使用预编译对象$stmt 的 bind_result()方法绑定返回结果集，将学生编号 id、学生姓名 name、学生年龄 age、学生所属班级 class 四个字段的值分别绑定到$id、$name、$age、$class 四个变量上。

```
$stmt->bind_result($id,$name,$age,$class);
```

（3）使用预编译对象$stmt 的 execute()方法执行预编译的 SQL 语句。

```
$stmt->execute();
```

14.4.3 遍历结果集

(1) 定义学生信息列表数组$studentList。

```php
// 定义学生信息列表
$studentList = array();
```

(2) 使用 while 循环遍历结果集,将数据以数组的形式保存至学生信息列表数组$studentList 中。每次执行 fetch()函数就会取出结果集中的一行数据赋值给绑定的变量。

```php
// 获取结果集
while($stmt->fetch()){
    $studentList[] = array(
        "id"=>$id,
        "name"=>$name,
        "age"=>$age,
        "class"=>$class,
    );
}
```

(3) 使用数据库对象$conn 的 close()方法关闭数据库连接。

```php
// 关闭数据库连接
$conn->close();
?>
```

14.4.4 输出学生信息列表

(1) 编辑 studentList.php,在文件底部编写学生信息表格的基本结构,表格总共有四列,分别为学生编号、学生姓名、学生年龄、所在班级。

```html
<!DOCTYPE html>
<html>
    <head>
        <meta charset="UTF-8">
        <title>学生信息列表</title>
    </head>
    <body>
        <table border="1">
            <tr>
                <td>学生编号</td>
                <td>学生姓名</td>
                <td>学生年龄</td>
                <td>所在班级</td>
            </tr>
        </table>
    </body>
</html>
```

（2）使用 foreach 循环遍历学生信息数组$studentList，将学生信息渲染到页面上。

```
<table border="1">
    ......
    <!--循环输出学生信息-->
    <?php foreach($studentList as $value): ?>
    <tr>
        <td><?php echo $value["id"] ?></td>
        <td><?php echo $value["name"] ?></td>
        <td><?php echo $value["age"] ?></td>
        <td><?php echo $value["class"] ?></td>
    </tr>
    <?php endforeach; ?>
</table>
```

（3）浏览器访问学生信息列表页面 studentList.php（http://localhost/student/studentList.html），页面效果如图 14.4 所示。

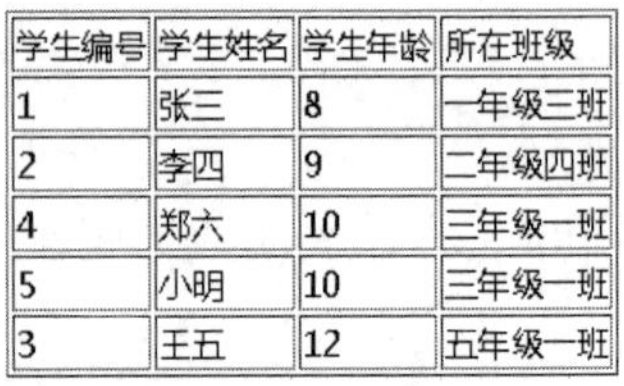

学生编号	学生姓名	学生年龄	所在班级
1	张三	8	一年级三班
2	李四	9	二年级四班
4	郑六	10	三年级一班
5	小明	10	三年级一班
3	王五	12	五年级一班

图 14.4　学生信息列表

第15章

Laravel 框架：创建 Laravel 工程

15.1 技能和知识点

知识导图如图 15.1 所示。

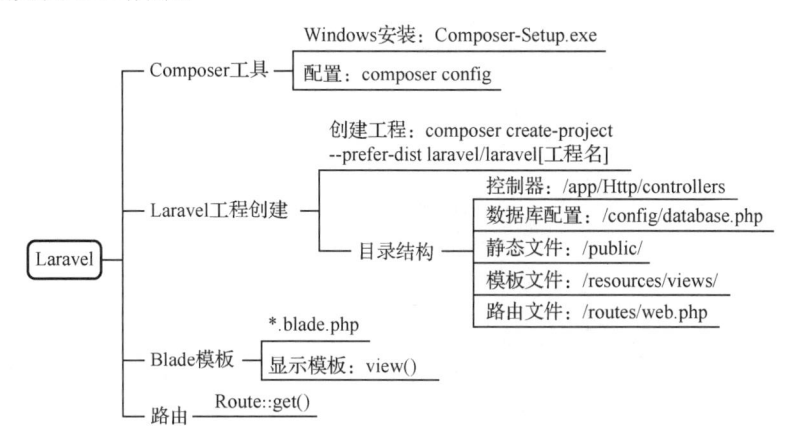

```
                                    Windows安装：Composer-Setup.exe
                    ┌─ Composer工具 ─┤
                    │                配置：composer config
                    │
                    │                   创建工程：composer create-project
                    │                   --prefer-dist laravel/laravel[工程名]
                    │                                         ┌ 控制器：/app/Http/controllers
                    ├─ Laravel工程创建 ─┤                      │ 数据库配置：/config/database.php
     Laravel ──────┤                   └ 目录结构 ─────────────┤ 静态文件：/public/
                    │                                         │ 模板文件：/resources/views/
                    │                                         └ 路由文件：/routes/web.php
                    │                    *.blade.php
                    ├─ Blade模板 ─────┤
                    │                    显示模板：view()
                    │
                    └─ 路由  Route::get()
```

图 15.1 知识导图

15.2 需求简介

（1）安装与配置 Composer 管理工具。
（2）使用 composer 命令创建 Laravel 工程。
（3）创建 index.blade.php 模板页面，内容显示"Hello Laravel"。
（4）配置路由 web.php 文件，通过 GET 路由/index 显示 index 模板，页面效果如图 15.2 所示。

图 15.2 "Hello Laravel"页面

15.3 设计思路

1. 程序设计

(1) 项目名称为 Laravel, 项目目录如图 15.3 所示。

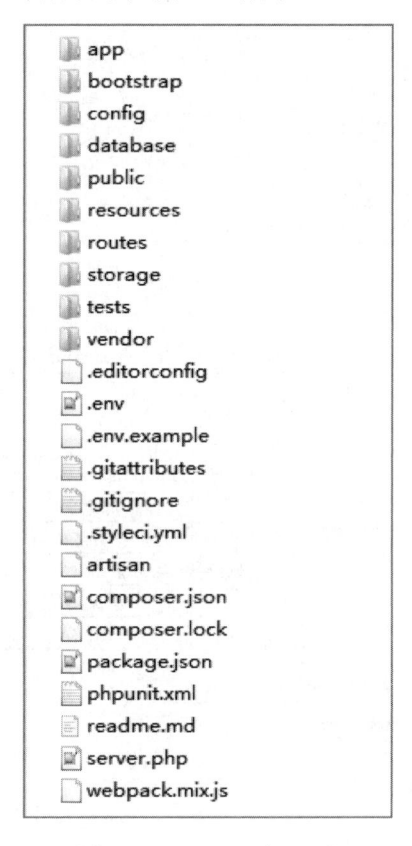

图 15.3 Laravel 项目目录

(2) 开发环境：HBuilder + XAMPP。

(3) 访问域名：localhost:8080。

2. 模型、视图、控制器（MVC）

Laravel 遵循 model-view-controller(MVC)架构模式，就是强制将输入到展示逻辑关系的"业务逻辑"与图形用户界面（GUI）分开，如图 15.4 所示。

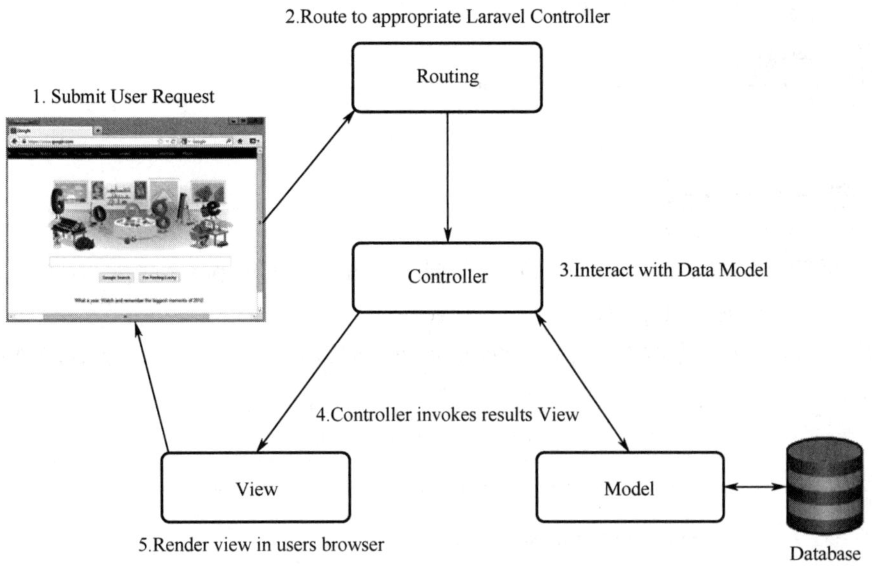

图 15.4　MVC 架构

3. 创建 Laravel 工程目录

Laravel 工程目录及其作用如表 15.1 所示。

表 15.1　Laravel 工程目录及其作用

文件或文件夹	作　　用
/app/	包含应用程序的核心代码
/app/Http/controllers	存放控制器类文件
/bootstrap/	包含引导框架的 app.php 文件。该目录还包含了一个 cache 目录，cache 目录下存放着框架生成的用来提升性能的文件，如路由和服务缓存文件。
/config/database.php	应用的配置文件，基本数据库配置文件
/public/	含有 Laravel 框架核心的引导文件 index.php，这个文件夹也可用来存放任何可以公开的静态资源，如 css、Javascript、images 等
/resources/views/	存放视图文件
/routes/web.php	应用程序的路由文件
/.env	环境配置文件
/package.json	该工程的依赖包管理

4. Blade 模板页面

（1）模板目录：resources/views。

（2）模板文件路径：*.blade.php。

（3）主页模板文件：index.blade.php。

5. 路由设计

（1）路由文件：routes/web.php。

（2）请求：GET 方式，URL：/index。

（3）响应页面：匿名函数，返回模板文件 index.blade.php。

15.4 实现

15.4.1 安装 Composer

Laravel 框架使用 Composer 管理依赖，需要下载并安装 Composer。

（1）下载 Composer-Setup.exe。

可前往 Composer 官方网站 https://getcomposer.org/download/ 下载 Composer-Setup.exe，如图 15.5 所示。

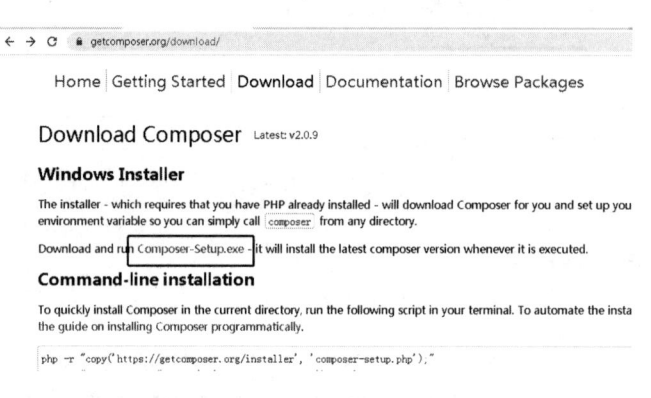

图 15.5 Composer 官网下载页面

（2）运行 Composer-Setup.exe。

① 可选择开发模式，也可不选择，如图 15.6 所示。

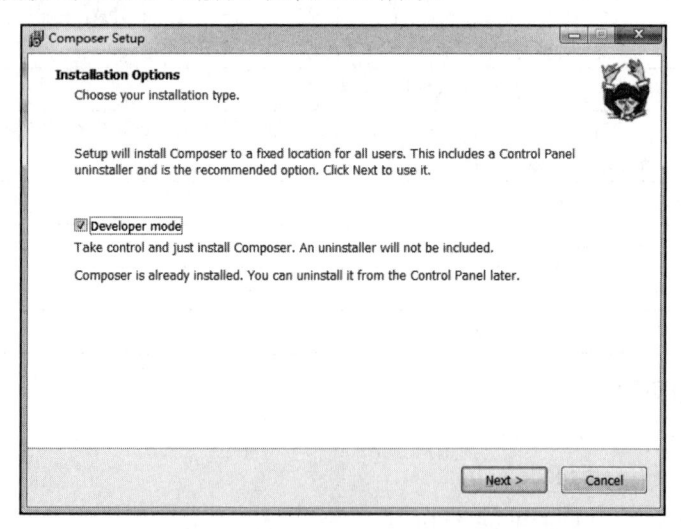

图 15.6 Composer 安装页

② 选择安装路径（可任意选择），如图 15.7 所示。
③ 选择本机 php.exe 文件目录，如图 15.8 所示。
④ 配置代理，该界面不用勾选选项，直接点"Next"，等待安装成功，如图 15.9 所示。

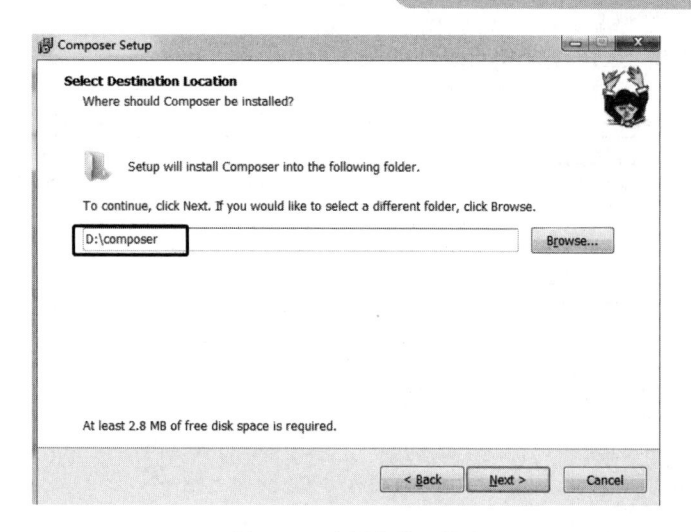

图 15.7　选择安装目录

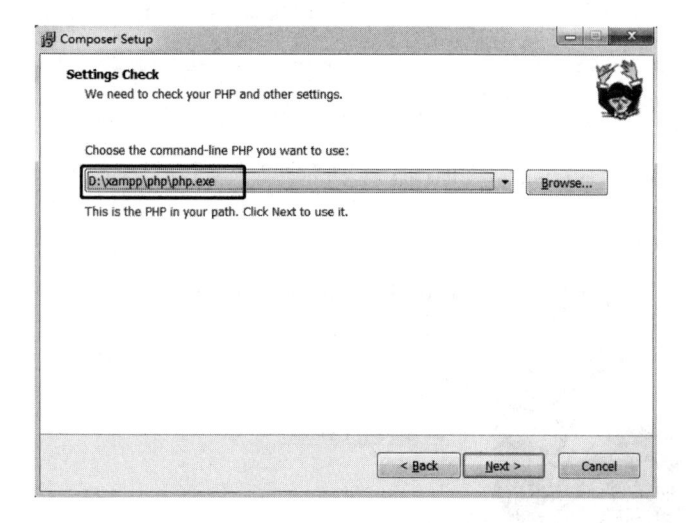

图 15.8　设置 PHP 可执行文件

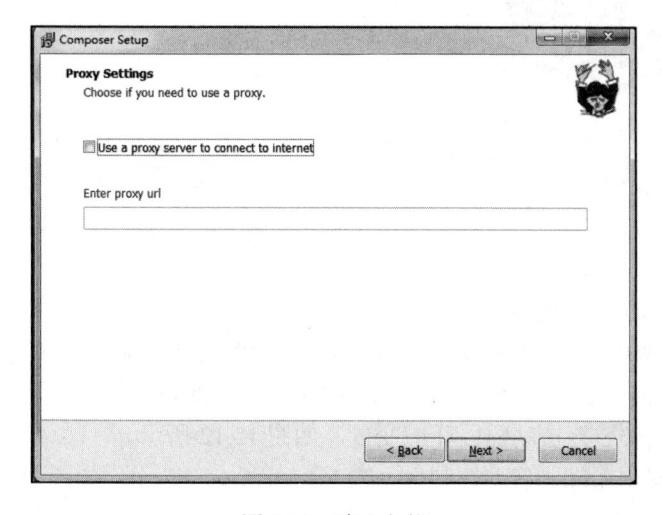

图 15.9　默认安装

⑤ 单击"Install"按钮，继续安装，如图15.10所示。

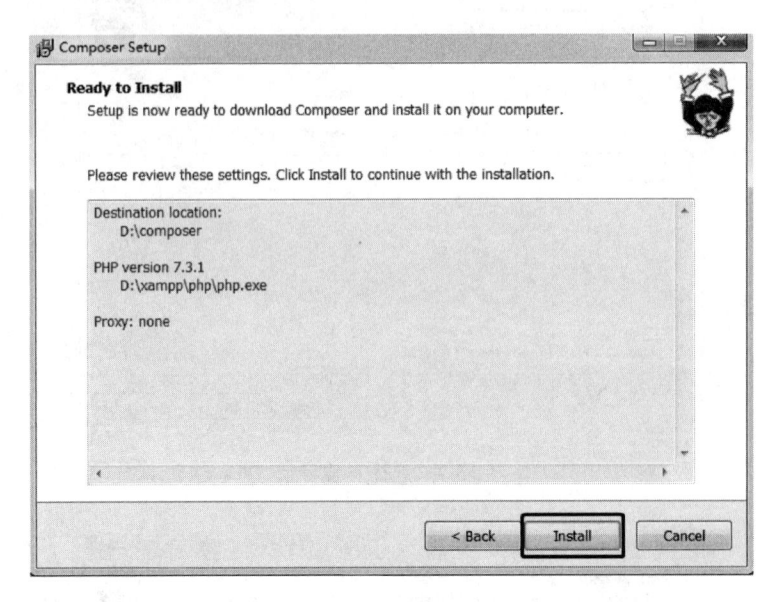

图15.10 安装

⑥ 安装成功，单击"Finish"，如图15.11所示。

图15.11 安装完成

（3）配置compoer的环境变量。

在Windows环境中，为了方便使用，一般情况下会配置composer的环境变量。如composer的安装目录为D:/composer，配置系统环境变量PATH，将此路径放在末尾如图15.12所示。注意使用exe文件方式安装会自动配置环境变量，如图15.12所示。

（4）在运行中输入cmd，启动控制台，输入composer，若出现如图15.13所示内容，表示安装成功。

图 15.12 配置 Composer 环境变量

图 15.13 测试 Composer 命令

15.4.2 配置国内镜像

由于 Composer 官网服务器在国外，下载速度较慢，所以一般使用时会配置国内镜像。
（1）启动命令行 CMD。
（2）输入如下命令将包下载源替换为阿里云镜像。

composer config .g repo.packagist composer https://mirrors.aliyun.com/composer/

如图 15.14 所示。

图 15.14　配置国内镜像

15.4.3　创建 Laravel 工程

（1）在创建工程的文件夹里启动控制台（如 D 盘根目录），如图 15.15。

图 15.15　启动命令行

（2）使用 composer 的 create-project 命令创建一个新的项目，这个项目的名称就是"工程名"，若不填写，则默认名为"laravel"。格式为 composer create-project --prefer-dist laravel/laravel [工程名]。

创建默认工程，输入命令：composer create-project --prefer-dist laravel/laravel，如图 15.16 所示。

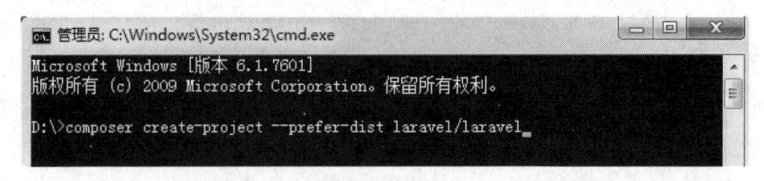

图 15.16　使用 Composer 创建 Laravel 工程

（3）需要等待一段时间，显示如图 15.17 所示界面，表示安装成功。

图 15.17　创建成功

15.4.4　配置虚拟主机

（1）打开 apache/conf/ 之下的 httpd.conf 文件，编辑 httpd.conf 文件，添加监听端口 8080，如图 15.18 所示。

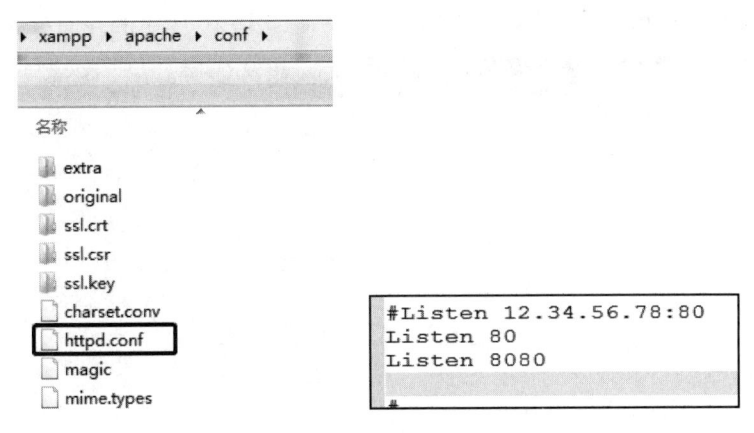

图 15.18　添加监听端口 8080

（2）打开 apache/conf/extra 之下的 httpd-vhosts.conf 文件，如图 15.19 所示。

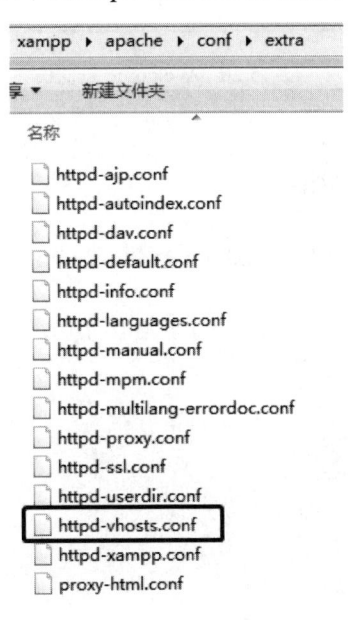

图 15.19　虚拟主机配置文件

编辑 httpd-vhosts.conf 文件，在文件末尾添加虚拟主机，将虚拟主机路径配置至 Laravel 工程下的 public 文件夹（如 D:/Laravel/public）。代码如下：

```
<VirtualHost *:8080>
    DocumentRoot "D:/laravel/public"
    ServerName 127.0.0.1:8080
    <Directory "D:/laravel/public">
```

```
        AllowOverride All
        Require all granted
    </Directory>
</VirtualHost>
```

（3）配置完成后，重启 Apache 加载修改后的配置文件。

（4）在浏览器输入 http://localhost:8080，能显示如图 15.20 所示的界面，表示配置成功。

图 15.20　Welcome 页面

15.4.5　编写 index.blade.php

（1）在 resources/views 文件夹下，创建 index.blade.php 文件。

（2）编写如下代码。

```
<!DOCTYPE html>
<html>
    <head>
        <meta charset="utf-8">
        <title></title>
    </head>
    <body>
        Hello Laravel
    </body>
</html>
```

15.4.6　编写路由

（1）编写 routes/web.php 文件，定义一个 "/index" 的路由，返回视图文件 index.blade.php。

```
Route::get('/index', function () {
    return view('index');
```

});

（2）启动 XAMPP 服务器，访问 http://localhost/index，页面效果如图 15.21 所示。

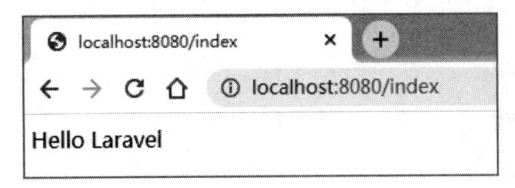

图 15.21 显示 index 页面

第16章 Laravel 框架：在线答题系统

16.1 技能和知识点

知识导图如图 16.1 所示。

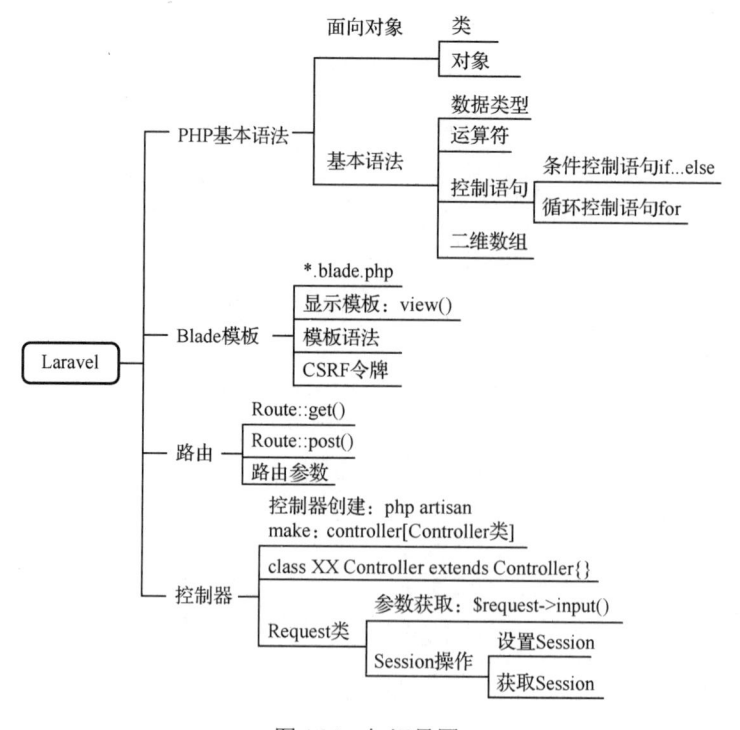

```
                          ┌─ 面向对象 ─┬─ 类
                          │           └─ 对象
             ┌─ PHP基本语法 ┤           ┌─ 数据类型
             │            │           ├─ 运算符        ┌─ 条件控制语句if...else
             │            └─ 基本语法 ─┼─ 控制语句 ────┤
             │                        │               └─ 循环控制语句for
             │                        └─ 二维数组
             │            ┌─ *.blade.php
             │            ├─ 显示模板：view()
             ├─ Blade模板 ─┼─ 模板语法
  Laravel ──┤            └─ CSRF令牌
             │         ┌─ Route::get()
             ├─ 路由 ──┼─ Route::post()
             │         └─ 路由参数
             │         ┌─ 控制器创建：php artisan make：controller[Controller类]
             └─ 控制器 ─┼─ class XX Controller extends Controller{ }
                       │           ┌─ 参数获取：$request->input()
                       └─ Request类┤              ┌─ 设置Session
                                   └─ Session操作─┤
                                                  └─ 获取Session
```

图 16.1 知识导图

16.2 需求简介

使用 Laravel 框架编写一个简单的在线答题系统。

（1）试题共 4 道数学题，每题 3 个选项，都为单选题。每题 25 分，共 100 分。题目内容、选项和答案如表 16.1 所示。

表 16.1 题目内容、选项和答案

题 目	选 项			答 案
第 1 题：10+4=?	A.12	B.14	C.16	B
第 2 题：20-9=?	A.7	B.13	C.11	C
第 3 题：7×3=?	A.21	B.24	C.25	A
第 4 题：8/2=?	A.10	B.2	C.4	C

（2）每做完一题，单击"下一题"按钮，提交当前题目答案，并显示下一题内容，如图 16.2 所示。

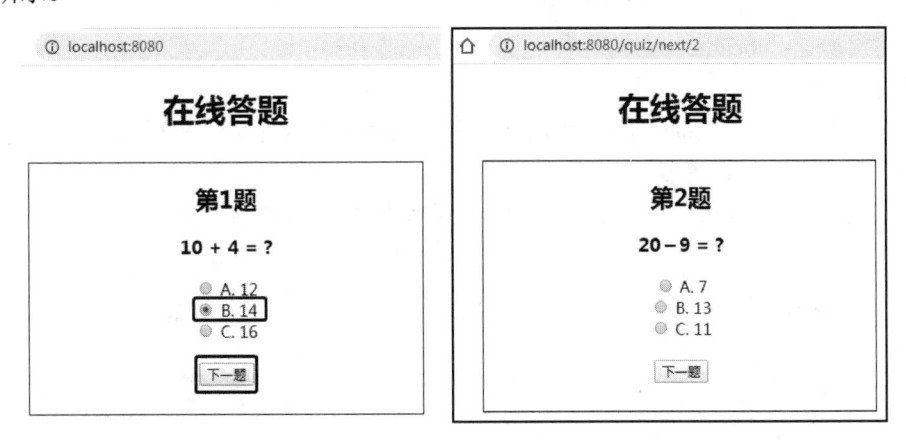

图 16.2 答题页面

（3）最后一题提交后，显示成绩页面。结果页面显示答对题数和总分，如图 16.3 所示。

图 16.3 结果页面

16.3 设计思路

1. 程序设计

（1）创建项目。

使用 Composer 创建 Laravel 项目 quiz。

（2）文件设计如表 16.2 所示。

表 16.2 文件设计

类 型	文 件	说 明
php 文件	resources/views/quiz.blade.php	答题模板页面
	resources/views/result.blade.php	结果模板页面
	app/Http/Controllers/QuizController.php	Quiz 控制类文件
css 文件	css/quiz.css	页面样式

（3）开发环境：HBuilder + XAMPP。

（4）访问域名：localhost:8080。

2. 页面设计

（1）答题页面为 quiz.blade.php，页面效果和结构如图 16.4 所示。模板需要题号$qid、题干$stem、选项数组$options 等参数。

（2）结果页面为 result.blade.php，页面效果和结构如图 16.5 所示。

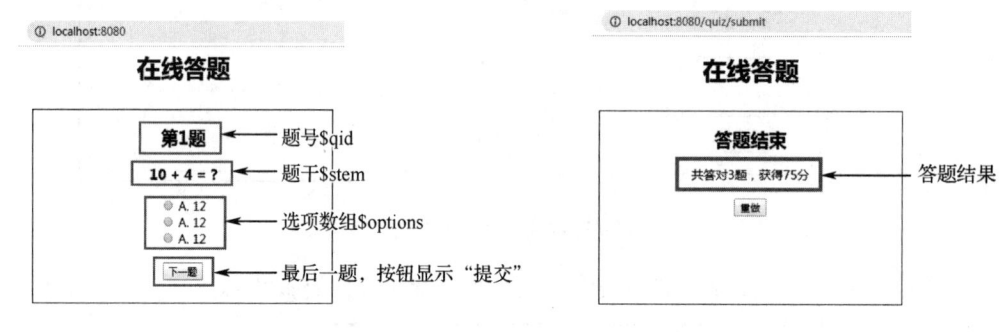

图 16.4 答题页面结构　　　　　图 16.5 结果页面结构

3. 路由设计

（1）路由文件：routes/web.php。

（2）进入答题系统路由，请求方式为 GET；URL 为/；响应为 QuizController 控制器的 start() 方法。

（3）提交当前题答案，进入下一题，请求方式为 POST；URL 为/quiz/next/{题号}；响应为 QuizController 控制器的 next()方法。

（4）提交最后一道题，并显示答题结果，请求方式为 POST；URL 为/quiz/submit；响应为 QuizController 控制器的 submit()方法。

4. 控制器类

（1）控制器类基类：app/Http/Controllers/Controller。

（2）答题控制类：QuizController。其继承于 Controller 类。

（3）使用 artisan 命令创建控制器。

进入工程根目录，在命令行输入：php artisan make:controller QuizController。

（4）function start()：开始答题方法。

（5）function next()：获得下一题，并保存当前题的答案。

（6）function submit()：提交试卷，计算分数，并返回结果。

（7）function getQuestion()：通过题号获得试题信息。

5. 数据定义

（1）在 QuizController 类中定义 static $questions 数组对象。

（2）使用二维数组保存试题数据。

（3）定义 const PARAM_ANSWERS = "answers"，作为 Session 中保存用户答案数组的键值。

6. 防止 CSRF 攻击

表单以 POST 方式提交数据时，需要添加 CSRF TOKEN 字段，有如下 4 种写法。

（1）<input type="hidden" name="_token" value="{{csrf_token()}}">。

（2）{{ csrf_field() }}。

（3）{!! csrf_field() !!}。

（4）@csrf。

16.4 实现

16.4.1 创建 Laravel 工程

（1）进入 D 盘，启动命令行。

（2）运行 composer 命令，创建 Laravel 工程 quiz。命令为 composer create-project --prefer-dist laravel/laravel quiz。

（3）等待工程创建完成，工程目录结构如图 16.6 所示。

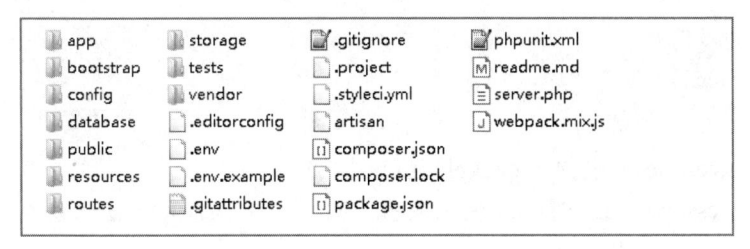

图 16.6 工程目录结构

（4）配置 Apache 服务器（xampp/apache/conf/extra/httpd-vhosts.conf）。

```
<VirtualHost *:8080>
    DocumentRoot "D:\quiz\public"
```

```
    ServerName 127.0.0.1:8080
    <Directory "D:\quiz\public">
        AllowOverride All
        Require all granted
    </Directory>
</VirtualHost>
```

（5）重启 XAMPP 服务器。

（6）打开浏览器访问 http://localhost:8080，欢迎页面如图 16.7 所示。

图 16.7　欢迎页面

16.4.2　编写 quiz.blade.php

（1）页面样式文件。

在 public/css 文件夹中创建 quiz.css 文件，设置页面样式。

```
h1{text-align: center;}
.box{
    margin: auto;
    border: solid 1px black;
    margin-top: 5%;
    width: 400px;
    height: 250px;
    text-align: center;
}
```

（2）在 resources/views/中创建 quiz.blade.php 文件。

① 引入静态 css/quiz.css 文件时，使用内置 URL 类上的 asset()方法来引入 css 文件和 js 文件。默认在 Web 根目录，即 public 目录。

```
<!DOCTYPE html>
<html>
<head>
<meta charset="utf-8" />
```

```html
<link rel="stylesheet" href="{{ URL::asset('css/quiz.css') }}">
</head>
<body>
    <h1>在线答题</h1>
    <div class="box">
    </div>
</body>
</html>
```

② 添加 form 表单，提交方式为 POST。

```html
<h1>在线答题</h1>
<div class="box">
    <h2>第 1 题</h2>
    <form method="post" action="">

    </form>
</div>
```

③ 编写表单内容。

```html
<form method="post"    action="">
    <h3>10 + 4 = ?</h3>
    <input type="radio"name="choices" value="A"/> A. 12 <br />
    <input type="radio"name="choices" value="B"/> A. 12 <br />
    <input type="radio"name="choices" value="C"/> A. 12 <br />
    <br />

    <button type="submit">下一题</button>
</form>
```

（3）配置路由。

编写 routes/web.php 文件，添加 get 路由'/'，显示 quiz.blade.php 模板。

```
Route::get('/', function(){
    return view('quiz');
});
```

（4）访问 http://localhost:8080/，查看模板是否正常显示，运行答题页面如图 16.8 所示。

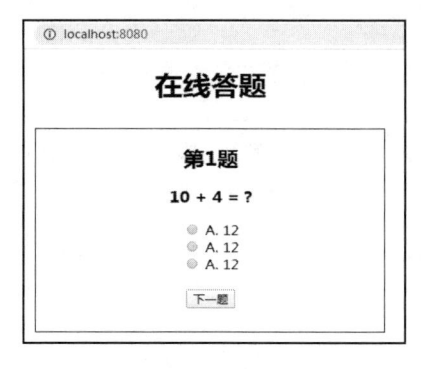

图 16.8　运行答题页面

16.4.3 编写 result.blade.php

（1）在 resources/views/中创建 result.blade.php 文件。显示答对的题目数和得分。

```html
<!DOCTYPE html>
<html>
    <head>
        <meta charset="utf-8" />
        <link rel="stylesheet" href="{{URL::asset('css/quiz.css')}}">
    </head>
    <body>
        <h1>在线答题</h1>
        <div class="box">
            <h2>答题结束</h2>
            <div>
                共答对 3 题，获得 75 分
            </div>
        </div>
    </body>
</html>
```

（2）添加"重做"按钮，返回"/"页面。

```html
<div class="box">
    <h2>答题结束</h2>
    <div>
        共答对 3 题，获得 75 分
    </div>
    <br />
    <button type="button" onclick="window.location='/';">重做</button>
</div>
```

（3）编写 routes/web.php 文件，添加 get 路由'quiz/submit'，显示 result.blade.php 模板。

```php
Route::get('quiz/submit', function(){
    return view('result');
});
```

（4）访问 http://localhost:8080/quiz/submit，查看模板是否正常显示，显示答题结果页面如图 16.9 所示。

图 16.9 显示答题结果页面

16.4.4 配置路由

编写 routes/web.php 文件，修改/添加以下路由。

（1）修改路由。

修改进入答题系统路由（GET）：Route::get('/', "QuizController@start")，访问 QuizController 控制器的 start()方法。

（2）添加路由。

添加提交当前题答案，进入下一题路由（POST）：Route::post("/quiz/next/{qid}", "QuizController@next")，访问 QuizController 控制器的 next()方法。

（3）修改路由。

修改提交最后一道题，并显示答题结果路由（POST）：Route::post("/quiz/submit", "QuizController@submit")，访问 QuizController 控制器的 submit()方法。

16.4.5 创建控制类 QuizController

（1）进入 quiz 文件夹，启动命令行。

（2）输入 php artisan make:controller QuizController 使用 Laravel 自带的 artisan 工具创建 QuizController 控制器，如图 16.10 所示。

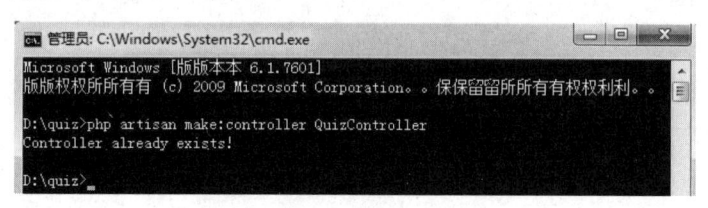

图 16.10　使用 artisan 命令创建 QuizController 类

（3）命令执行完成后会在项目 quiz 的/app/Http/Controllers 目录下创建 QuizController.php 文件，目录结构如图 16.11 所示。

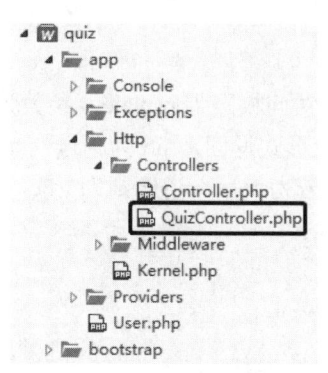

图 16.11　QuizController.php 文件目录结构

（4）编辑 QuizController 文件。artisan 工具已经创建了 QuizController 类。在该类中创建 start()、next()、submit()这三个路由中需要访问的方法和访问权限均为 public。

```php
class QuizController extends Controller {
    // 进入答题系统
    public function start(Request $request) {

    }

    // 下一题
    public function next(Request $request, $qid) {

    }

    // 提交试卷
    public function submit(Request $request) {

    }
}
```

16.4.6 编写 QuizController 处理方法

（1）定义静态成员变量试题数据数组$questions 为公有 public。

```php
class QuizController extends Controller {
    static $questions = array(
        array("10 + 4 = ?",  array("A" => "12", "B" => "14", "C"=> "16") , "B"),
        array("20 - 9 = ?",  array("A" => "7",  "B" => "13", "C" => "11")  , "C"),
        array("7 * 3 = ?",   array("A" => "21", "B" => "24", "C" => "25"), "A"),
        array("8 / 2 = ?",   array("A" => "10", "B" => "2",  "C" => "4")    , "C")
    );
    ......
}
```

（2）定义保存到 Session 中的属性名常量 PARAM_ANSWERS。

```php
class QuizController extends Controller {
    ......
    const PARAM_ANSWERS = "answers";
    ......
}
```

（3）创建 getQuestion()函数，访问权限为 private，参数为题号，读取试题内容。

获取当前题的题目，并以数组形式返回，qid 为题号，stem 为题干，options 为选项列表，last 为是否为最后一道题的标识（若为最后一道题则为 true，否则为 false）。

```php
class QuizController extends Controller {
    ......
    private function getQuestion($qid) {
        // 1.获取当前题的题目
        $question = self::$questions[$qid-1];
        // 2.返回试题信息
        return array(
            "qid" => $qid,
            "stem" => $question[0],
            "options" => $question[1],
```

```
            "last" => (count(self::$questions) == $qid) ? true : false
        );
    }
}
```

（4）编写 start()函数。

① 通过$request 获得 Session，forget()方法表示删除某一个元素，put()方法表示添加一个元素，初始时，值为一个空的数组。

```
class QuizController extends Controller {
    ......
    // 进入答题系统
    public function start(Request $request) {
        // 1.清空 Session
        $request -> session() -> forget(self::PARAM_ANSWERS);
        // 2.创建用来保存用户答案的属性
        $request -> session() -> put(self::PARAM_ANSWERS, array());

    }
}
```

② 通过自身的获取指定题目信息方法 getQuestion()读取指定题目信息并调试打印。

```
class QuizController extends Controller {
    ......
    // 进入答题系统
    public function start(Request $request) {
        ......
        // 3.读取第一道题
        $question = $this -> getQuestion(1);
        // 调试(调试后注释)
        var_dump($question);
    }
}
```

③ 调试：访问 http://localhost:8080 查看数据能否正常获取，显示试题信息数组如图 16.12 所示。

```
array(4) {
  ["qid"]=>
  int(1)
  ["stem"]=>
  string(10) "10 + 4 = ?"
  ["options"]=>
  array(3) {
    ["A"]=>
    string(2) "12"
    ["B"]=>
    string(2) "14"
    ["C"]=>
    string(2) "16"
  }
  ["last"]=>
  bool(false)
}
```

图 16.12　显示试题信息数组

④ 显示 quiz.blade.php 模板页面，并传递题目信息$question。

```php
class QuizController extends Controller {
    ......
    // 进入答题系统
    public function start(Request $request) {
        ......
        // 4.显示 quiz 模板
        return view("quiz", $question);
    }
}
```

（5）修改模板 quiz.blade.php。

① 显示当前的题号（$qid），修改 form 表单，判断当前题是否为最后一题，如果不是最后一题则 action 为/quiz/next/题号，如果是最后一题则为/quiz/submit。

```
<h1>在线答题</h1>
<div class="box">
    <h2>第{{ $qid }}题</h2>
    <form method="post" action="{{ !$last ? '/quiz/next/'.($qid+1) : '/quiz/submit' }}">

    </form>
</div>
```

② 因为当前是以 POST 方式提交表单数据的，所以需要添加 CSRF TOKEN 字段，通过 csrf_token()方法生成 CSRF TOKEN。

```
<div class="box">
    <h2>第{{ $qid }}题</h2>
    <form method="post"action="{{ !$last ? '/quiz/next/'.($qid+1) : '/quiz/submit' }}">
        {!! csrf_field() !!}

    </form>
</div>
```

③ 显示题干$stem，使用 foreach 显示选项，使用 if...else 显示不同按钮。

```
<form method="post"action="{{ !$last ? '/quiz/next/'.($qid+1) : '/quiz/submit' }}">
    {!! csrf_field() !!}
    <h3>{{$stem}}</h3>
    @foreach($options as $key => $value)
        <input type="radio"name="choices" value="{{$key}}"/> {{$key}} . {{$value}} <br/>
    @endforeach
    <br />

    @if(!$last)
        <button type="submit">下一题</button>
    @else
        <button type="submit">提交</button>
    @endif
</form>
```

(6)测试"进入答题系统"功能是否正常。

访问：http://localhost:8080/，进入答题系统页面效果如图 16.13 所示。

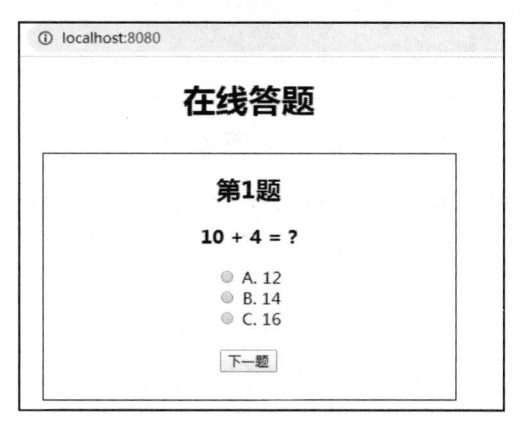

图 16.13　进入答题系统页面效果

(7)编写 next()函数。

next()函数第 2 个参数为路由转入的，和路由参数名保持一致（$qid）。

① 从请求中取出用户的选择值。

```
class QuizController extends Controller {
    ......
    // 下一题
    public function next(Request $request, $qid) {
        // 1. 获得上一道题用户的答案
        $choice = $request -> input("choices");
        // 调试(调试后注释)
        var_dump($choice);
    }
}
```

② 进入在线答题界面（http://localhost:8080/），进行答题，选择答案如图 16.14 所示。

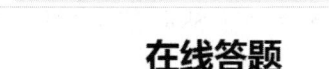

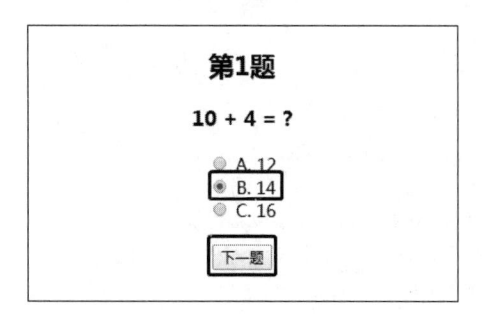

图 16.14　选择答案

③ 单击下一题按钮提交表单，页面显示提交的答案序号，如图 16.15 所示。

图 16.15　显示提交的答案

④ 使用$request 对象中的 session()方法获取 Session 操作对象。接着使用 Session 对象中的 get()方法取出用户的答案数组$answers，将该答案添加到该数组中，并使用 put()方法更新 Session 中的值。

使用 var_dump()测试打印 Session 中保存的用户信息。

```
class QuizController extends Controller {
    ......
    // 下一题
    public function next(Request $request, $qid) {
        // 1.获得上一道题用户的答案......省略代码
        // 2.将用户的答案保存到 Session 中
        $answers = $request -> session() -> get(self::PARAM_ANSWERS);
        array_push($answers, $choice);
        $request -> session() -> put(self::PARAM_ANSWERS, $answers);
        // 调试(调试后注释)
        var_dump($answers);
        var_dump($request -> session() -> get(self::PARAM_ANSWERS));
    }
}
```

⑤ 进入在线答题系统，单击下一题按钮提交表单，页面显示 Session 中保存的答案数组，如图 16.16 所示。

图 16.16　显示 Session 中答案数组

⑥ 显示 quiz.blade.php 模板页面，并传递题目$question。

```
class QuizController extends Controller {
    ......
    // 下一题
    public function next(Request $request, $qid) {
        // 1.获得上一道题用户的答案......省略代码
        // 2.将用户的答案保存到 Session 中......省略代码
        // 3.获得下一道题的内容
        $question = $this -> getQuestion($qid);
        return view("quiz", $question);
    }
}
```

⑦ 测试"下一题"功能是否正常，访问：http://localhost:8080/。单击下一题按钮提交表单，页面显示下一题的信息，如图 16.17 所示。

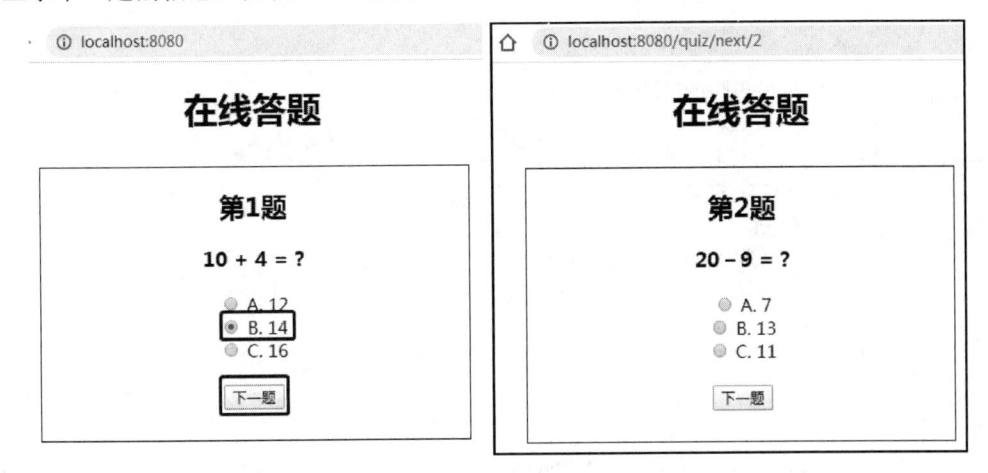

图 16.17　测试答题功能

（8）编写 submit()函数。

① 从 Session 中取出用户的答案数组，然后从$request 中获得最后一道题的答案并将其追加到答案数组中。

测试输出 Session 的答案数组。

```
class QuizController extends Controller {
    ......
    // 提交试卷
    public function submit(Request $request) {
        // 1.从 Session 中取出前面的答案
        $answers = $request -> session() -> get(self::PARAM_ANSWERS);
        //2.获得最后一道题用户的答案，更新答案列表
        $choice = $request -> input("choices");
        array_push($answers, $choice);
        // 调试(调试后注释)
        var_dump($answers);
    }
}
```

运行效果如图 16.18 所示。

图 16.18　显示 Session 中答案数组

② 使用 count()函数计算数组的元素个数。

③ 使用 for 循环遍历答案数组，与试题列表数组$questions 中对应序号的问题答案进行对比，计算出答对的题数。

④ 使用 100 分制根据答对的题目数量及总体数计算得分。

```php
class QuizController extends Controller {
    ......
    // 提交试卷
    public function submit(Request $request) {
        ......
        //3.计算正确答案的个数
        $question_count = count(self::$questions);
        $right_num = 0;
        for ($i = 0; $i < $question_count; $i++) {
            if ($answers[$i] == self::$questions[$i][2]) {
                $right_num++;
            }
        }
        //4.计算分数
        $score = 100 * ($right_num / $question_count);
        // 调试(调试后注释)
        var_dump($right_num,$score);
    }
}
```

运行效果如图 16.19 所示。

```
← → C ⌂  ⓘ localhost:8080/quiz/submit
int(4) int(100)
```

图 16.19　页面运行效果

⑤ 返回到 result.blade.php 模板，将得分和正确题数传入。

```php
class QuizController extends Controller {
    ......
    // 提交试卷
    public function submit(Request $request) {
        ......
        //5.返回 result 模板页面
        return view('result',[
            "score" => $score,
            "right_num" => $right_num
        ]);
    }
}
```

⑥ 修改 result.blade.php 模板，将控制传递过来的正确题目数量$right_num 及最终得分 $score 进行输出。

```html
<div class="box">
    <h2>答题结束</h2>
    <div>
```

```
        共答对{{ $right_num }}题，获得 {{ $score }} 分
    </div>
    <br />
    <button type="button" onclick="window.location='/';">
    重做
    </button>
</div>
```

答题结果页面如图 16.20 所示。

图 16.20 答题结果页面

第17章 Web 前后端交互：书籍目录页面

17.1 技能和知识点

PHP 知识导图如图 17.1 所示。
JavaScript 知识导图如图 17.2 所示。

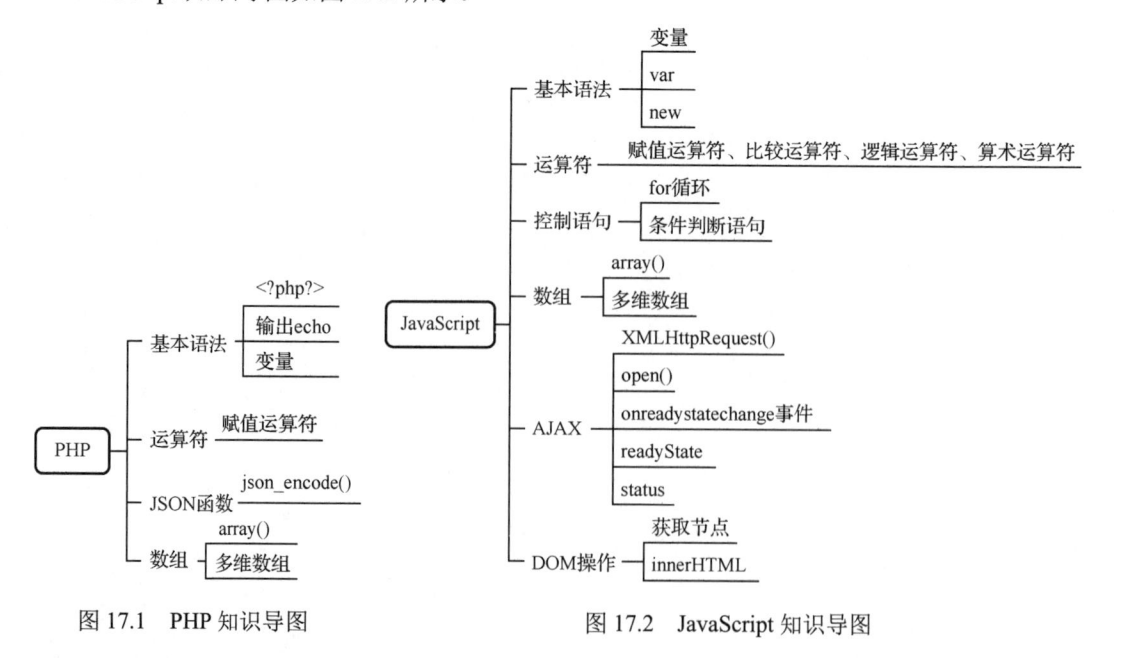

```
PHP ─┬─ 基本语法 ─┬─ <?php?>
     │           ├─ 输出 echo
     │           └─ 变量
     ├─ 运算符 ── 赋值运算符
     ├─ JSON 函数 ── json_encode()
     └─ 数组 ─┬─ array()
             └─ 多维数组
```

图 17.1 PHP 知识导图

```
JavaScript ─┬─ 基本语法 ─┬─ 变量
            │           ├─ var
            │           └─ new
            ├─ 运算符 ── 赋值运算符、比较运算符、逻辑运算符、算术运算符
            ├─ 控制语句 ─┬─ for 循环
            │           └─ 条件判断语句
            ├─ 数组 ─┬─ array()
            │       └─ 多维数组
            ├─ AJAX ─┬─ XMLHttpRequest()
            │       ├─ open()
            │       ├─ onreadystatechange 事件
            │       ├─ readyState
            │       └─ status
            └─ DOM 操作 ─┬─ 获取节点
                        └─ innerHTML
```

图 17.2 JavaScript 知识导图

17.2 需求简介

（1）在页面通过原生 JavaScript 实现 AJAX。

（2）以 GET 方式向后台获取数据。

（3）后台将书籍目录列表以 JSON 的格式返回给前端。

（4）书籍目录页面如图 17.3 所示。

（5）单击获取按钮，通过 AJAX 方式请求服务器获取图书目录信息并渲染到页面上，如图 17.4 所示。

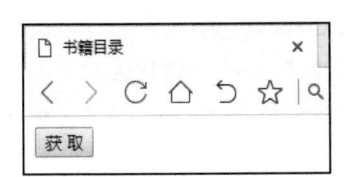

图 17.3　书籍目录页面

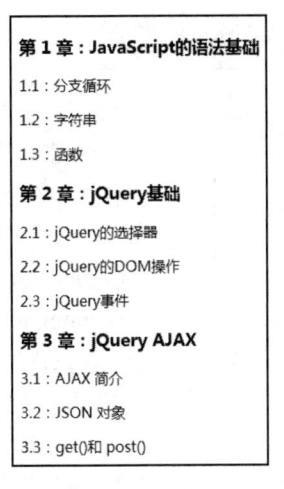

图 17.4　加载图书目录

17.3　设计思路

1. 程序设计

（1）项目名称：booklist。

（2）文件设计如表 17.1 所示。

表 17.1　文件设计

类　　型	文　　件	说　　明
html 文件	index.html	书籍目录的显示页面
php 文件	ajaxJSON.php	书籍目录的后台处理页面
JavaScript 文件	index.js	AJAX 实现前后端交互的文件

（3）程序目录结构如图 17.5 所示。

（4）开发环境：HBuilder + XAMPP。

2. 实现步骤

（1）在 HTML 页面定义一个获取按钮。单击获取按钮，触发 JS 文件里的单击事件。

（2）在 JS 的单击事件中，通过原生 AJAX 的 GET 方式向 PHP 后台请求数据。

图 17.5　程序目录结构

（3）将 PHP 后台得到的结果作为返回值返回。

（4）将返回值在 JS 文件中的 AJAX 响应成功并进行数据处理，并显示在 HTML 页面。

17.4 实现

17.4.1 创建 Web 工程

（1）创建项目。
① 创建名为"booklist"的书籍目录的项目。
② "booklist"项目存放于 xampp 中 htdocs 目录下。
（2）创建文件。
① index.html：首页。
② index.js：处理原生 AJAX 与后台交互。
③ ajaxJSON.php：返回 JSON 格式的书籍数据。
（3）目录结构如图 17.6 所示。

图 17.6　目录结构

17.4.2 HTML 文件中标签定义

（1）新建页面标题。
打开 index.html 文件，在<title></title>标签中，输入文本"书籍目录"。

```
<head>
    <meta charset="utf.8" />
    <title>书籍目录</title>
</head>
```

（2）在<body></body>标签中，定义按钮<input>标签，和包含书籍目录的<div>标签。<input>标签内，id 属性值为"btn"，type 类型为"button"，value 属性值为"获取"。

```
<body>
    <!.. 获取章节目录按钮 ..>
    <input id="btn" type="button" value="获 取"/>
    <!.. 章节目录 ..>
    <div id="main_div"></div>
</body>
```

（3）在<head></head>标签中，新增<script>标签，引入 index.js 文件。

```
<head>
        <meta charset="utf.8" />
        <title>书籍目录</title>
        <!.. 引入 js 文件 ..>
        <script type="text/javascript" src="./index.js"></script>
</head>
```

17.4.3　JS 文件中原生 AJAX 定义

（1）定义原生 AJAX 的 GET 方法。

① 打开 index.js 文件，新增 onload 事件代码。

```
window.onload = function(){
};
```

② 在 onload 事件中，新建"获取"按钮（btn）的单击（onclick）事件代码。

```
window.onload = function(){
    // 单击"获取"按钮，触发 onclick 事件
    document.getElementById('btn').onclick = function(){
    };
};
```

③ 在单击（onclick）事件中，新增原生 AJAX 代码，GET 请求。

- 第一步：创建 XMLHttpRequest 对象。

```
window.onload = function(){
    // 单击"获取"按钮，触发 onclick 事件
    document.getElementById('btn').onclick = function(){
        // 第一步：创建对象
        var xhr = new XMLHttpRequest();
    };
};
```

- 第二步：准备数据 xhr.open()，GET 请求，url 请求地址"ajaxJSON.php"。

```
window.onload = function(){
    // 单击'获取'按钮，触发 onclick 事件
    document.getElementById('btn').onclick = function(){
        // 第一步：创建对象（代码省略）
        // 第二步：准备数据　xhr.open()
        var uri = "ajaxJSON.php";
        xhr.open("GET", url, true);
    };
};
```

- 第三步：发送数据 xhr.send()。

```
window.onload = function(){
    // 单击"获取"按钮，触发 onclick 事件
    document.getElementById('btn').onclick = function(){
        // 第二步：准备数据　xhr.open()（代码省略）
        // 第三步：发送数据　xhr.send()
        xhr.send(null);
    };
};
```

- 第四步：接收从服务器返回的数据，新增 xhr 对象的 onreadystatechange 事件。

```
window.onload = function(){
    // 单击"获取"按钮，触发 onclick 事件
    document.getElementById('btn').onclick = function(){
        // 第三步：发送数据  xhr.send()（代码省略）
        // 第四步：接收从服务器返回的数据
        xhr.onreadystatechange = function(){

        };
    };
};
```

（2）在 onreadystatechange 事件中，判断原生 AJAX 请求的 readyState 和 status 的状态。

```
window.onload = function(){
    // 单击"获取"按钮，触发 onclick 事件
    document.getElementById('btn').onclick = function(){
        // 第四步：接收从服务器返回的数据
        xhr.onreadystatechange = function(){
            if (xhr.readyState == 4 && xhr.status == 200) {}
        };
    };
};
```

17.4.4　PHP 文件中数据处理及响应返回

（1）打开 ajaxJSON.php 文件，自定义书籍的章节目录数据（数组格式）$json_string。

```
<?php
$json_string = array(// 自定义章节目录数据（数组格式）
    array("mainName" => "第 1 章：JavaScript 的语法基础",
        "childs" => array(
            array("childName" => "1.1：分支循环"),
            array("childName" => "1.2：字符串"),
            array("childName" => "1.3：函数")
        )
    ),
    array("mainName" => "第 2 章：jQuery 基础",
        "childs" => array(
            array("childName" => "2.1：jQuery 的选择器"),
            array("childName" => "2.2：jQuery 的 DOM 操作"),
            array("childName" => "2.3：jQuery 事件")
        )
    ),
    array("mainName" => "第 3 章：jQuery AJAX",
        "childs" => array(
            array("childName" => "3.1：AJAX 简介"),
            array("childName" => "3.2：JSON 对象"),
```

```
                array("childName" => "3.3：get()和post()")
            )
        ),
    );
?>
```

（2）把数组数据通过 json_encode() 函数压缩成 JSON 格式（json_encode）输出返回给前端。

```
<?php
// 自定义章节目录数据（数组格式）（代码省略）
// 返回值
echo  json_encode($json_string) ;
?>
```

（3）访问 ajaxJSON.php 文件，页面效果如图 17.7 所示。

[{"mainName":"\u7b2c 1 \u7ae0\uff1aJavaScript\u7684\u8bed\u6cd5\u57fa\u7840",
{"childName":"1.2\uff1a\u5b57\u7b26\u4e32"},{"childName":"1.3\uff1a\u51fd\u6570
\u7ae0\uff1ajQuery\u57fa\u7840","childs":[{"childName":"2.1\uff1ajQuery\u7684\u9(
{"childName":"2.2\uff1ajQuery\u7684DOM\u64cd\u4f5c"},{"childName":"2.3\uff1ajQ
\u7ae0\uff1ajQuery AJAX","childs":[{"childName":"3.1\uff1aAJAX\u7b80\u4ecb"},{"ch
{"childName":"3.3\uff1aget()\u548cpost()"}]}]

图 17.7　PHP 文件返回 JSON 格式数据

17.4.5　JS 文件中原生 AJAX 处理 PHP 后端响应数据

（1）编写 index.js 文件，判断 readyState 的值是否为 4 及 status 的值是否为 200，若结果为真则表示请求正常返回。当正常返回时，隐藏"获取"按钮。

```
// 第四步：接收从服务器返回的数据
xhr.onreadystatechange = function(){
    if (xhr.readyState == 4 && xhr.status == 200) {
        // 隐藏"获取"按钮
        document.getElementById('btn').style.display = 'none';
    }
};
```

（2）在隐藏"获取"按钮之后，判断响应数据是否正常，若可以正常获取，则解析正常响应的 JSON 数据为对象 data，否则 alert 提示。

```
// 第四步：接收从服务器返回的数据
xhr.onreadystatechange = function(){
    if (xhr.readyState == 4 && xhr.status == 200) {
        // 隐藏"获取"按钮（代码省略）
        var data = xhr.responseText;
        // 响应数据正常
        if (data) {
            // 解析 JSON 格式的数据为对象
            var books = JSON.parse(data);
//测试输出获取的数据，测试完成后注释或删除
```

```
        console.log(books);
            }else{
                alert('没有找到相关数据');
            }
        }
};
```

（3）测试数据能否正常解析，访问 http://localhost/booklist/index.html，单击获取按钮，查看浏览器控制台 consoled 打印输出，如图 17.8 所示。

图 17.8 输出解析后的 JSON 格式数据

（4）在正常响应数据 data 的判断中，循环遍历响应的数据，并将书籍目录在 HTML 页面上显示。

① 将书籍目录主标题循环遍历显示。
② 将书籍目录子标题循环遍历显示，且嵌套在主标题循环内。

```
// 隐藏'获取'按钮（代码省略）
// 响应数据正常
if (data) {
    // 解析 JSON 格式的数据为对象
    var books = JSON.parse(data);
    var html = '';// 初始化
    // 主标题循环
for(var i = 0; i < books.length; i++){
        // 主标题文本
        var  main_name = books[i].mainName;
        // 主标题文本，写在<h3>标签中
        html += "<h3>"+ main_name +"</h3>";
// 子标题列表
    var child_list = books[i].childs;
    // 子标题循环
    for(var j = 0; j < child_list.length; j++){
            // 子标题文本
            var child_name = child_list[j].childName;
            // 子标题文本，写在<p>标签中
            html += "<p>"+ child_name +"</p>";
    }
            // 章节目录 main_div 中，新增章节目录标签数据
            document.getElementById('main_div').innerHTML = html;
    }
}
```

（5）在浏览器地址栏输入"http://localhost/booklist/index.html"，书籍目录页面如图 17.9 所示。

（6）单击"获取"按钮，获取按钮隐藏，将通过 PHP 获取的 JSON 格式数据解析后得到的书籍目录信息渲染到页面上，如图 17.10 所示。

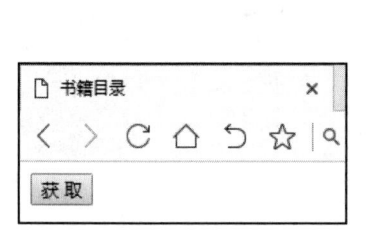

图 17.9　书籍目录页面

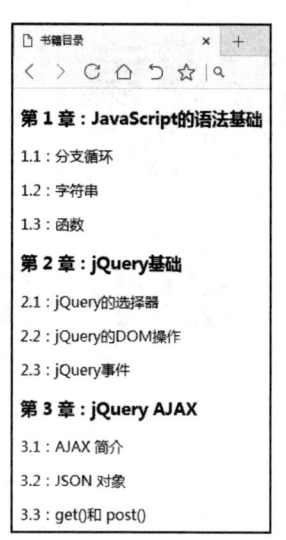

图 17.10　显示书籍目录

第18章 案例：在线音乐平台

18.1 需求和设计

18.1.1 项目背景

1. 业务背景

本系统是一个在线音乐平台，聚焦于在线音乐服务，参考市面上主流的音乐类平台网站。平台用户包括平台管理员和普通用户，系统主要包括首页、用户登录与注册、音乐试听、音乐评论、排行榜、管理员登录、后台管理、系统管理等。

2. 技术背景

学习 PHP 编程技术，提高 PHP 编程实践能力，开发企业级项目。

"在线音乐平台"是一个 PHP 项目，核心技术有静态 Web(html.CSS)、JavaScript、JQuery、Bootstrap、PHP、MySQL、Laravel 等。项目采用企业开发流程进行开发。

18.1.2 项目目标

通过开发"在线音乐平台"项目，实现如下目标。

（1）了解项目业务背景，调研在线音乐服务模式，了解典型"在线音乐平台"功能，分析并确定该项目工作范围。

（2）熟悉软件开发技术和标准软件项目的开发过程。

（3）掌握 PHP、Apache、MySQL 开发环境。

（4）掌握 Web 网页设计，熟练使用 Bootstrap 框架进行页面布局。

（5）掌握 PHP 编程技术，能使用 PHP 进行 MySQL 数据库编程。

（6）熟悉 PHP 编程语言，熟练应用 PHP 编程语言进行企业级应用程序开发。

（7）熟悉 Laravel 框架技术，进行项目开发。

（8）了解系统需求分析和设计，理解软件结构，理解软件开发模型（迭代开发）。

（9）养成良好的编程习惯，综合应用 PHP 动态网站开发知识和技能，开发"在线音乐平台"项目。

18.1.3 项目功能

1. 系统功能结构

"在线音乐平台"系统分 8 个模块：首页、用户登录与注册、音乐试听、音乐评论、排行榜、管理员登录、后台管理页、系统管理。

系统功能结构图如图 18.1 所示。

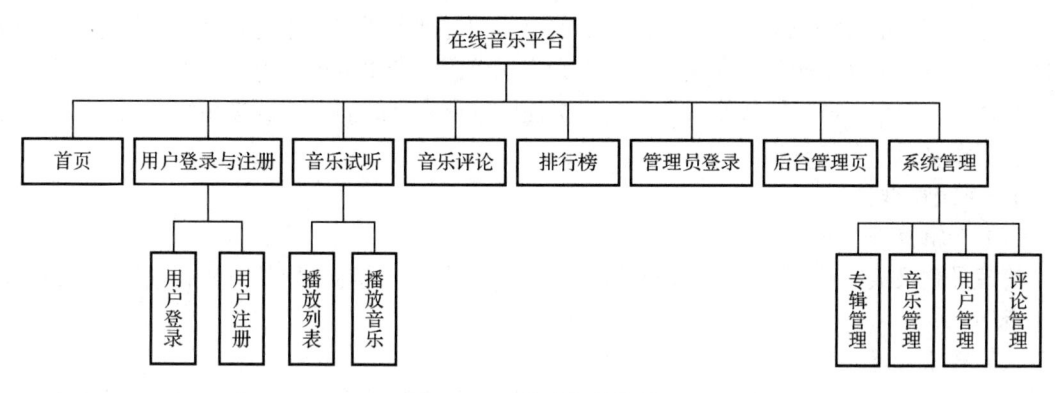

图 18.1 系统功能结构图

2. 首页

导航栏上根据用户登录的情况显示不同信息，登录时显示用户信息，未登录时显示登录按钮。正文部分的音乐列表从数据库中动态读取前 5 条音乐。

3. 用户登录与注册

（1）用户登录

输入登录相关信息并提交，登录成功后保存用户登录信息到 Session 并跳转至首页，登录失败则在登录框显示登录失败信息。

（2）用户注册

输入注册相关信息并提交，注册成功后跳转至登录页面，注册失败则在注册框中显示注册失败信息。

4. 音乐试听

音乐试听页面分三部分：页面顶部与首页一致；主体由左侧的歌曲列表与右侧正在播放的歌曲信息组成；在线播放音乐并能实时控制音乐播放，如播放、暂停、进度条拖动等。

5. 音乐评论

单击播放列表中音乐评论按钮，进入音乐的评论页面。评论页面显示当前音乐的评论列表。在评论框输入内容，单击"发布"按钮，保存评论到数据库。

6. 排行榜

单击顶部导航栏的"我的排行榜"按钮，进入排行榜页面。

（1）新歌排行榜：最新的前 5 条音乐列表，单击列表中的图片，进入音乐试听页面播放音乐。

（2）热门排行榜：点击量前 5 名的音乐列表，单击列表中的图片，进入音乐试听页面播放音乐。

（3）全选：在前面 2 个列表中，全选时，单击"播放"按钮，把选中的歌曲全部加入音乐试听列表中。

（4）勾选多条音乐：在"新歌排行榜"或"热门排行榜"中，勾选想播放的音乐，单击"播放"按钮，把选中的歌曲加入音乐试听列表。

7. 管理员登录

访问管理员登录页面，在登录框中输入账号和密码，单击"登录"按钮，若信息正确，则跳转至后台管理页面；若信息错误，则在登录框中显示错误信息。

8. 后台管理页

后台管理页面分为三部分，分别为顶部、主体和尾部。顶部左边为后台管理标题，右边为管理员信息栏。主体左侧是功能菜单，分别为音乐管理、专辑管理、用户管理、评论管理；主体右侧是一个框架，框架默认载入音乐列表页面。尾部为网站的友情链接和相关版权信息。后台管理页面显示已登录管理员的用户名。

9. 系统管理

（1）专辑管理

管理员登录成功后，进入后台管理页面进行专辑管理，能对专辑信息进行新增、修改、删除和查询。

（2）音乐管理

① 查询音乐列表。管理员登录成功后，进入后台管理页面进行音乐管理。在音乐列表页顶部输入框输入音乐名/歌手名并单击"查询"按钮，进行模糊查询，查询结果分页显示到音乐列表页。

② 添加音乐。添加音乐页面是一个表单，表单包含歌曲的相关信息输入框和一个"提交""重置"按钮。单击"提交"按钮，即把音乐的相关信息存储到数据库。

③ 编辑音乐。在修改音乐页面包含一个搜索框和"查询"按钮。在搜索框输入音乐 ID 并单击"查询"按钮，查询歌曲信息以表单的形式显示在页面上。在表单中修改歌曲相关信息，单击"提交"按钮，即把修改后的歌曲信息存储到数据库。

④ 删除音乐。删除音乐页面包含一个搜索框和"查询"按钮。在搜索框输入音乐 ID 并单击"查询"按钮，查询歌曲信息和一个删除按钮显示在页面上。单击"删除"按钮，即改变数据库中该歌曲的删除字段标识。

（3）用户管理

管理员登录成功后，进入后台管理页面，能查询当前用户列表，并能根据账号查询用户并显示用户的详细信息。

（4）评论管理

管理员登录成功后，进入后台管理页面，能根据音乐或用户账号查询评论列表，并显示评论详细信息。

18.1.4 开发环境

（1）编辑器：HBuilder。
（2）PHP 建站集成软件包：XAMPP。
① 程序语言：PHP。
② Web 服务器：Apache。
③ 数据库服务器：MySQL。
（3）浏览器：Google Chrome。

工具版本如表 18.1 所示。

表 18.1　工具版本

类　　型	工具和环境
开发工具	HBuilder 和 XAMPP
Web 服务器	Apache/2.4.39
数据库	MySQL 5.6+
程序语言	PHP7.x

18.1.5 程序结构设计

1．项目结构设计

该案例为 PHP 工程，工程名称为 MusicProject。工程采用分层的思路进行设计，分为三层，即视图层（页面）、业务逻辑层和数据访问层。

目录结构如表 18.2 所示。

表 18.2　目录结构

文　件　夹	说　　明
dao	数据访问层类相关文件
object	实体类相关文件
service	业务逻辑类相关文件
admin	后台页面文件
/	前台页面文件
uload	文件上传目录
img	页面的图片文件
css	页面的样式文件
js	页面调用的 js 脚本文件

项目的工程目录如图 18.2 所示。

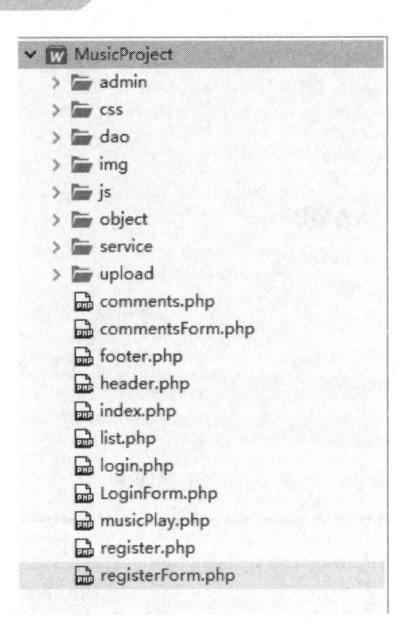

图 18.2　工程目录

2. 页面文件设计

（1）页面文件设计如表 18.3 所示。

表 18.3　页面文件设计

模　　块	功　　能	静态页面名称
公共部分	公共页头	header.html
	公共页脚	footer.html
首页	首页	index.html
用户登录与注册	用户登录	login.html
	用户注册	register.html
排行榜	排行榜	list.html
音乐评论	音乐评论	comments.html
音乐试听	音乐试听	musicPlay.html
后台管理页	后台管理首页	admin/index.html
	管理员登录	admin/login.html
	添加音乐	admin/musicAdd.html
	删除音乐	admin/musicDel.html
	修改音乐	admin/musicEdit.html
	音乐列表	admin/musicList.html

（2）页面整体布局如图 18.3 所示，分为页头、正文和页脚。

（3）所有页面的页头和页脚都是一致的，可将其抽离出来单独进行设计和制作。

① 页头分为导航栏和登录链接两部分，页面如图 18.4 所示。

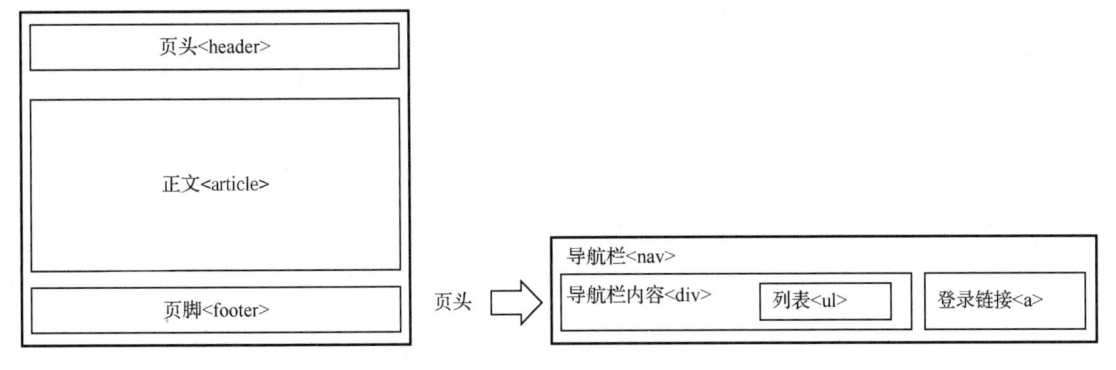

图 18.3　页面布局

图 18.4　页头布局

② 页脚分为联系方式和版权信息两部分，页面布局如图 18.5 所示。

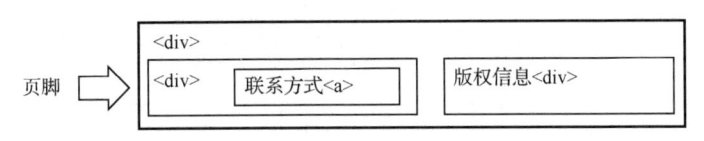

图 18.5　页脚布局

（4）正文部分为专辑列表、热门音乐。其中，专辑列表包括专辑图片和歌手名，热门音乐列表由序号、歌曲名、歌手名、"播放"按钮组成，页面布局如图 18.6 所示。

（5）后台管理页整体是一个框架网页，单击侧边栏功能按钮可以切换不同的功能界面，一般功能界面为表格或表单，页面布局如图 18.7 所示。

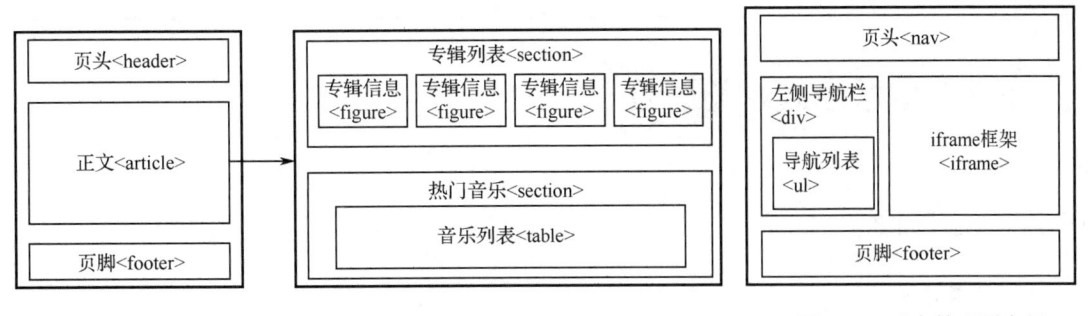

图 18.6　正文布局

图 18.7　后台管理页布局

18.1.6　项目迭代设计

项目实现采用迭代开发的思想进行开发，沿着"数据库设计—静态页面开发—功能开发"这条线路进行开发。每个迭代都当作一个完整的项目开发过程（需求—设计—实现）进行开发。

从技术角度来说，整个项目分为 5 个阶段，分别为 Bootstrap 编程、PHP Web 基础、PHP + MySQL 数据库、PHP 三层结构和 Laravel 框架。

项目迭代开发过程如表 18.4 所示。

表 18.4　项目迭代开发过程

编　号	阶　　段	迭代工程
1	需求和设计	需求分析
2		数据库设计
3	搭建静态页面	搭建静态页面
4	PHP Web 基础	管理员登录
5		查询音乐列表
6	PHP + MySQL 数据库	后台登录优化
7		查询音乐列表优化
8	PHP 三层结构	程序结构优化
9		添加音乐
10		音乐列表搜索与分页
11		编辑音乐
12		删除音乐
13		注册
14		登录
15		首页
16		音乐试听
17		音乐评论
18		排行榜
19	Laravel 框架	用户注册
20		用户登录

18.2　数据库设计与管理

18.2.1　E-R 图

1. 需求分析

对系统的界面操作、流程处理、数据存储等过程中涉及的数据信息进行抽取和分析，识别系统基础信息和音乐流程等数据信息，抽样并形成数据字典。

用户数据：用户信息、管理员信息等。

音乐数据：音乐信息、专辑信息、排行榜和评论记录等。

2. 实体联系图设计（E-R 图）

根据抽样数据信息和数据字典，识别实体、实体的属性和实体间的联系，通过 E-R 模型进行设计。

（1）实体

用户、管理员、音乐（歌曲）、歌曲类型、专辑、评论、收藏等。

（2）实体间的关系

用户和评论：一对多(1:*n*)，一个用户可以有多个评论，一条评论属于一个用户。

歌曲和评论：一对多(1:*n*)，一首歌曲对应多个评论，一条评论只属于一首歌曲。

歌曲和歌曲类型：一对多(1:*n*)，一种歌曲类型对应多首歌曲，一首歌曲只有一种类型。

歌曲和专辑：一对多(1:*n*)，一个专辑对应多首歌曲，一首歌曲只属于一个专辑。

3. 实体关系判断示例

（1）用户、评论实体间的关系

在用户这端分析，1 个用户可以提交 *n* 首评论。在评论这端分析，1 首评论属于 1 个用户。因此，取上下最大的 *n* 和 1，用户和评论的联系是 1:*n*。用户和评论实体关系图如图 18.8 所示。

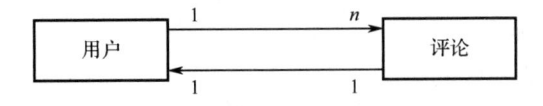

图 18.8　用户和评论实体的关系

（2）歌曲、评论实体间的关系

在歌曲这端分析，1 首歌曲下可以有 *n* 个评论。在评论这端分析，1 条评论属于 1 首歌曲。因此，取上下最大的 *n* 和 1，歌曲和评论的联系是 1:*n*。歌曲和评论实体关系图如图 18.9 所示。

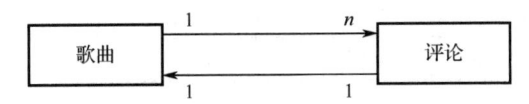

图 18.9　歌曲和评论实体的关系

（3）歌曲、专辑实体间的关系

在歌曲这端分析，1 首歌曲属于 1 个专辑。在专辑这端分析，1 个专辑可以有 *n* 首歌曲。因此，取上下最大的 1 和 *n*，歌曲和专辑的联系是 1:*n*。歌曲和专辑实体关系图如图 18.10 所示。

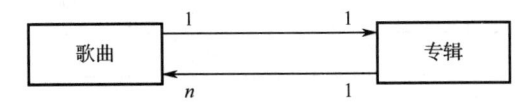

图 18.10　歌曲和专辑实体的关系

18.2.2　表设计

1. 关系表结构设计

数据模型选用关系模型，即二维表，将 E-R 图转换成关系表。根据数据信息和 E-R 模型，可分为三类表：用户相关表、log 相关表和音乐相关表。

用户相关表：用户表（t_user）、管理员表（t_admin）。

log 相关表：日志表（t_log）。

音乐相关表：歌曲类型表（t_type）、专辑表（t_album）、音乐表（t_music）、评论表（t_comment）、收藏表（t_collection）。

2. 用户表（t_user）

用户表结构如表 18.5 所示。

表 18.5 用户表结构

名称	字段	类型/长度	说明
用户编号	id	int	主键，每次自增 1
用户账号	user_account	varchar(16)	—
用户密码	user_password	varchar(32)	—
用户邮箱	email	varchar(32)	—
创建时间	create_time	timestamp	—
删除状态	del	int	0 未删除，1 已删除

3. 管理员表（t_admin）

管理员表结构如表 18.6 所示。

表 18.6 管理员表结构

名称	字段	类型/长度	说明
管理员编号	id	int	主键，每次自增 1
管理员账号	admin_account	varchar(16)	—
管理员密码	admin_password	varchar(32)	—
删除状态	del	int	0 未删除，1 已删除

4. 日志表（t_log）

日志表结构如表 18.7 所示。

表 18.7 日志表结构

名称	字段	类型/长度	说明
日志编号	id	int	主键，每次自增 1
用户编号	user_id	int	外键：t_user 表 id 字段
操作内容	action	text	—
创建时间	create_time	timestamp	—
删除状态	del	int	0 未删除，1 已删除

5. 歌曲类型表（t_type）

歌曲类型表结构如表 18.8 所示。

表 18.8 歌曲类型表结构

名称	字段	类型/长度	说明
歌曲类型编号	id	int	主键，每次自增 1
管理员编号	admin_id	int	外键：t_admin 表 id 字段
歌曲类型名称	type_name	varchar(16)	—
删除状态	del	int	0 未删除，1 已删除

6. 专辑表（t_album）

专辑表结构如表 18.9 所示。

表 18.9　专辑表结构

名　称	字　段	类型/长度	说　明
专辑编号	id	int	主键，每次自增 1
管理员编号	admin_id	int	外键：t_admin 表 id 字段
专辑名	album_name	varchar(25)	—
专辑简介	information	text	—
专辑图片	album_img_url	text	—
点击次数	click_number	int	默认为 0
收藏次数	collection_number	int	默认为 0
创建时间	create_time	timestamp	—
删除状态	del	int	0 未删除，1 已删除

7. 音乐表（t_music）

音乐表结构如表 18.10 所示。

表 18.10　音乐表结构

名　称	字　段	类型/长度	说　明
歌曲编号	id	int	主键，每次自增 1
歌曲名	music_name	varchar(25)	—
歌手名	singer	varchar(25)	—
管理员编号	admin_id	int	外键：t_admin 表 id 字段
专辑编号	album_id	int	外键：t_album 表 id 字段
歌曲类型	type_id	int	—
歌曲文件	music_url	text	—
歌曲图片	music_img_url	text	—
点击次数	click_number	int	默认为 0
收藏次数	collection_number	int	默认为 0
创建时间	create_time	timestamp	—
删除状态	del	int	0 未删除，1 已删除

8. 评论表（t_comment）

评论表结构如表 18.11 所示。

表 18.11　评论表结构

名　称	字　段	类型/长度	说　明
评论编号	id	int	主键，每次自增 1
用户编号	user_id	int	外键：t_user 表 id 字段

续表

名 称	字 段	类型/长度	说 明
歌曲编号	music_id	int	外键：t_music 表 id 字段
评论内容	content	text	—
创建时间	create_time	timestamp	—
删除状态	del	int	0 未删除，1 已删除

9. 收藏表（t_collection）

收藏表结构如表 18.12 所示。

表 18.12　收藏表结构

名 称	字 段	类型/长度	说 明
收藏编号	id	int	主键，每次自增 1
用户编号	user_id	int	外键：t_user 表 id 字段
类型	type	tinyint	1.专辑 2.歌曲
专辑/歌曲编号	coll_id	int	外键：t_album 表 id 字段
创建时间	create_time	timestamp	—
删除状态	del	int	0 未删除，1 已删除

18.2.3　编写 SQL 脚本

music_web 数据库创建 SQL 脚本

```
SET NAMES utf8mb4;
SET FOREIGN_KEY_CHECKS = 0;

--
-- 数据库： 'music_web'
--
CREATE DATABASE IF NOT EXISTS 'music_web' DEFAULT CHARACTER SET utf8mb4 COLLATE utf8mb4_general_ci;
USE 'music_web';

--
-- 管理员表的结构  't_admin'
--
DROP TABLE IF EXISTS 't_admin';
CREATE TABLE 't_admin'  (
  'id' int(11) NOT NULL AUTO_INCREMENT COMMENT '管理员编号',
  'admin_account' varchar(16) NOT NULL COMMENT '管理员账号',
  'admin_password' varchar(32) NOT NULL COMMENT '管理员密码',
  'del' tinyint(1) DEFAULT 0 COMMENT '0 未删除，1 已删除',
  PRIMARY KEY ('id')
) ENGINE = InnoDB COMMENT = '管理员表';
```

```sql
--
-- 用户表的结构 't_user'
--
DROP TABLE IF EXISTS 't_user';
CREATE TABLE 't_user' (
    'id' int(11) NOT NULL AUTO_INCREMENT COMMENT '用户编号',
    'user_account' varchar(16) NOT NULL COMMENT '用户账号',
    'user_password' varchar(32) NOT NULL COMMENT '用户密码',
    'email' varchar(32) NOT NULL COMMENT '用户邮箱',
    'create_time' timestamp DEFAULT current_timestamp() COMMENT '创建时间',
    'del' tinyint(1) DEFAULT 0 COMMENT '0 未删除, 1 已删除',
    PRIMARY KEY ('id')
) ENGINE = InnoDB COMMENT = '用户表';


--
-- 歌曲类型表的结构 't_type'
--
DROP TABLE IF EXISTS 't_type';
CREATE TABLE 't_type' (
    'id' int(11) NOT NULL AUTO_INCREMENT COMMENT '歌曲类型编号',
    'admin_id' int(11) NOT NULL COMMENT '管理员编号',
    'type_name' varchar(16) NOT NULL COMMENT '歌曲类型名称',
    'del' tinyint(1) DEFAULT 0 COMMENT '0 未删除, 1 已删除',
    PRIMARY KEY ('id'),
    FOREIGN KEY ('admin_id') REFERENCES 't_admin' ('id')
) ENGINE = InnoDB COMMENT = '歌曲类型表';


--
-- 专辑表的结构 't_album'
--
DROP TABLE IF EXISTS 't_album';
CREATE TABLE 't_album' (
    'id' int(11) NOT NULL AUTO_INCREMENT COMMENT '专辑编号',
    'admin_id' int(11) NOT NULL COMMENT '管理员编号',
    'album_name' varchar(25) NOT NULL COMMENT '专辑名',
    'information' text COMMENT '专辑简介',
    'album_img_url' text COMMENT '专辑图片',
    'click_number' int(11) DEFAULT 0 COMMENT '点击次数',
    'collection_number' int(11) DEFAULT 0 COMMENT '收藏次数',
    'create_time' timestamp DEFAULT current_timestamp() COMMENT '创建时间',
    'del' tinyint(1) DEFAULT 0 COMMENT '0 未删除, 1 已删除',
    PRIMARY KEY ('id'),
    FOREIGN KEY ('admin_id') REFERENCES 't_admin' ('id')
) ENGINE = InnoDB COMMENT = '专辑表';


--
-- 音乐表的结构 't_music'
```

```
--
DROP TABLE IF EXISTS 't_music';
CREATE TABLE 't_music'  (
  'id' int(11) NOT NULL AUTO_INCREMENT COMMENT '歌曲编号',
  'music_name' varchar(25) NOT NULL COMMENT '歌曲名',
  'singer' varchar(25) NOT NULL COMMENT '歌手名',
  'admin_id' int(11) NOT NULL COMMENT '管理员编号',
  'album_id' int(11) DEFAULT 1 COMMENT '专辑编号',
  'type_id' int(11) NOT NULL COMMENT '歌曲类型',
  'music_url' text DEFAULT '' COMMENT '歌曲文件',
  'music_img_url' text DEFAULT '' COMMENT '歌曲图片',
  'click_number' int(11) DEFAULT 0 COMMENT '点击次数',
  'collection_number' int(11) DEFAULT 0 COMMENT '收藏次数',
  'create_time' timestamp DEFAULT current_timestamp() COMMENT '创建时间',
  'del' tinyint(1) DEFAULT 0 COMMENT '0 未删除, 1 已删除',
  PRIMARY KEY ('id'),
  FOREIGN KEY ('admin_id') REFERENCES 't_admin' ('id'),
  FOREIGN KEY ('album_id') REFERENCES 't_album' ('id'),
  FOREIGN KEY ('type_id') REFERENCES 't_type' ('id')
) ENGINE = InnoDB COMMENT = '音乐表';


--
-- 评论表的结构 't_comment'
--
DROP TABLE IF EXISTS 't_comment';
CREATE TABLE 't_comment'  (
  'id' int(11) NOT NULL AUTO_INCREMENT COMMENT '评论编号',
  'user_id' int(11) NOT NULL COMMENT '用户编号',
  'music_id' int(11) NOT NULL COMMENT '歌曲编号',
  'content' text NOT NULL COMMENT '评论内容',
  'create_time' timestamp DEFAULT current_timestamp() COMMENT '创建时间',
  'del' tinyint(1) DEFAULT 0 COMMENT '0 未删除, 1 已删除',
  PRIMARY KEY ('id'),
  FOREIGN KEY ('music_id') REFERENCES 't_music' ('id')
) ENGINE = InnoDB COMMENT = '评论表';


--
-- 收藏表的结构 't_collection'
--
DROP TABLE IF EXISTS 't_collection';
CREATE TABLE 't_collection'  (
  'id' int(11) NOT NULL AUTO_INCREMENT COMMENT '收藏编号',
  'user_id' int(11) NOT NULL COMMENT '用户编号',
  'type' tinyint(1) NOT NULL COMMENT '类型 1.专辑 2.歌曲',
  'coll_id' int(11) NOT NULL COMMENT '专辑/歌曲编号',
  'create_time' timestamp DEFAULT current_timestamp() COMMENT '创建时间',
  'del' tinyint(1) DEFAULT 0 COMMENT '0 未删除, 1 已删除',
  PRIMARY KEY ('id'),
```

```
  FOREIGN KEY ('user_id') REFERENCES 't_user' ('id')
) ENGINE = InnoDB COMMENT = '收藏表';


--
-- 日志表的结构 't_log'
--
DROP TABLE IF EXISTS 't_log';
CREATE TABLE 't_log'  (
  'id' int(11) NOT NULL AUTO_INCREMENT COMMENT '日志编号',
  'user_id' int(11) NOT NULL COMMENT '用户编号',
  'action' text NOT NULL COMMENT '操作内容',
  'create_time' timestamp DEFAULT current_timestamp() COMMENT '创建时间',
  'del' tinyint(1) DEFAULT 0 COMMENT '0 未删除, 1 已删除',
  PRIMARY KEY ('id')
) ENGINE = InnoDB COMMENT = '日志表';


SET FOREIGN_KEY_CHECKS = 1;
```

脚本中关键字段说明：

（1）primary key 主码约束。表明该列为表的主码，该列具有唯一性。

（2）auto_increment 指定该列为自动增长，插入数据时不需要手工设置数据，由 MySQL 数据库自动管理。

（3）foreign key (<列名,…>) references <父表名> (<主码列名>,…)：外码约束。

（4）default <常量表达式>：默认值约束。设置该列的默认值。

18.2.4 创建数据库

参考 2.2.4 节，启动 XAMPP 控制面板，启动 MySQL 服务器，启动"Shell"命令行。登录 MySQL 之后，在 MySQL 命令行中导入数据库创建脚本，在 MySQL 中创建"在线音乐平台"数据库 music_web。导入脚本命令：source 脚本路径。

数据库创建成功后，可使用可视化连接软件，连接 MySQL 数据库，进行操作。

18.2.5 初始化数据库

创建数据库初始化脚本 music_web_data.sql，编写代码插入初始数据。

```
SET NAMES utf8mb4;
SET FOREIGN_KEY_CHECKS = 0;


--
-- 管理员表的数据 't_admin'
--
INSERT INTO 't_admin' VALUES (1, 'admin', 'admin123', 0);
INSERT INTO 't_admin' VALUES (2, 'admin1', '123456', 0);
```

```sql
--
-- 用户表的数据 't_user'
--
INSERT INTO 't_user' VALUES (1, 'user1', '123456', 'user1@qq.com', '2020-06-28 15:28:19', 0);
INSERT INTO 't_user' VALUES (2, 'abc', 'abc123', 'abc@qq.com', '2020-06-28 15:28:40', 0);


--
-- 歌曲类型表的数据 't_type'
--
INSERT INTO 't_type' VALUES (1, 1, '华语', 0);
INSERT INTO 't_type' VALUES (2, 1, '欧美', 0);
INSERT INTO 't_type' VALUES (3, 1, '日语', 0);
INSERT INTO 't_type' VALUES (4, 1, '韩语', 0);
INSERT INTO 't_type' VALUES (5, 1, '粤语', 0);


--
-- 专辑表的数据 't_album'
--
INSERT INTO 't_album' VALUES (1, 1, '默认专辑', '默认专辑', '', 0, 0, '2020-06-28 15:29:05', 0);


--
-- 音乐表的数据 't_music'
--
INSERT INTO 't_music' VALUES (1, '昨日青空', '尤长靖', 1, 1, 1, 'upload/song/song1.mp3', '', 16545, 0, '2020-06-28 15:30:27', 0);
INSERT INTO 't_music' VALUES (2, '夏天的风', '温岚', 1, 1, 1, 'upload/song/song1.mp3', '', 9497, 0, '2020-06-29 14:30:01', 0);
INSERT INTO 't_music' VALUES (3, '雨爱', '周星星', 1, 1, 1, 'upload/song/song1.mp3', '', 46448, 0, '2020-07-01 15:40:47', 0);
INSERT INTO 't_music' VALUES (4, '要我怎么办', '李荣浩', 1, 1, 1, 'upload/song/song1.mp3', '', 7987, 0, '2020-07-02 12:22:27', 0);


--
-- 评论表的数据 't_comment'
--
INSERT INTO 't_comment' VALUES (1, 1, 1, '这个歌蛮好听的', '2020-06-28 15:28:40', 0);
INSERT INTO 't_comment' VALUES (2, 0, 1, '超喜欢这首歌', '2020-07-10 15:28:40', 0);

SET FOREIGN_KEY_CHECKS = 1;
```

使用 source 命令导入 music_web_data.sql 脚本。

18.3 第一阶段搭建静态页面

18.3.1 功能简介

（1）创建"在线音乐平台"项目，项目目录如表 18.13 所示。

表 18.13　项目目录

类　　型	文　　件	说　　明
html 文件	header.html	公共页头页面
	footer.html	公共页脚页面
	index.html	主页
	login.html	登录页面
	register.html	注册页面
	list.html	排行榜页面
	comments.html	评论页面
	musicPlay.html	音乐播放页面
	admin/index.html	后台管理首页
	admin/login.html	管理员登录页
	admin/musicAdd.html	音乐添加子页
	admin/musicDel.html	音乐删除子页
	admin/musicEdit.html	音乐编辑子页
	admin/musicList.html	音乐列表子页
css 文件	css/bootstrap.min.css	Bootstrap 样式文件
	css/common.css	公共样式文件
JavaScript 文件	js/admin.js	管理员 JavaScript 脚本
	js/bootstrap.min.js	Bootstrap JavaScript 脚本
	js/common.js	公共 JavaScript 脚本
	js/jquery.min.js	jQuery 脚本
图片文件	img/1.png	专题图标（大小：150 像素×150 像素）
	img/2.jpg	排行音乐图标（大小：50 像素×50 像素）
	img/comment.png	评论图标（大小：50 像素×50 像素）
	img/play.png	音乐播放图标（大小：50 像素×50 像素）
音乐文件	upload/song/song1.mp3	音乐测试文件

（2）选取 3 个典型页面作为示例，使用 Bootstrap 框架制作静态 HTML 页面，完成设计和制作。

① 表单页面：用户注册页面（register.html）。

② 展示页面：首页（index.html）。

③ 管理页面：后台管理页（admin/index.html）。

18.3.2　设计思路

1．项目创建

（1）创建"在线音乐平台"项目 MusicProject。

（2）按第 3 章中介绍的方法，下载 Bootstrap 资源包，并将资源文件放入对应的 js 和 css

文件夹中。

2. 页面整体布局

所有页面从上至下分为页头、正文和页脚三部分，如图 18.11 所示。

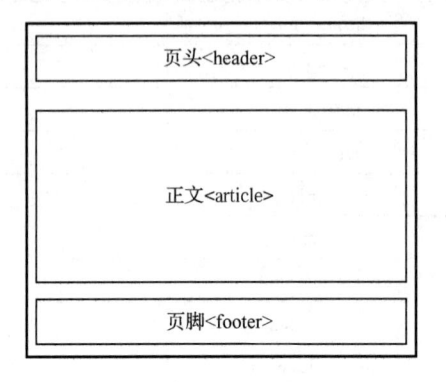

图 18.11　页面布局

3. 页头和页脚

所有页面的页头和页脚都是一致的，可将其抽离出来单独进行设计和制作。页头和页脚制作完成后，所有页面的页头和页脚复制其代码即可。

页头分为导航栏和登录链接两部分，如图 18.12 所示。

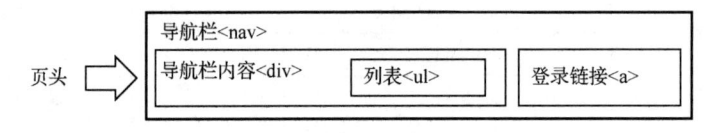

图 18.12　页头布局

页脚分为联系方式和版权信息两部分，如图 18.13 所示。

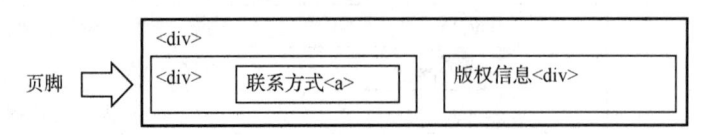

图 18.13　页脚布局

4. 注册页面

正文部分为注册表单，用于输入注册信息，包括账号、邮箱、密码等字段信息，如图 18.14 所示。

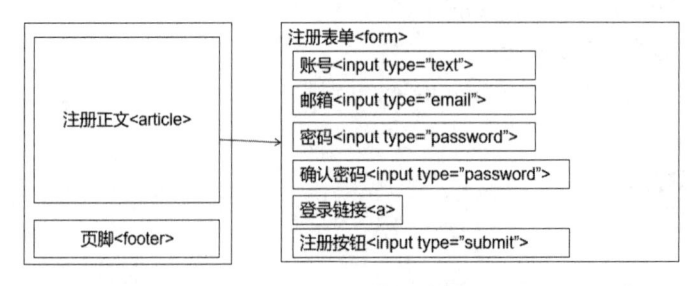

图 18.14　注册页布局面

5. 正文

正文部分为专辑列表、热门音乐。其中,专辑列表由专辑图片和歌手名组成,热门音乐列表由序号、歌曲名、歌手、"播放"按钮组成,如图 18.15 所示。

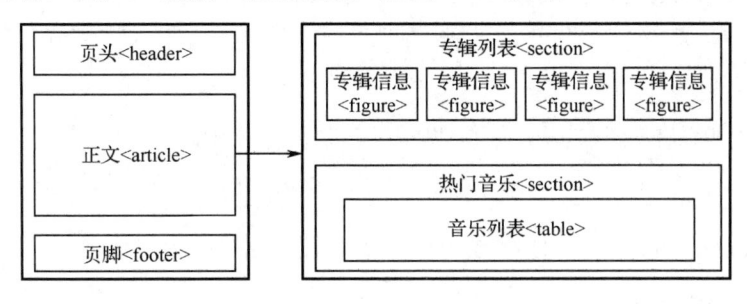

图 18.15 正文布局

6. 后台管理页面

单击侧边栏功能按钮可以切换右侧 iframe 框架加载的页面,以实现不同的功能界面,一般功能界面为表格或表单,如图 18.16 所示。

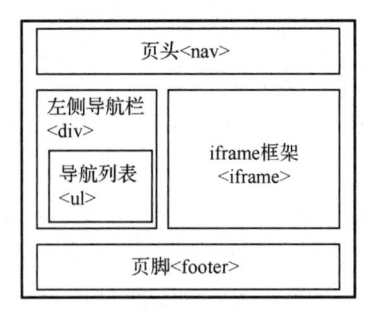

图 18.16 后台管理页面布局

18.3.3 实现

1. 创建 MusicProject 工程

(1)启动 HBuilder 工具,创建 Web 项目:MusicProject_html。

(2)清除默认文件和文件夹。添加 css、img、js、upload/song、admin 五个文件夹。

(3)将 bootstrap.min.js 和 jquery.min.js 文件放入 js 文件夹;将 bootstrap.min.css 放入 js 文件夹。

(4)将 1.png、2.jpg、comment.png 和 play.png 图片文件放入 img 文件夹。

2. 编写页头和页脚页面

(1)创建 header.html 文件,使用 Bootstrap 的导航栏组件编写导航栏代码。

```
<div class="container">
    <!--导航栏-->
    <nav class="navbar navbar-light bg-light navbar-expand-lg">
        <button class="navbar-toggler" data-toggle="collapse" data-target="#nav">
            <span class="navbar-toggler-icon"></span>
        </button>
```

```html
        <div class="collapse navbar-collapse" id="nav">
          <ul class="navbar-nav">
            <li class="nav-item"><a class="nav-link" href="index.html">首页</a></li>
              <li class="nav-item"><a class="nav-link" href="list.html">音乐排行榜</a></li>
              <li class="nav-item"><a class="nav-link" href="#">音乐专辑</a></li>
          </ul>
        </div>
          <a href="login.html" class="btn btn-outline-info">登录</a>
    </nav>
</div>
```

(2)创建 footer.html 文件，使用 Bootstrap 的弹性布局样式编写页脚。

```html
<div class="container d-flex flex-wrap">
    <!--友情链接-->
    <div class="mr-auto">
        <a href="">网站简介</a>
        <a href="">服务条款</a>
        <a href="">联系我们</a>
    </div>
    <!--版权信息-->
    <div>Copyright@×××</div>
</div>
```

3. 编写首页

(1)创建 index.html 文件，编写代码。在头部编写视口，引入 jQuery 脚本文件、Bootstrap 样式文件及脚本、公共 JS 脚本文件 common.js。

(2)正文部分使用 figure 语义增强元素创建专辑列表，使用 table 元素创建音乐列表。

```html
<!DOCTYPE html>
<html>
    <head>
        <meta charset="utf-8" />
        <meta name="viewport" content="width=device-width, initial-scale=1">
        <link rel="stylesheet" href="css/bootstrap.min.css">
        <script src="js/jquery.min.js"></script>
        <script src="js/bootstrap.min.js"></script>
        <script src="js/common.js"></script>
        <title>首页</title>
    </head>
    <body>
        <!--头部-->
        <header class="bg-light">
        </header>

        <!--正文-->
        <article class="container text-center">
            <!--专辑列表-->
            <h1 class="mt-5">最新专辑</h1>
            <section class="row mt-5">
                <figure class="col-6 col-md-3">
```

```html
                <a href="#">
                        <img src="img/1.png"/>
                        <figcaption>专辑名--歌手名</figcaption>
                </a>
        </figure>
        <figure class="col-6 col-md-3">
                <a href="#">
                        <img src="img/1.png"/>
                        <figcaption>专辑名--歌手名</figcaption>
                </a>
        </figure>
        <figure class="col-6 col-md-3">
                <a href="#">
                        <img src="img/1.png"/>
                        <figcaption>专辑名--歌手名</figcaption>
                </a>
        </figure>
        <figure class="col-6 col-md-3">
                <a href="#">
                        <img src="img/1.png"/>
                        <figcaption>专辑名--歌手名</figcaption>
                </a>
        </figure>
</section>

<!--音乐列表-->
<h1 class="mt-5">热门音乐</h1>
<section class="mt-5">
        <table class="table table-borderless">
                <tr>
                        <td class="align-middle">1</td>
                        <td class="align-middle">歌曲名 1</td>
                        <td class="align-middle">歌手名 1</td>
                        <td class="align-middle"><a href="musicPlay.html"><img src="img/play.png" ></a></td>
                </tr>
                <tr>
                        <td class="align-middle">2</td>
                        <td class="align-middle">歌曲名 2</td>
                        <td class="align-middle">歌手名 2</td>
                        <td class="align-middle"><a href="musicPlay.html"><img src="img/play.png" ></a></td>
                </tr>
                <tr>
                        <td class="align-middle">3</td>
                        <td class="align-middle">歌曲名 3</td>
                        <td class="align-middle">歌手名 3</td>
                        <td class="align-middle"><a href="musicPlay.html"><img src="img/play.png" ></a></td>
                </tr>
```

```html
                        <tr>
                            <td class="align-middle">4</td>
                            <td class="align-middle">歌曲名 4</td>
                            <td class="align-middle">歌手名 4</td>
                            <td class="align-middle"><a href="musicPlay.html"><img src="img/play.png" ></a></td>
                        </tr>
                        <tr>
                            <td class="align-middle">5</td>
                            <td class="align-middle">歌曲名 5</td>
                            <td class="align-middle">歌手名 5</td>
                            <td class="align-middle"><a href="musicPlay.html"><img src="img/play.png" ></a></td>
                        </tr>
                    </table>
                </section>
            </article>

            <!--脚部-->
            <footer class="bg-light p-3">
            </footer>
        </body>
</html>
```

（3）创建 js/common.js 脚本，使用 jQuery 的 load 函数动态加载页头与页脚页面。

```
$(function(){
    /*载入头部与脚部*/
    $("header").load("header.html");
    $("footer").load("footer.html");
})
```

（4）首页页面效果如图 18.17 所示。

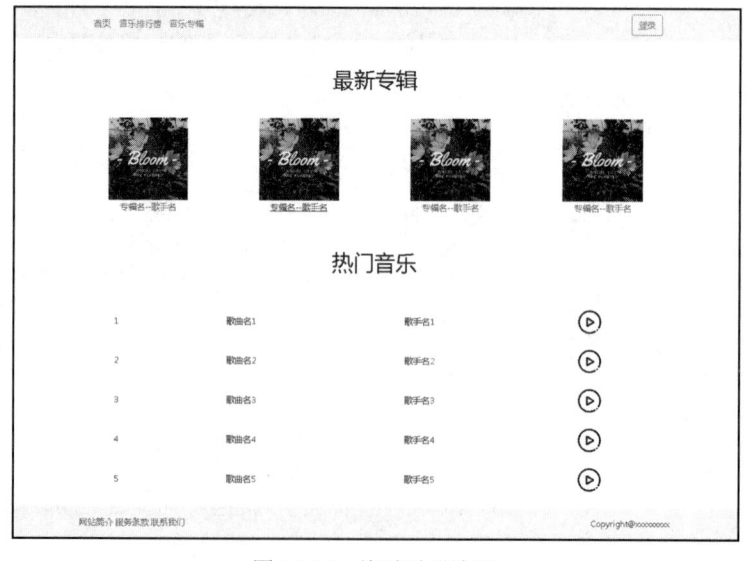

图 18.17　首页页面效果

4. 编写用户注册页面

(1) 创建 register.html 文件。在头部编写视口，引入公共页面样式文件 common.css、jQuery 脚本文件、Bootstrap 样式文件及脚本、公共 JS 脚本文件 common.js。

(2) 使用 Bootstrap 表单组件编写用户注册表单。

```html
<!DOCTYPE html>
<html>
    <head>
        <meta charset="utf-8" />
        <meta name="viewport" content="width=device-width, initial-scale=1">
        <link rel="stylesheet" href="css/bootstrap.min.css">
        <link rel="stylesheet" href="css/common.css" />
        <script src="js/jquery.min.js"></script>
        <script src="js/common.js"></script>
        <title>注册</title>
    </head>
    <body>
        <!--正文-->
        <article class="container">
            <!--注册表单-->
            <form class="mt-5 mx-auto mb-5">
                <div class="form-group">
                    <h1>注册</h1>
                </div>
                <div class="form-group">
                    <label>账号:</label>
                    <input type="text" class="form-control" placeholder="用户名" required="required"/>
                </div>
                <div class="form-group">
                    <label>邮箱:</label>
                    <input type="email" class="form-control" placeholder="邮箱" required="required"/>
                </div>
                <div class="form-group">
                    <label>密码:</label>
                    <input type="password" class="form-control" placeholder="密码" required="required"/>
                </div>
                <div class="form-group">
                    <label>确认密码:</label>
                    <input type="password" class="form-control" placeholder="请确认密码" required="required"/>
                </div>
                <div class="form-group">
                    <a href="login.html">用户登录</a>
                </div>
```

```
                    <input type="submit" value="注册" class="btn btn-block" />
                </form>
            </article>
            <!--脚部-->
            <footer class="bg-light p-3 fixed-bottom">
            </footer>
        </body>
</html>
```

（3）创建 css/common.css 文件，编写公共表单样式，登录和注册按钮样式，以及表单输入框动画。

```
/*表单样式*/
form {
    width: 500px;
    padding: 50px;
    border-radius: 25px;
    box-shadow: 0 4px 10px 4px rgba(0, 0, 0, 0.1);
}
/*登录和注册按钮样式*/
input[type="submit"] {
    color: white;
    border: none;
    background: linear-gradient(to left, hsla(333, 75%, 70%, 0.7), hsla(242, 87%, 71%, 0.7));
}
/*表单输入框动画*/
.form-control:focus{
    height: 50px;
}
.form-control{
    transition: height .3s linear .1s;
}
```

（4）用户注册页面效果如图 18.18 所示。

图 18.18　用户注册页面

5. 编写后台管理页面

（1）创建 admin/index.html 文件，引入 Bootstrap 样式文件 bootstrap.min.js。
（2）使用 Bootstrap 导航栏组件编写后台页面导航栏。

```
<!DOCTYPE html>
<html>
    <head>
        <meta charset="utf-8" />
        <link rel="stylesheet" href="../css/bootstrap.min.css">
        <title>后台管理</title>
    </head>
    <body>
        <!--头部-->
        <nav class="navbar navbar-light bg-light">
            <a class="navbar-brand" href="#">在线音乐平台——后台管理</a>
            <span class="pr-2"></span>
        </nav>

        <!--正文-->
        <div class="container-fluid">
            <div class="row">
                <!-- 左侧导航栏 -->
                <div class="col-2">
                    <h5 class="bg-primary text-white p-2">音乐管理</h5>
                    <ul class="nav flex-column">
                        <li class="nav-item"><a class="nav-link" href="musicAdd.html" target="mainFrame">添加音乐</a></li>
                        <li class="nav-item"><a class="nav-link" href="musicList.html" target="mainFrame">音乐列表</a></li>
                        <li class="nav-item"><a class="nav-link" href="musicEdit.html" target="mainFrame">修改音乐</a></li>
                        <li class="nav-item"><a class="nav-link" href="musicDel.html" target="mainFrame">删除音乐</a></li>
                    </ul>

                    <h5 class="bg-primary text-white p-2">专辑管理</h5>
                    <ul class="nav flex-column">
                        <li class="nav-item"><a class="nav-link" href="javascript:" target="mainFrame">添加专辑</a></li>
                        <li class="nav-item"><a class="nav-link" href="javascript:" target="mainFrame">专辑列表</a></li>
                        <li class="nav-item"><a class="nav-link" href="javascript:" target="mainFrame">修改专辑</a></li>
                        <li class="nav-item"><a class="nav-link" href="javascript:" target="mainFrame">删除专辑</a></li>
                    </ul>

                    <h5 class="bg-primary text-white p-2">用户管理</h5>
                    <ul class="nav flex-column">
                        <li class="nav-item"><a class="nav-link" href="javascript:" target="mainFrame">用户列表</a></li>
```

```html
                                <li class="nav-item"><a class="nav-link" href="javascript:" target="mainFrame">修改用户</a></li>
                                <li class="nav-item"><a class="nav-link" href="javascript:" target="mainFrame">删除用户</a></li>
                            </ul>
                            <h5 class="bg-primary text-white p-2">评论管理</h5>
                            <ul class="nav flex-column">
                                <li class="nav-item"><a class="nav-link" href="javascript:" target="mainFrame">评论列表</a></li>
                                <li class="nav-item"><a class="nav-link" href="javascript:" target="mainFrame">修改评论</a></li>
                                <li class="nav-item"><a class="nav-link" href="javascript:" target="mainFrame">删除评论</a></li>
                            </ul>
                        </div>
                        <!-- 正文 -->
                        <iframe src="musicList.html" class="col-10 mt-3" name="mainFrame" frameborder="0" scrolling="no"></iframe>
                    </div>
                </div>

                <!--脚部-->
                <footer class="bg-light p--3 fixed-bottom">
                </footer>
                <script src="../js/jquery.min.js"></script>
                <script src="../js/admin.js"></script>
        </body>
</html>
```

（3）创建 admin/musicList.html 文件，使用 Bootstrap 表格样式编写音乐列表。

```html
<!DOCTYPE html>
<html>
    <head>
        <meta charset="utf-8" />
        <link rel="stylesheet" href="../css/bootstrap.min.css">
        <title>音乐列表</title>
    </head>
    <body>
        <!-- 查询音乐表单 -->
        <form class="form-inline mb-2">
            <div class="form-group mr-3">
                <label>音乐名：</label>
                <input type="text" class="form-control" placeholder="音乐名称">
            </div>
            <button type="submit" class="btn btn-primary">查询</button>
        </form>

        <!-- 音乐列表-->
        <table class="table text-center">
            <tr>
                <th>ID</th>
```

```html
                <th>歌曲名称</th>
                <th>歌手</th>
                <th>创建时间</th>
            </tr>
            <tr>
                <td>1</td>
                <td>歌曲 1</td>
                <td>GEM007</td>
                <td>2020-05-12 17:00:01</td>
            </tr>
            <tr>
                <td>2</td>
                <td>歌曲 2</td>
                <td>GEM007</td>
                <td>2020-05-12 17:00:01</td>
            </tr>
            <tr>
                <td>3</td>
                <td>歌曲 3</td>
                <td>GEM007</td>
                <td>2020-05-12 17:00:01</td>
            </tr>
        </table>
    </body>
</html>
```

（4）创建 js/admin.js 脚本，使用 jQuery 的 load 函数动态加载页脚页面。

```javascript
$(function(){
    /*载入脚部*/
    $("footer").load("../footer.html");
})
```

（5）后台管理页面如图 18.19 所示。

图 18.19　后台管理页面

18.4 第二阶段 PHP Web 基础：管理员登录

18.4.1 功能简介

实现"在线音乐平台"的管理员登录功能。

（1）管理员登录页面 admin/login.php 的效果如图 18.20 所示。

① 有一个登录表单，要求管理员填写账号、密码，表单内还有一个"登录"按钮。

② 单击登录按钮以 POST 方式将数据提交至管理员登录处理页面 admin/loginForm.php。

（2）管理员登录处理页面 admin/loginForm.php。

① 获取管理员提交的表单数据。

② 设置静态管理员数据。

③ 将查询的数据和静态数据进行对比。

④ 登录成功则跳转至管理员管理页面 admin/index.php，失败则携带错误信息跳转回管理员登录页面 admin/login.php。

图 18.20 管理员登录页面

18.4.2 设计思路

（1）在 admin 文件夹中创建 login.php 动态网页，内容为一个 form 表单和一个错误提示信息。

（2）在 admin 文件夹中创建 loginForm.php 脚本文件，对比静态登录信息，处理登录请求。

（3）管理员登录实现流程如图 18.21 所示。

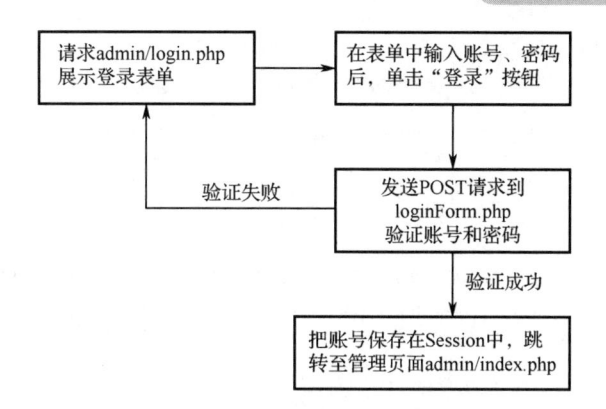

图 18.21　管理员登录实现流程

18.4.3　实现

1．创建项目

在 D 盘创建 MusicProject 项目，新建如表 18.14 所示文件和文件夹。

表 18.14　项目结构

类　　型	文　　件	说　　明
文件夹	admin	用于后台管理页面文件
	css	用于存放样式文件
	img	用于存放图片文件
	js	用于存放 js 文件
	upload	用于存放上传文件
php 文件	admin/login.php	管理员登录页面文件
	admin/loginForm.php	管理员登录处理页面文件
	admin/index.php	后台管理首页文件
html 文件	footer.html	页脚公用文件

目录结构如图 18.22 所示。

将界面设计的 MusicProject_html 项目中的 css、img、js、upload 文件夹里的全部文件和 footer.html 分别复制到对应的 MusicProject 项目 css、img、js、upload 文件夹和 footer.html 中。

2．配置 Apache 虚拟路径

启动 XAMPP 控件面板，单击 "Explorer" 按钮进入 xampp 文件夹。打开\xampp\apache\conf\ httpd.conf 文件，添加 "Listen 8080"，新增 8080 监听端口。打开\xampp\apache\conf\extra\httpd.vhosts.conf 文件，在最底部添加如下代码。

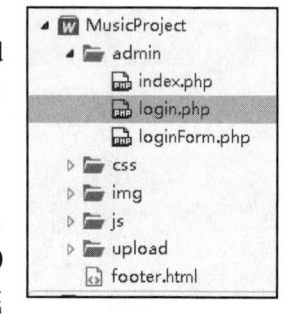

图 18.22　目录结构

```
<VirtualHost *:8080>
    DocumentRoot "D:/MusicProject"
    ServerName localhost
```

```
    <Directory "D:/MusicProject">
        Options Indexes FollowSymLinks MultiViews
        AllowOverride all
        Require all granted
    </Directory>
</VirtualHost>
```

重启 Apache，打开网址 http://localhost:8080/admin/login.php，效果如图 18.23 所示。

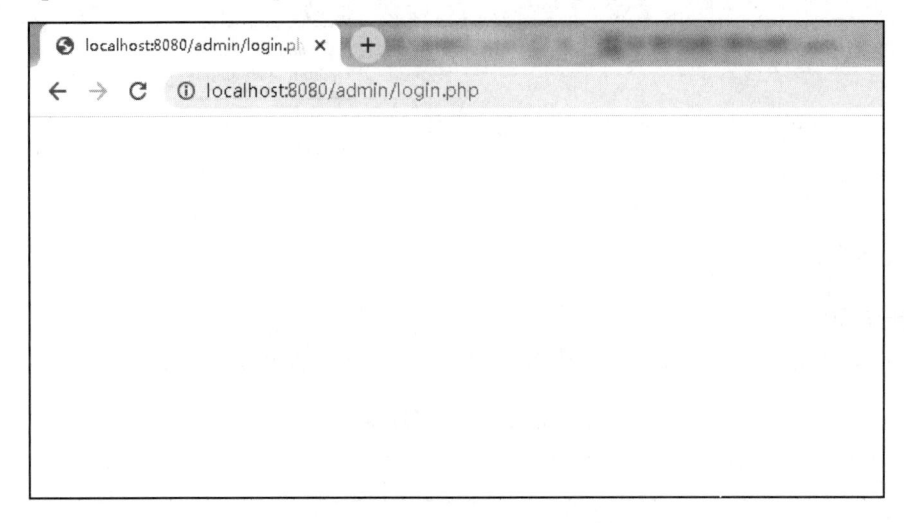

图 18.23　admin/login.php 页面

3. 编写页面

（1）将界面设计 MusicProject_html 项目中的 register.html 代码复制到 admin/login.php。
（2）修改 admin/login.php 的代码。
① 修改引入的 css 文件、js 文件路径。
② 删除原本注册表单中多余的输入框，只留下账号和密码两个输入框。
③ 修改标题文字为"管理员登录"。
④ 修改按钮文字为"登录"。

```html
<!DOCTYPE html>
<html>
    <head>
        <meta charset="utf-8" />
        <link rel="stylesheet" href="../css/bootstrap.min.css">
        <link rel="stylesheet" href="../css/common.css" />
        <script src="../js/jquery.min.js"></script>
        <script src="../js/admin.js"></script>
        <title>管理员登录</title>
    </head>
    <body>
        <!--正文-->
        <article class="container mt-5">
            <!--登录表单-->
            <form class="mx-auto" action="" method="">
```

```html
                    <div class="form-group">
                        <h1 class="text-center">管理员登录</h1>
                    </div>
                    <div class="form-group">
                        <label>账号:</label>
                        <input type="text" name="admin_account" class="form-control" placeholder="用户名" required="required"/>
                    </div>
                    <div class="form-group">
                        <label>密码:</label>
                        <input type="password" name="admin_password" class="form-control" placeholder="密码" required="required"/>
                    </div>
                    <input type="submit" value="登录" class="btn btn-block"/>
                </form>
            </article>
            <!--脚部-->
            <footer class="bg-light p-3 fixed-bottom">
            </footer>
        </body>
</html>
```

（3）访问 http://localhost:8080/admin/login.php，效果如图 18.24 所示。

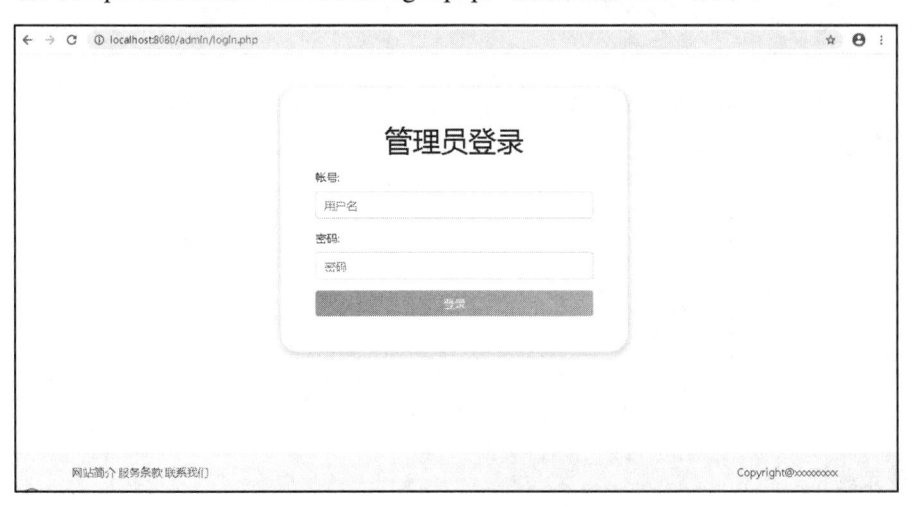

图 18.24　管理员登录页面效果

（4）将 admin/login.php 文件的 form 表单请求地址 action 修改为 loginForm.php，请求方式 method 修改为 POST。

```
<form class="mx-auto" action="loginForm.php" method="post">
```

4. 获取表单数据

（1）管理员登录页面 login.php 的表单代码如下，账号和密码的 name 属性分别为 admin_account 和 admin_password。

```html
<div class="form-group">
<label>账号:</label>
<input type="text" name="admin_account" class="form-control" placeholder="用户名" required="required"/>
</div>
<div class="form-group">
<label>密码:</label>
<input type="password" name="admin_password" class="form-control" placeholder="密码" required="required"/>
</div>
```

（2）编写 admin/loginForm.php 文件，使用超全局变量$_POST 获取表单数据，数据包括账号 admin_account、密码 admin_password。

```php
//判断是否为 POST 请求
if ($_SERVER["REQUEST_METHOD"] == "POST") {
    //1.获取从 login.php 表单提交过来的数据
$admin_account = isset($_POST["admin_account"]) ?$_POST["admin_account"] :'';
    $admin_password = isset($_POST["admin_password"]) ?$_POST["admin_password"] :'';
}
```

（3）测试：将值分别打印出来，查看是否接收成功。添加如下测试代码。

```php
//1.获取从 login.php 表单提交的数据
//......省略此处代码
//调试：打印输出 确认是否接收成功（调试后注释）
echo $admin_account . "<br />";
echo $admin_password;
```

（4）运行 admin/login.php 页面，输入账号"admin"和密码"123456"，单击"登录"按钮，输出输入的账号和密码，如图 18.25 所示。

图 18.25 获得账号和密码

5. 登录验证

（1）使用硬编码方式实现账号和密码的验证，定义一个数组$admin 设置有效的管理员账号"admin"和密码"123456"。

```php
//1.获取从 login.php 表单提交过来的数据
//......省略此处代码
//2.设置管理员账号密码的数组
$admin = array(
    'admin_account' => 'admin',
    'admin_password' => '123456',
);
```

（2）使用 if 语句对比表单提交数据和$admin 数组中账号和密码的值是否一致。

```
//1.获取从 login.php 表单提交的数据
//2.设置管理员账号密码的数组
//......省略此处代码
//3.对比表单提交数据和管理员的账号密码的数组
if ($admin_account == $admin['admin_account'] && $admin_password == $admin['admin_password'])
{
}
```

（3）登录成功后，调用 header()函数跳转至主页。

```
//1.获取从 login.php 表单提交的数据
//2.设置管理员账号密码的数组
//......省略此处代码
//3.对比表单提交数据和管理员的账号密码的数组
if ($admin_account == $admin['admin_account'] && $admin_password == $admin['admin_password'])
{
    //4.登录成功后，跳转至主页
    header("location:index.php");
}
```

（4）运行管理员登录页面，输入账号"admin"和密码"123456"，登录成功，跳转至 index.php 主页，如图 18.26 所示。

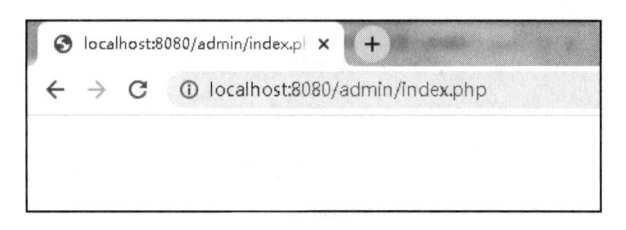

图 18.26　显示管理员主页

（5）登录失败后，返回 admin/login.php 页面，并将错误信息"用户名或密码错误！"以参数的方式传回 login.php 页面。

```
//1.获取从 login.php 表单提交的数据
//2.设置管理员账号密码的数组
//......省略此处代码
//3.对比表单提交数据和管理员的账号密码的数组
if ($admin_account == $admin['admin_account'] && $admin_password == $admin['admin_password'])
{
    //4.登录成功后，跳转至登录页面 index.php
    //......省略此处代码
} else {
    //5.登录失败后，携带错误信息返回 login.php
    header("location:login.php?error=用户名或密码错误!");
}
```

6. 显示登录错误信息

（1）编写管理员登录页面 admin/login.php，获取并输出地址栏携带的错误信息。在按钮控件上添加一个 div，嵌入 php 脚本，输出 error 参数。

```
<div class="form-group"><label>密码:</label>
    <input type="password" name="admin_password" class="form-control" placeholder="密码" required="required"/></div>
<div class="form-group">
    <?php
        if(isset($_GET['error'])){
            echo $_GET['error'];
        }
    ?>
</div>
```

（2）运行管理员登录页面，输入账号"admin"和密码"admin"，登录失败，跳回 admin/login.php 页，并显示登录错误信息，如图 18.27 所示。

图 18.27　显示登录错误信息

7. 存储管理员账号

编写 admin/loginForm.php 文件，登录成功后，调用 session_start()函数启动会话，并将管理员的账号存入 Session，key 值为 admin_account。

```
//1.获取从 login.php 表单提交的数据
//2.设置管理员账号密码的数组
//......省略此处代码
//3.对比表单提交数据和管理员的账号密码的数组
if ($admin_account == $admin['admin_account'] && $admin_password == $admin['admin_password'])
{
    //登录成功，启动 Session，将管理员账号存入 Session
    session_start();
    $_SESSION["admin_account"] = $admin_account;
    //4.登录成功后，跳转至登录页面 index.php
    header("location:index.php");
} else {
    //5.登录失败后，携带错误信息返回 login.php
    header("location:login.php?message=用户名或密码错误!");
}
```

18.5 第二阶段 PHP Web 基础：查询音乐列表

18.5.1 功能简介

实现"在线音乐平台"后台音乐列表显示功能。
（1）访问后台音乐列表页面。
获取 Session 中的管理员账号信息 admin_account，显示在页头右侧。
（2）获取并展示音乐列表数据。
在正文部分显示音乐列表，显示 ID、歌曲名称、歌手、创建时间。
（3）音乐列表查询页面效果如图 18.28 所示。

图 18.28　音乐列表查询页

18.5.2 设计思路

（1）输出 Seesion 值。
（2）设置静态数据$musicList 数组。
（3）使用 foreach 遍历$musicList 数组。

18.5.3 实现

1. index.php 页面编写

将界面设计的 MusicProject_html 项目中的 admin/index.html 代码复制到 admin/inde x.php。访问 http://localhost:8080/admin/index.php，效果如图 18.29 所示。

2. 输出 Session 信息

打开 Session，输出管理员账号信息。

```
<nav class="navbar navbar-light bg-light">
    <a class="navbar-brand" href="#">在线音乐平台——后台管理</a>
```

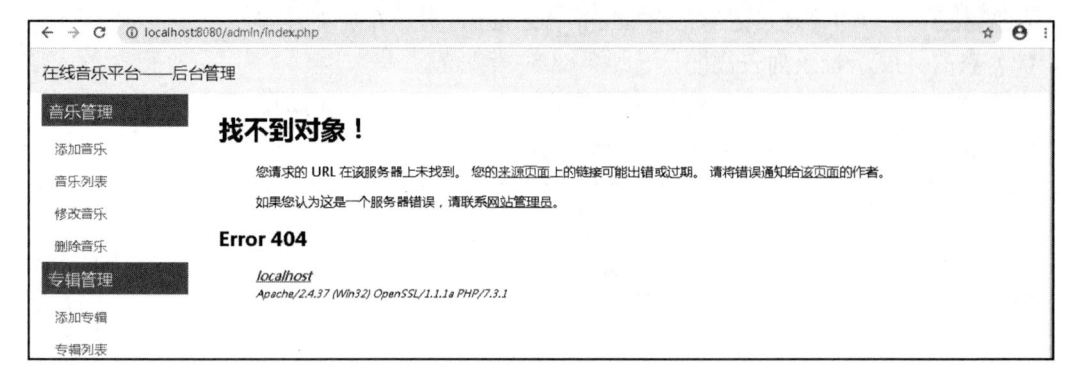

```php
        <div>
            <a href="#" class="pr-2">
            <?php
                session_start();
                echo $_SESSION['admin_account'];
            ?>
            </a>
        </div>
    </nav>
```

图 18.29　index.php 页面效果

运行管理员首页，效果如图 18.30 所示。

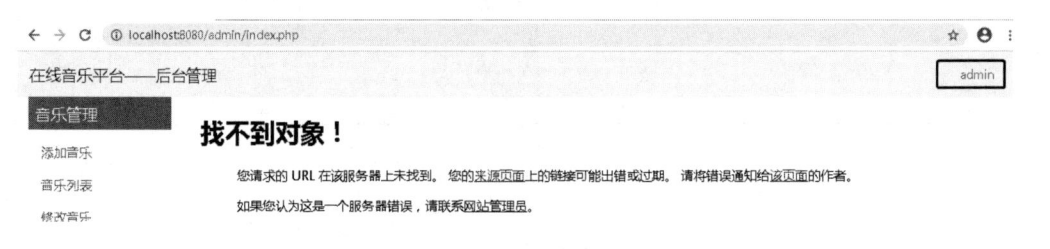

图 18.30　显示管理员账号

3. 修改 iframe 属性

创建 admin/musicList.php 文件，修改 iframe 的 src 属性值，引入 musicList.php 文件。

```
<iframe src="musicList.php" class="col-10" name="mainFrame" frameborder="0"></iframe>
```

运行管理员首页，效果如图 18.31 所示。

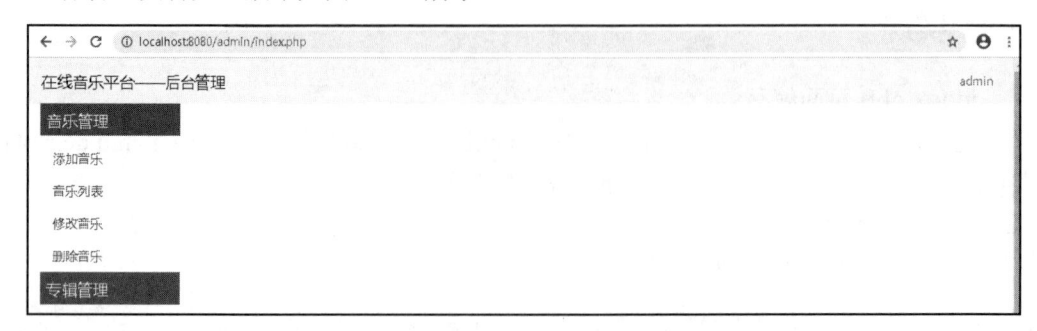

图 18.31　引入 musicList.php 文件的管理员首页

4. musicList.php 页面编写

将界面设计的 MusicProject_html 项目中的 admin/musicList.html 文件代码完整复制到 admin/musicList.php。

访问 http://localhost:8080/admin/musicList.php，效果图如 18.32 所示。

图 18.32 显示 musicList.php 文件

5. 设置二维数组

在 admin/musicList.php 文件头部，添加 PHP 脚本，设置静态的音乐列表数据。

```php
<?php
//设置静态音乐列表数据
$musicList = array(
    array('id' => '1','music_name' => '歌曲 1','singer' => 'GEM007','create_time' => '2020-05-12 17:00:01'),
    array('id' => '2','music_name' => '歌曲 2','singer' => 'GEM007','create_time' => '2020-05-12 17:00:01'),
    array('id' => '3','music_name' => '歌曲 3','singer' => 'GEM007','create_time' => '2020-05-12 17:00:01'),
    array('id' => '4','music_name' => '歌曲 4','singer' => 'GEM007','create_time' => '2020-05-12 17:00:01'),
    array('id' => '5','music_name' => '歌曲 5','singer' => 'GEM007','create_time' => '2020-05-12 17:00:01'),
);
?>
```

6. 遍历数组

修改音乐列表部分代码，使用 foreach 在页面循环渲染音乐数据 $musicList。

```php
<!-- 音乐列表 -->
<table class="table text-center">
    <tr>
        <th>ID</th>
        <th>歌曲名称</th>
        <th>歌手</th>
        <th>创建时间</th>
    </tr>

    <?php foreach($musicList as $music):     ?>
    <tr>
        <td><?php echo $music['id']; ?></td>
        <td><?php echo $music['music_name']; ?></td>
        <td><?php echo $music['singer']; ?></td>
        <td><?php echo $music['create_time']; ?></td>
    </tr>
```

```
    <?php endforeach; ?>
</table>
```

7. 页面效果

访问 http://localhost:8080/admin/index.php，音乐管理页面如图 18.33 所示。

图 18.33　音乐管理页面

18.6　第三阶段 PHP+MySQL 数据库：后台登录优化

18.6.1　功能简介

实现"在线音乐平台"的管理员登录功能。

（1）管理员登录页面 admin/login.php 的效果如图 18.34 所示。

① 有一个登录表单，要求管理员填写账号、密码，表单内还有一个"登录"按钮。

② 单击"登录"按钮以 POST 方式将数据提交至登录处理页面 admin/loginForm.php。

图 18.34　管理员登录页面

（2）管理员登录处理页面 admin/loginForm.php。
① 获取管理员提交的表单数据。
② 连接数据库 music_web，根据 admin_account 和 admin_password 查询 t_admin 表数据。
③ 将查询的数据和表单数据进行对比。
④ 登录成功则跳转至管理员管理页面 admin/index.php，失败则携带错误信息跳转回管理员登录页面 admin/ login.php。

18.6.2 设计思路

（1）在 admin 文件夹中创建 login.php 动态网页，内容为一个 form 表单请求和一个错误提示信息。
（2）在 admin 文件夹中创建 loginForm.php 脚本文件，连接数据库，处理登录请求。管理员登录实现流程如图 18.35 所示。

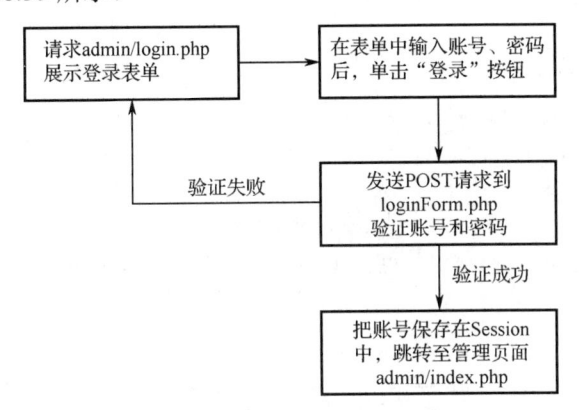

图 18.35 管理员登录实现流程

18.6.3 实现

1. 连接数据库

（1）在 loginForm.php 文件中国编写数据库连接代码，声明数据库地址$host、数据库名称$dbname、用户名$dbusername、密码$dbpassword 4 个变量，并赋值。

```
//1.获取从 login.php 表单提交过来的数据
//......省略此处代码
//2.连接 MySQL 数据库（music_web）
$host = "127.0.0.1";
$dbusername= "root";
$dbpassword= "123456";
$dbname = "music_web";
```

（2）使用 MySQLi 面向对象方式连接数据库，若连接失败，则提示错误信息。

```
$conn = new mysqli($host, $dbusername, $dbpassword, $dbname);
if($conn->connect_error){
    echo $conn->connect_error.'<br/>';
```

```
        exit;
}
//调试：打印输出连接成功信息（调试后注释）
echo "数据库连接成功";
exit;
```

访问管理员登录页面，输入账号和密码，单击"登录"按钮，如图 18.36 所示。

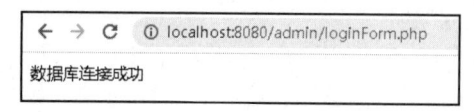

图 18.36　数据库连接测试

（3）设置字符集为 utf8。

```
$conn->set_charset('utf8');
```

2. 数据查询

（1）定义预编译 SQL 语句。

```
//1.获取从 login.php 表单提交过来的数据
//2.连接 MySQL 数据库（music_web）
//......省略此处代码
//3.用表单提交过来的数据为条件，在 t_admin 表中进行查询
$sql = "select id from t_admin where admin_account = ? and admin_password = ?";
$stmt = $conn -> prepare($sql);
```

管理员表结构如图 18.37 所示。

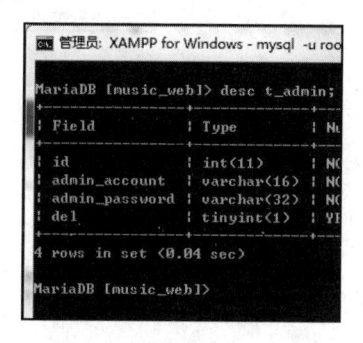

图 18.37　管理员表结构

（2）参数绑定。

```
$stmt -> bind_param("ss", $admin_account, $admin_password);
```

（3）绑定查询结果。

```
$stmt->bind_result($id);
```

（4）执行预处理。

```
$stmt -> execute();
```

（5）查看结果集。

```
//调试：获取结果集（调试后注释）
$rs = $stmt -> fetch();
//调试：输出结果集（调试后注释）
var_dump($rs);
exit;
```

访问管理员登录页面，输入账号"admin"和密码"admin123"，单击"登录"按钮，如图18.38所示。

图 18.38　管理员账号查询结果

3. 页面跳转

判断结果集中是否存在数据，若存在则跳转至后台管理首页，否则跳转回登录页。

```
//1.获取从 login.php 表单提交的数据
//2.连接 MySQL 数据库（music_web）
//3.用表单提交过来的数据为条件，在 t_admin 表中进行查询
//......省略此处代码
//4.数据查询成功后，跳转至首页
if ($stmt -> fetch())
{
    //登录成功，启动 Session，将管理员账号存入 Session
    session_start();
    $_SESSION["admin_account"] = $admin_account;
    //登录成功后，跳转至管理页面 index.php
    header("location:index.php");
} else {
    //登录失败后，携带错误信息返回 login.php
    header("location:login.php?error=用户名或密码错误!");
}
```

访问管理员登录页面，输入账号"admin"和密码"admin123"，单击"登录"按钮。登录成功后，跳转到至后台管理首页 index.php，如图 18.39 所示。

图 18.39　后台管理首页

4. 关闭数据库连接

关闭 MySQL 数据库连接，释放资源。

```
//1.获取从 login.php 表单提交的数据
//2.连接 MySQL 数据库（music_web）
```

//3.用表单提交的数据为条件，在 t_admin 表中进行查询
//4.数据查询成功后，跳转至首页
//......省略此处代码
//5.关闭 MySQL 数据库连接
$stmt -> close();
$conn -> close();

18.7　第三阶段 PHP+MySQL 数据库：查询音乐列表优化

18.7.1　功能简介

实现"在线音乐平台"后台音乐列表显示功能。
（1）获取并展示音乐列表数据。
（2）在正文部分显示音乐列表，显示 ID、歌曲名称、歌手、创建时间。
（3）后台音乐管理页面效果如图 18.40 所示。

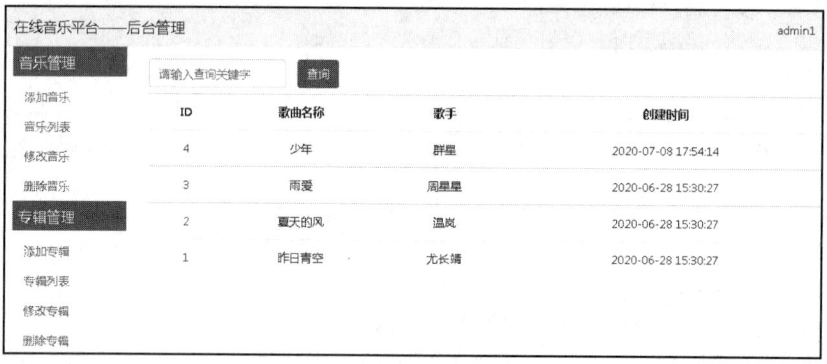

图 18.40　后台音乐管理页面

18.7.2　设计思路

（1）连接 MySQL 数据库（music_web）。
（2）查询 t_music 表，获取数据。
（3）用$musicList 保存获取的数据。
（4）使用 foreach 遍历$musicList 数组。

18.7.3　实现

1. 连接数据库

（1）在 musicList.php 文件中编写数据库连接代码，声明数据库地址$host、数据库名称$dbname、用户名$dbusername、密码$dbpassword 4 个变量，并赋值。

```
<?php
//连接 MySQL 数据库（music_web）
```

第18章 案例：在线音乐平台

```
$host = "127.0.0.1";
$dbusername= "root";
$dbpassword= "123456";
$dbname = "music_web";
?>
```

（2）使用 MySQLi 面向对象方式连接数据库，若连接失败，则提示错误信息。

```
$conn = new mysqli($host, $dbusername, $dbpassword, $dbname);
if($conn->connect_error){
    echo $conn->connect_error.'<br/>';
    exit;
}
//调试：打印输出连接成功信息（调试后注释）
echo "数据库连接成功";
```

（3）访问管理员后台管理页面（localhost:8080/admin/index.php），测试数据库连接如图 18.41 所示。

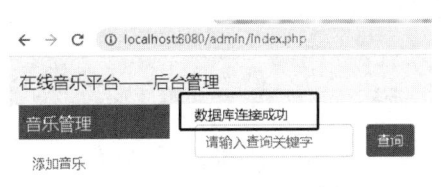

图 18.41 测试数据库连接

（4）设置字符集为 utf8。

```
$conn->set_charset('utf8');
```

2. 数据查询

（1）定义预编译 SQL 语句。

```
//连接 MySQL 数据库（music_web）
//......省略此处代码
//查询数据库中的 t_music 表，获取音乐列表数据
$sql = "select id,music_name,singer,create_time from t_music order by create_time desc limit 0,5";
$stmt = $conn -> prepare($sql);
```

（2）绑定查询结果。

```
$stmt->bind_result($id,$music_name,$singer,$create_time);
```

（3）执行预处理。

```
$stmt -> execute();
```

（4）解析结果集，将数据存储在$musicList 数组中，注释掉原$musicList 数组定义的代码。

```
//解析结果集
$musicList = array();
while($stmt->fetch()){
    $musicList[] = array(
        'id'=>$id,
        'music_name'=>$music_name,
```

```
            'singer'=>$singer,
            'create_time'=>$create_time
    );
}
//调试：打印数组（调试后注释）
var_dump($musicList);
```

（5）访问管理员后台管理页面（localhost:8080/admin/index.php），显示音乐数据数组如图 18.42 所示。

图 18.42　显示音乐数据数组

3. 关闭数据库连接

关闭 MySQL 数据库连接，释放资源。

```
//连接 MySQL 数据库（music_web）
//查询数据库中的 t_music 表，获取音乐列表数据
//......省略此处代码
//关闭 MySQL 数据库连接
$stmt -> close();
$conn -> close();
```

4. 遍历数组

在 form 表单中遍历$musicList 数组。

```
<?php foreach($musicList as $music):?>
<tr>
<td><?php echo $music['id']; ?></td>
<td><?php echo $music['music_name']; ?></td>
<td><?php echo $music['singer']; ?></td>
<td><?php echo $music['create_time']; ?></td>
</tr>
<?php endforeach;?>
```

5. 效果展示

访问管理员后台管理页面（localhost:8080/admin/index.php），音乐管理页面如图 18.43 所示。

图 18.43　音乐管理页面

18.8 第四阶段 PHP 三层结构：程序结构优化

18.8.1 功能简介

在前一个迭代（查询音乐列表优化）的基础上，将管理员登录、音乐列表程序结构修改为三层结构，功能保持不变。

源程序目录结构如图 18.44 所示。

图 18.44 源程序目录结构

三层架构程序目录如图 18.45 所示。

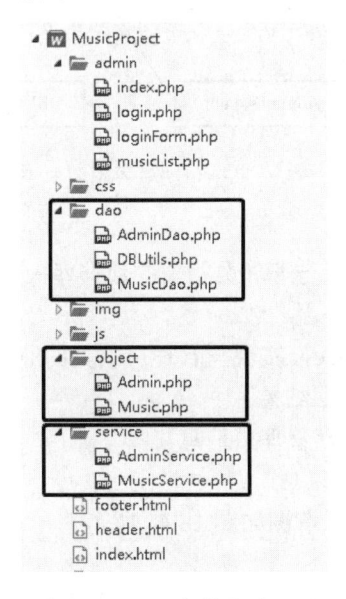

图 18.45 三层架构程序目录

18.8.2 设计思路

1. 三层架构

三层架构区分层次的目的是"高内聚，低耦合"，可使开发人员分工更明确，将精力更专注于应用系统核心业务逻辑的分析、设计和开发，从而加快项目的进度，提高开发效率，有利于项目的更新和维护，如图 18.46 所示。

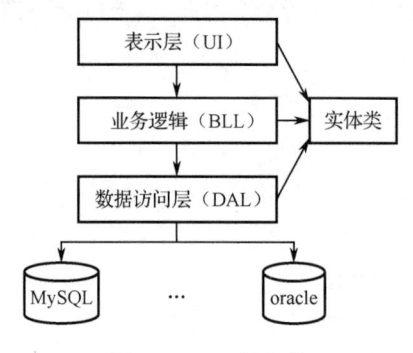

图 18.46 三层架构

2. 登录功能三层架构实现

（1）登录功能三层架构示意图如图 18.47 所示。

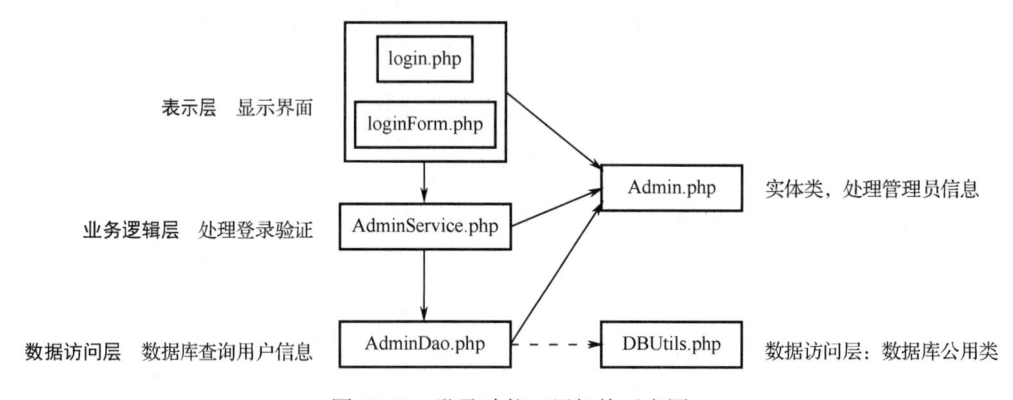

图 18.47 登录功能三层架构示意图

（2）类设计。

① 数据层：AdminDao，实现与管理员相关的数据库操作，方法 adminLogin 用于查询用户提交的信息与数据库中的信息是否一致。

② 业务逻辑层：AdminService，实现与管理员相关的业务操作方法，方法 checkLogin 调用数据层 adminLogin 方法，并返回结果。

③ 实体类：Admin，用于保存管理员信息。

3. 音乐列表功能三层架构实现

（1）音乐列表功能三层架构示意图如图 18.48 所示。

（2）类设计。

① 数据层：MusicDao，实现与音乐相关的数据库操作，方法 getList 获取音乐数据，并调用实体类 Music 创建音乐对象，把查询到的数据保存在对象中，最后返回音乐数据。

② 业务逻辑层类：MusicService，实现音乐相关的业务操作方法，方法 music_list 调用数据层 getList 方法并返回结果。

③ 实体类：Music，用于创建音乐对象，管理音乐信息。

第18章 案例：在线音乐平台

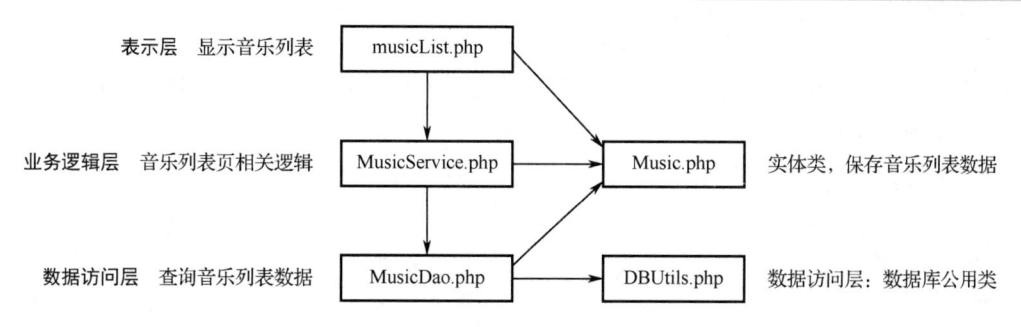

```
表示层    显示音乐列表        musicList.php
                                  ↓
业务逻辑层  音乐列表页相关逻辑   MusicService.php  →  Music.php      实体类，保存音乐列表数据
                                  ↓              ↗
数据访问层  查询音乐列表数据     MusicDao.php    →  DBUtils.php    数据访问层：数据库公用类
```

图 18.48　音乐列表功能三层架构示意图

18.8.3　实现

1. 后台登录程序结构优化

在"查询音乐列表"项目基础上进行迭代开发，根据三层架构设计，需要新增的目录或文件如表 18.15 所示。

表 18.15　文件设计

文件类型	文件	说　　明
php 文件	service/AdminService.php	管理员业务类
	dao/AdminDao.php	管理员数据库操作类
	object/Admin.php	存储用户信息的实体类

程序结构如图 18.49 所示。

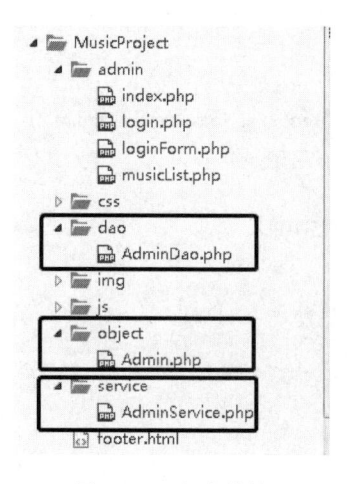

```
▲ 📁 MusicProject
  ▲ 📁 admin
      📄 index.php
      📄 login.php
      📄 loginForm.php
      📄 musicList.php
  ▷ 📁 css
  ▲ 📁 dao
      📄 AdminDao.php
  ▷ 📁 img
  ▷ 📁 js
  ▲ 📁 object
      📄 Admin.php
  ▲ 📁 service
      📄 AdminService.php
    📄 footer.html
```

图 18.49　程序结构

2. 数据访问层 AdminDao.php 实现

（1）编辑 dao/AdminDao.php 文件，创建一个 AdminDao 类。

```
class AdminDao{

}
```

（2）创建类的连接数据库方法 open。

① 打开 admin/loginForm.php 文件，剪切数据库连接参数代码到 AdminDao.php，作为对象属性，并添加$conn 属性。

admin/loginForm.php 文件如下：

```php
<?php
//数据库连接参数
$servername = "127.0.0.1";
$username = "root";
$password = "123456";
$dbname = "music_web";
```

dao/AdminDao.php 文件如下：

```php
class AdminDao{
    //数据库连接参数
    private $servername = "127.0.0.1";
    private $username = "root";
    private $password = "123456";
    private $dbname = "music_web";
    public $conn;//数据库连接对象
}
```

② 编辑 AdminDao.php 文件，创建 open()用于连接数据库；打开 admin/loginForm.php 文件，剪切数据库连接相关内容到 open 方法中，并进行修改，连接成功则返回真。

admin/loginForm.php 文件如下：

```php
<?php
//省略数据为连接参数
//创建连接
$conn = new mysqli($servername, $username, $password, $dbname);
//检测连接
if ($conn->connect_error){
    die("连接失败: ".$conn->connect_error);
} else{
    //连接成功设置字符集
    $conn->set_charset('utf8');
}
```

dao/adminDao.php 文件如下：

```php
<?php
class AdminDao{
    //省略数据库连接参数
    function open() {//数据库连接方法
        //创建连接
        $this->conn = new mysqli($this->servername,
$this->username, $this->password, $this->dbname);
        //检测连接
        if ($this-> conn ->connect_error){
```

```
                die("连接失败："  .$this->conn->connect_error);
            } else {
                $this->conn->set_charset('utf8');
            }
            return true;//连接成功则返回真
        }
    }
```

(3) 实现 adminLogin()查询用户名、密码是否一致。

① 编辑 dao/AdminDao.php 文件，定义 adminLogin()方法，参数$user 为一个管理员对象。调用 open 方法，打开数据库。

```
//登录，查询用户名、密码是否一致
function adminLogin($user){
    $return=false;//定义一个操作标识
    //打开数据库
    if($this->open()){
        //数据查询
    } else{
        print ("open false");
    }
    return $return;
}
```

② 剪切 admin/loginForm.php 中操作数据库的代码到 adminLogin 中，并进行修改。
admin/loginForm.php 文件如下：

```
$sql = "select id from t_admin where admin_account = ? and admin_password = ?";
$stmt = $conn -> prepare($sql);
//该函数绑定了 SQL 的参数，且表示数据库参数的值，"s"字符表示数据库该参数为字符串。
$stmt -> bind_param("ss", $admin_account, $admin_password);
//绑定查询结果
$stmt -> bind_result($id);
//执行 SQL 语句
$stmt -> execute();
$return = $stmt -> fetch();
```

dao/AdminDao.php 文件：

```
function adminLogin($user){
    $return=false;//定义返回的结果变量
    //打开数据库
    if($this->open()){
        $sql = "select id from t_admin where admin_account = ? and admin_password = ?"; //数据查询
        $stmt = $this->conn -> prepare($sql);
        //获取对象中的属性值作为查询参数
        $admin_account = $user->getAdminAccount();
        $admin_password = $user->getAdminPassword();
        $stmt -> bind_param("ss", $admin_account, $admin_password);
        $stmt->bind_result($id);//绑定查询结果
```

```
            $stmt -> execute();//执行 sql 语句
            $return = $stmt -> fetch(); //处理结果
            $stmt -> close(); //释放 stmt 对象
            $this->conn->close(); //关闭连接
        } else {
            print ("open false");
        }
        return   $return;
    }
```

3. 业务逻辑层 AdminService.php 实现

(1) 编辑 service/AdminService.php 文件，包含数据层类 AdminDao.php，定义 AdminService 类，创建构造方法，在构造方法中创建一个数据库操作对象。

```
include_once dirname(__DIR__)."/dao/AdminDao.php";//包含数据处理层类
class AdminService
{
    //创建属性，保存数据库操作对象
    private $dao;
    //定义构造方法，
    function __construct()
    {
        $this->dao = new AdminDao();//创建一个数据库操作对象
    }
}
```

(2) 调用数据层类中的方法。

```
include_once dirname(__DIR__)."/dao/AdminDao.php";//数据库操作类
class AdminService
{
    //数据库操作对象
    private $dao;
    function __construct()
    {
        //创建一个数据库操作对象
        $this->dao = new AdminDao();
    }
    //调用数据操作类中的方法，查询用户名、密码是否匹配
    public function checkLogin($user){
        return $this->dao->adminLogin($user);
    }
}
```

4. Admin 实体类实现

打开 object/Admin.php，创建一个实体类 Admin，类属性为 admin 表的字段名称，属性修饰符为 private，并分别为属性创建 SET/GET 方法。

```
class Admin{
    private $id;
```

```
        private $admin_account;
        private $admin_password;
        private $del;
        //$id 的 set,get 方法
        public function getId()
        {
            return $this->id;
        }
        public function setId($id)
        {
            $this->id = $id;
        }
        //省略其他属性的 set,get
}
```

5. 表示层实现

（1）编辑 admin/loginForm.php，引入实体类 Admin.php。

（2）创建一个实体对象，保存表单中的登录信息到 Admin 对象中。

```
<?php
include_once dirname(__DIR__)."/object/Admin.php";//管理员实体
//获取表单数据
$admin_account = $_POST['admin_account'];
$admin_password = $_POST['admin_password'];
//创建实例对象，保存数据
$admin = new Admin();
$admin->setAdminAccount($admin_account);
$admin->setAdminPassword($admin_password);
```

（3）引入业务类 AdminService，调用登录处理方法，把登录信息对象作为参数传递给业务层。

```
<?php
include_once dirname(__DIR__)."/object/Admin.php";//管理员实体
include_once dirname(__DIR__)."/service/AdminService.php";//管理员业务逻辑层
//获取表单数据
$admin_account = $_POST['admin_account'];
$admin_password = $_POST['admin_password'];
//创建实例对象，保存数据
$admin = new Admin();
$admin->setAdminAccount($admin_account);
$admin->setAdminPassword($admin_password);
//创建业务对象，调用其中的方法
$service = new AdminService();
$return = $service->checkLogin($admin);
//以下内容不变
//设置 Session
if ($return) {
    //SESSION 处理，键为 admin_account，值为 admin_account
```

```
    session_start();
    $_SESSION['admin_account'] = $admin_account;
    header("location:index.php");//登录成功，页面跳转至首页
} else {
    header("location:login.php?message=用户名或密码错误!");//登录失败，页面带错误信息返回登录页
}
```

6. 测试登录效果

（1）访问管理员登录页面，输入账号"admin"和密码"admin123"，单击"登录"按钮，如图 18.50 所示。

图 18.50　管理员登录页面

（2）登录成功后，跳转至后台管理页面 index.php，如图 18.51 所示。

图 18.51　后台管理页面

7. 音乐列表程序结构优化

根据音乐列表三层架构设计，文件设计如表 18.16 所示。

表 18.16　文件设计

文件类型	文 件	说　明
php 文件	service/MusicService.php	音乐业务类
	dao/MusicDao.php	音乐数据库操作类
	object/Music.php	保存音乐信息的实体类

程序目录结构如图 18.52 所示。

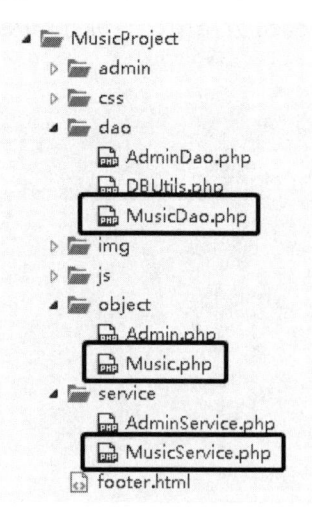

图 18.52　程序目录结构

8. 数据层 MusicDao.php 实现

（1）编辑 dao/MusicDao.php 文件，创建一个 MusicDao 类。

```php
<?php
class MusicDao{

}
```

（2）创建 MusicDao 类的连接数据库方法 open。

① 打开 admin/musicList.php 文件，剪切代码到 MusicDao.php，作为对象属性，并添加$conn 属性。

admin/musicList.php 文件：

```php
<?php
$servername = "127.0.0.1";
$username = "root";
$password = "23456";
$dbname = "music_web";
```

dao/MusicDao.php 文件：

```php
<?php
class MusicDao{
    private $servername = "127.0.0.1";
    private $username = "root";
    private $password = "123456";
    private $dbname = "music_web";
    public $conn;//数据库连接对象
}
?>
```

② 编辑 dao/MusicDao.php 文件，创建 open()方法用于连接数据库；打开 admin/musicList.php 文件，剪切数据库连接相关内容到 open 方法中，并进行修改，连接功成返回真。

admin/musicList.php 文件：

```php
<?php
//创建连接
$conn = new mysqli($servername, $username, $password, $dbname);
//检测连接
if ($conn->connect_error){
    die("连接失败： ".$conn->connect_error);
} else {
    //连接成功设置字符集
    $conn->set_charset('utf8');
}
```

admin/MusicDao.php 文件：

```php
<?php
class MusicDao{
    //省略其他属性
    public $conn;//数据库连接对象
    function open() {
        $this->conn = new mysqli($this->servername, $this->username, $this->password, $this->dbname);
        //检测连接
        if ($this-> conn ->connect_error){
            die("连接失败".$this->conn->connect_error);
        } else {
            $this->conn->set_charset('utf8');
        }
        return true;//返回连接对象
    }
}
```

（3）定义 getList()方法，用来获取音乐列表。

① 编辑 dao/MusicDao.php 文件，定义 getList()方法，调用 open 方法，打开数据库。

```php
//获取音乐列表
function getList(){
    //打开数据库
    if($this->open()){
        //数据查询
    } else{
        print ("open false");
    }
}
```

② 剪切 admin/musicList.php 中操作数据库的代码到 getList()中，把数据每一条音乐信息存在一个对象中并返回获取的音乐列表。

admin/musicList.php 文件：

```php
$sql = "select id,music_name,singer,create_time from music order by id desc limit 0,4";
$stmt = $conn -> prepare($sql);
//绑定查询结果
$stmt->bind_result($id,$music_name,$singer,$create_time);
$stmt -> execute();//执行 sql 语句
$return = $stmt -> fetch();//获得执行结果
$musicList = array();
while($stmt -> fetch()) {
    $musicList[] = array(
        'id'=>$id,
        'music_name'=>$music_name,
        'singer'=>$singer,
        'create_time'=>$create_time
);
}
```

dao/MusicDao.php 文件：

```php
function getList() {
    $musicList= array();//结果数组
    if($this->open()){ //打开数据库
        //数据查询
        $sql = "select id,music_name,singer,create_time from t_music order by id desc limit 0,4";
        $stmt = $this->conn -> prepare($sql);
        //绑定查询结果到变量
        $stmt->bind_result($id,$music_name,$singer,$create_time);
        //执行 SQL 语句
        $stmt -> execute();
        while($stmt -> fetch()) {
            $music = new Music(); //创建实体对象，设置音乐信息
            $music -> setId($id);
            $music -> setMusicName($music_name);
            $music -> setSinger($singer);
            $music -> setCreateTime($create_time);
            array_push($musicList, $music);//把每个对象放在一个数组中
        }
        $stmt -> close();//释放 stmt 对象
        $this->conn->close(); //关闭连接
    } else{
        print ("open false");
    }
    return $musicList;
}
```

（4）在 MusicDao.php 头部引入实体类。

```php
<?php
include_once dirname(__DIR__)."/object/Music.php";//实体类,保存列表数据
class MusicDao{
```

```php
    //省略类的属性，方法定义
}
```

9. 业务逻辑层实现

（1）编辑 service/MusicService.php 文件，导入数据库操作类 MusicDao.php，定义 MusicService 类，创建构造方法，在构造方法中创建一个数据库操作对象。

```php
<?php
include_once dirname(__DIR__)."/dao/MusicDao.php";//导入数据库操作类
class MusicService
{
    private $dao;//数据库操作对象
    //定义构造方法
    function __construct()
    {
        $this->dao = new MusicDao();//创建一个数据库操作对象
    }
}
```

（2）调用数据操作类中的 music_list() 方法。

```php
<?php
include_once dirname(__DIR__)."/dao/MusicDao.php";//数据库操作类
class MusicService
{
    private $dao;//数据库操作对象
    function __construct()
    {
        $this->dao = new MusicDao();//创建一个数据库操作对象
    }
    //调用数据操作类中的方法，获取音乐列表
    public function music_list(){
        return $this->dao->getList();
    }
}
```

10. 实体类 Music.php 实现

打开 object/Music.php，创建类 Music，用于保存信息到一个对象中，类属性为 music 表的字段名称，并分别为属性创建 SET/GET 方法。

```php
<?php
class Music{
    private $id;
    private $music_name;
    private $singer;
    private $create_time;
    private $admin_id;
    private $album_id;
    private $type_id;
    private $music_url;
```

```
    private $music_img_url;
    private $click_number;
    private $collection_number;
    private $del;
    //$id 的 set,get 方法
    public function getId() {
        return $this->id;
    }
    public function setId($id){
        $this->id = $id;
    }
    //省略其他属性的 set,get
}
```

11. 表示层实现

（1）编辑 admin/musicList.php，引入音乐的业务类文件 service/MusicService.php，创建业务类对象，调用业务对象的 music_list()获取音乐列表。

```
<?php
include_once dirname(__DIR__)."/service/MusicService.php";//业务类
$service = new MusicService();
$musicList = $service->music_list();//获取音乐列表
```

（2）显示音乐列表。

因为保存时，数组中存的是对象，所以显示时通过对象方式显示出来。编辑 admin/musicList.php。

源代码如下：

```
<?php foreach($musicList as $music):?>
<tr>
<td><?php echo $music['id']; ?></td>
<td><?php echo $music['music_name']; ?></td>
<td><?php echo $music['singer']; ?></td>
<td><?php echo $music['create_time']; ?></td>
</tr>
<?php endforeach;?>
```

改为如下：

```
<?php foreach($musicList as $music):?>
<tr>
<td><?php echo $music->getId(); ?></td>
<td><?php echo $music->getMusicName(); ?></td>
<td><?php echo $music->getSinger(); ?></td>
<td><?php echo $music->getCreateTime(); ?></td>
</tr>
<?php endforeach;?>
```

（3）测试音乐列表。

访问管理员后台管理页面（localhost:8080/admin/index.php），测试音乐列表如图18.53所示。

图 18.53　测试音乐列表

12. DBUtils.php 编程

（1）因为登录，音乐列表在查询数据库时，都需要连接数据库，所以把连接数据库这个公共代码提出来，作为连接数据库的一个公共方法，放在 DBUtils 类中。

在 dao 目录中新建一个 DBUtils.php 文件，同时新建一个类，如图 18.54 所示。

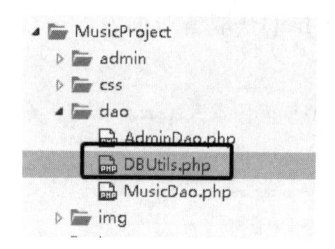

图 18.54　DBUtils.php 文件

```php
<?php
//新建 DBUtils 类，放数据库公共方法
class DBUtils{

}
```

（2）打开 dao/MusicDao.php，复制数据库连接参数，open()方法放入 DBUtils 类中。
dao/MusicDao.php 文件如下：

```php
class MusicDao{
    //数据库连接参数
    private $servername = "127.0.0.1";
    private $username = "root";
    private $password = "123456";
    private $dbname = "music_web";
    public $conn;//数据库连接对象
    //连接数据库
    function open() {
        //创建连接
        $this->conn = new MySQLi($this->servername, $this->username, $this->password, $this->dbname);
        //检测连接
        if ($this->conn->connect_error){
            //连接失败返回错误信息
```

```php
            die("连接失败：".$this->conn->connect_error);
        } else {
            $this->conn->set_charset('utf8'); //连接成功设置字符集
        }
        return TRUE;
    }
    //省略其他内容
}
```

dao/DBUtils.php 文件如下：

```php
class DBUtils{
    //数据库连接参数
    private $servername = "127.0.0.1";
    private $username = "root";
    private $password = "123456";
    private $dbname = "music_web";
    public $conn;//数据库连接对象
    //连接数据库
    function open() {
        //创建连接
        $this->conn = new mysqli($this->servername, $this->username, $this->password, $this->dbname);
        //检测连接
        if ($this->conn->connect_error){
            //连接失败返回错误信息
            die("连接失败：".$this->conn->connect_error);
        } else {
            $this->conn->set_charset('utf8'); //连接成功设置字符集
        }
        return TRUE;
    }
}
```

（3）分别打开 dao/MusicDao.php，dao/AdminDao.php，删除原有连接数据库的相关代码，open()，引入 DBUtils.php，并让 MusicDao 和 AdminDao 继承 DBUtils 类。

dao/MusicDao.php 文件如下：

```php
<?php
include_once dirname(__DIR__)."/object/Music.php";//实体类,保持列表数据
include_once dirname(__DIR__)."/dao/DBUtils.php";//数据库工具类，连接数据库
class MusicDao extends DBUtils{
    //删除数据库连接属性及OPEN方法
    //获取音乐列表
    function getList(){
        //...
    }
}
```

dao/AdminDao.php 文件：

```php
<?php
include_once __DIR__."/DBUtils.php"; //数据库连接类
class AdminDao extends DBUtils{
    //删除数据库连接属性及 OPEN 方法
    //登录：$user  保存登录的信息
    function adminLogin($user){
        //...
    }
}
```

18.9　第四阶段 PHP 三层结构：添加音乐

18.9.1　功能简介

实现后台"添加音乐"的功能。

在表单中填写音乐信息，包括歌曲名称、歌手、歌曲文件、所属专辑、分类。单击"提交"按钮保存音乐，显示操作成功或失败的提示信息，如图 18.55 所示。

图 18.55　添加音乐页面

音乐添加成功如图 18.56 所示。

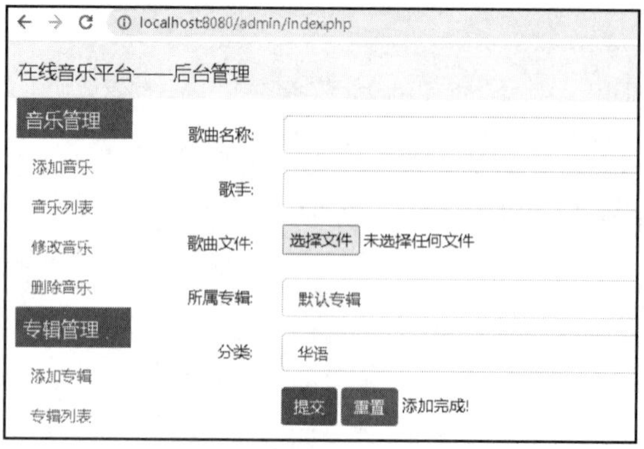

图 18.56　音乐添加成功

18.9.2 设计思路

（1）文件设计如表 18.17 所示。

表 18.17　文件设计

文件类型	文　　件	说　　明
php 文件	admin/musicAdd.php	添加音乐表单
	admin/musicAddForm.php	添加音乐表单处理页面
	service/TypeService.php	音乐分类业务类
	dao/TypeDao.php	音乐分类数据库操作类
	object/Type.php	音乐分类实体类
	service/MusicService.php	音乐业务类
	dao/MusicDao.php	音乐数据库操作类
	object/Music.php	存储音乐信息的实体类

（2）设计实现。

① 表示层。添加音乐表单的页面，提交数据到业务层进行处理。

② 业务逻辑层。处理添加音乐的业务逻辑。在 MusicService 类中添加 music_add($music) 方法，参数为音乐实体对象，调用数据层 addMusic 并返回结果。

③ 数据访问层。处理与音乐相关的数据库操作。在 MusicDao 类中添加 addMusic($music) 方法，参数为音乐实体对象，保存音乐信息。

（3）添加音乐三层架构设计如图 18.57 所示。

业务逻辑层：处理保存音乐逻辑。

数据访问层：保存音乐到数据库。

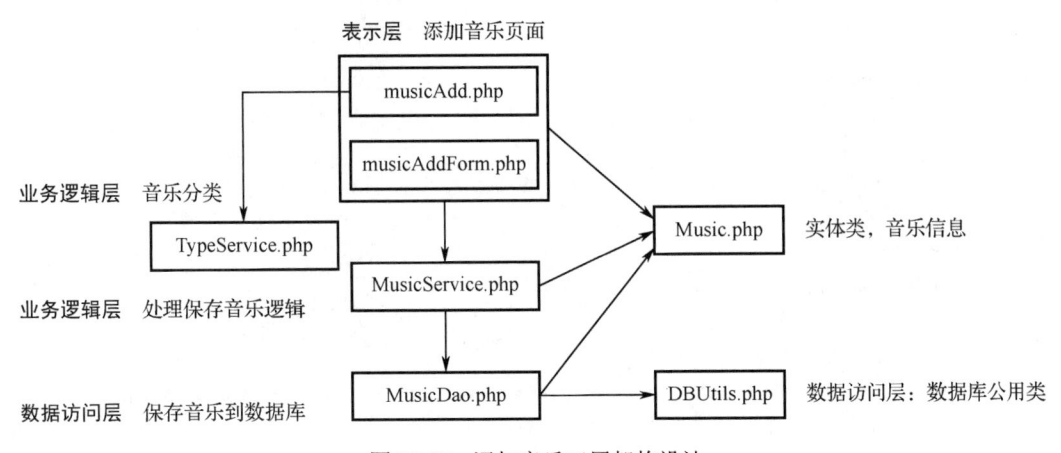

图 18.57　添加音乐三层架构设计

18.9.3 实现

1. 创建音乐添加页面

(1) 创建音乐添加页面文件 admin/musicAdd.php，如图 18.58 所示。

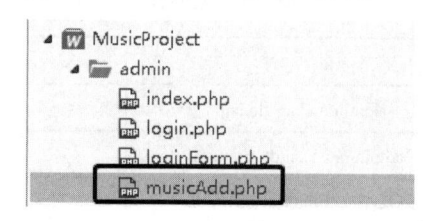

图 18.58 musicAdd.php 文件

(2) 编辑 admin/musicAdd.html 文件，引入 Bootstrap 样式文件 bootstrap.min.css，使用 Bootstrap 表单组件编写音乐添加表单。

```html
<!DOCTYPE html>
<html lang="en">
<head>
    <meta charset="UTF-8">
    <title>Title</title>
    <link rel="stylesheet" href="../css/bootstrap.min.css">
</head>
<body>
    <form class="form-horizontal">
        <div class="form-group row">
            <label for="music_name" class="col-form-label col-2 text-right">歌曲名称:</label>
            <div class="col-10">
                <input type="text" class="form-control" name="music_name" id="music_name">
            </div>
        </div>
    <div class="form-group row">
            <label for="singer" class="col-form-label col-2 text-right">歌手:</label>
            <div class="col-10">
            <input type="text" class="form-control" name="singer" id="singer">
            </div>
    </div>
        <div class="form-group row">
            <label for="music_url" class="col-form-label col-2 text-right">歌曲文件:</label>
            <div class="col-10">
                <input type="file" id="music_url" name="music_url"    class="form-control-file">
            </div>
        </div>
        <div class="form-group row">
            <label for="album_id" class="col-form-label col-2 text-right">所属专辑:</label>
            <div class="col-10">
            <select name="album_id"   class="form-control" id="album_id" >
```

```html
                <option value="0">默认专辑</option>
                <option value="1">经典 2020</option>
                <option value="2">流行 2019</option>
            </select>
        </div>
    </div>
    <div class="form-group row">
        <label for="type_id" class="col-form-label col-2 text-right">分类:</label>
        <div class="col-10">
            <select class="form-control" name="type_id" id="type_id">
                <option value="0">请选择分类</option>
                <option value="1">经典</option>
                <option value="2">流行</option>
                <option value="3">摇滚</option>
                <option value="4">校园</option>
            </select>
        </div>
    </div>
    <div class="form-group row">
        <label for="music_img_url" class="col-form-label col-2 text-right">封面图片:</label>
        <div class="col-10">
            <input type="file" class="form-control-file" id="music_img_url" name="music_img_url">
        </div>
    </div>
    <div class="form-group row">
        <div class="col-10 offset-2">
            <button type="submit" class="btn btn-primary" id="sbt">提交</button>
            <button type="reset" class="btn btn-secondary">重置</button>
        </div>
    </div>
</form>
</body>
</html>
```

（3）编辑 admin/index.php 文件，找到"添加音乐"菜单，把链接修改为 musicAdd.php。

```html
...
<li class="nav-item">
<a class="nav-link" href="musicAdd.php" target="mainFrame">添加音乐</a>
</li>
...
```

（4）单击左侧菜单，添加音乐，切换右侧 iframe 框架加载页面，如图 18.59 所示。

2. 获取音乐分类下拉列表

（1）实体类。

新建 object/Type.php 文件，作为音乐分类实体类。创建类和定义类的属性，并添加属性的 GET/SET 方法，示例代码如下。

图 18.59 后台添加音乐页面

```
class Type
{
    private $id;              //分类 ID
    private $admin_id;        //添加分类的管理员 ID
    private $type_name;       //分类名称
    private $del;             //是否删除标记
    //$id 属性的 SET,GET，其他同理
    public function getId()
    {
        return $this->id;
    }
    public function setId($id)
    {
        $this->id = $id;
    }
}
```

（2）数据访问层。

① 新建 dao/TypeDao.php 文件。

② 创建 TypeDao 类，添加 getTypeList()方法用于获取分类列表。

```
<?php
//音乐分类操作类
include_once __DIR__."/DBUtils.php"; //数据库连接类
include_once dirname(__DIR__)."/object/Type.php";//实体类
class TypeDao extends DBUtils
{
    //获取分类的数据
    public function getTypeList(){
        //连接数据库，查询数据
    }
}
```

③ 编写 getTypeList()函数，定义结果数组，连接数据库。

```
//结果数组
$list = array();
```

```
//连接数据库
if($this->open()){
    //查询数据逻辑
}else{
    print ("open false");
}
return $list;//返回结果数组
```

④ 编写查询数据逻辑，创建 SQL 语句。

```
$sql = "select id,type_name from t_type order by id asc";
$stmt = $this->conn -> prepare($sql);
```

⑤ 绑定查询结果到变量，执行查询。

```
//绑定查询结果到变量
$stmt->bind_result($id,$typename);
//执行 SQL 语句
$stmt -> execute();
```

⑥ 保存数据到对象中，存入数组。

```
//获得执行结果
while($stmt -> fetch()) {
    //创建实体对象，封装数据
    $type = new Type();
    //设置属性
    $type -> setId($id);
    $type -> setTypeName($typename);
    //把每个对象放在一个数组中
    array_push($list, $type);
}
```

⑦ 关闭数据库。

```
//释放 stmt 对象
$stmt -> close();
//关闭连接
$this->conn->close();
```

（3）业务逻辑层。

创建 service/TypeService.php 文件，创建 TypeService 类。创建 typeList()函数，调用 TypeDao 类中的 getTypeList()函数。代码如下：

```
<?php
include_once dirname(__DIR__)."/dao/TypeDao.php";//数据库操作类
class TypeService
{
    private $dao;//数据库操作对象
    function __construct()
    {
        $this->dao = new TypeDao();//创建一个数据库操作对象
```

```
        }
        //获取分类数据
        public function typeList(){
            return $this->dao->getTypeList();
        }
}
```

（4）表示层。

① 显示音乐分类下拉列表，编辑 admin/musicAdd.php，在页面头部添加 PHP 脚本。导入 TypeService 类，创建 TypeService 类对象，调用 typeList()函数，获取音乐的分类列表，输出类型数组。

```
//分类业务类
include_once dirname(__DIR__)."/service/TypeService.php";
//获取分类数据
$typeService = new TypeService();
$type_list = $typeService->typeList();
var_dump($type_list);//调试：打印输出分类信息（调试后注释）
```

② 访问管理员后台管理页面（localhost:8080/admin/index.php），单击"添加音乐"，输出音乐类型列表如图 18.60 所示。

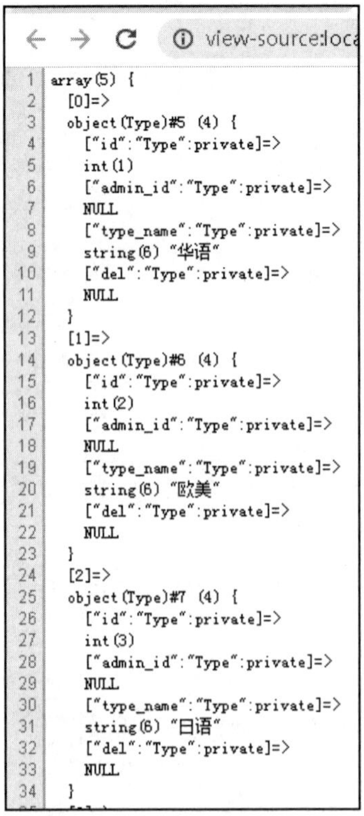

图 18.60 输出音乐类型列表

③ 修改分类下拉框代码，使用 foreach 循环替换 select 控件类型列表。

```html
<div class="form-group row">
    <label for="type_id" class="col-form-label col-2 text-right">分类:</label>
    <div class="col-10">
    <select class="form-control" name="type_id" id="type_id">
        <?php foreach ($type_list as $item):?>
        <option value="<?php echo $item->getId();?>">
            <?php echo $item->getTypeName();?>
        </option>
        <?php endforeach;?>
    </select>
    </div>
</div>
```

④ 访问管理员后台管理页面（localhost:8080/admin/index.php），单击"添加音乐"，添加音乐页面分类下拉框，如图 18.61 所示。

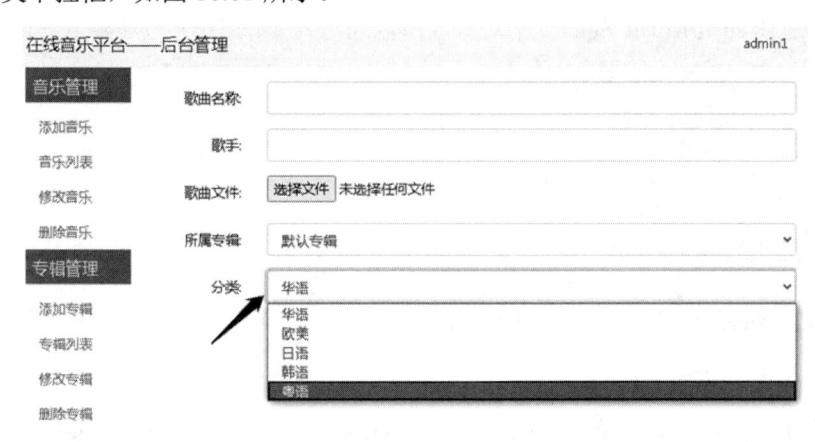

图 18.61　添加音乐页面分类下拉框

3. 添加音乐到数据库

编辑 dao/MusicDao.php 文件，为 MusicDao 添加 addMusic($music)方法，参数$music 是要添加的音乐对象，把信息保存到数据库中。

```php
class MusicDao extends DBUtils{
    //获取音乐列表数据
    //......省略此处代码
    //添加音乐:$music 音乐信息
    function addMusic($music){

    }
}
```

实现 addMusic 方法，把音乐信息保存到数据库中，并返回处理的结果。
（1）定义一个操作标识，调用 open()方法连接数据库。

```php
class MusicDao extends DBUtils{
    //获取音乐列表数据
    //......省略此处代码
```

```php
//添加音乐:$music 音乐信息
function addMusic($music){
    $flag=FALSE;//处理是否成功标记:TRUE 成功,FALSE 失败
    if ($this -> open()) {
        //数据库操作代码
    }
    return $flag;
}
```

（2）编写 SQL 查询语句，创建预处理对象。

```php
$sql = "insert into t_music(music_name,singer,admin_id,album_id,type_id,music_url,create_time) values(?,?,?,?,?,?,?)";
$stmt = $this->conn-> prepare($sql); //创建预处理对象
```

（3）获取要保存的数据。

因为传递过来的是 Music 类的一个对象，所以通过对象的 GET 方法获取其属性值。

```php
//获取音乐信息,保存到对象中
$music_name = $music -> getMusicName();
$singer = $music -> getSinger();
$admin_id = $music -> getAdminId();
$album_id = $music -> getAlbumId();
$type_id = $music -> getTypeId();
$music_url = $music -> getMusicUrl();
$create_time = $music -> getCreateTime();
```

（4）绑定 SQL 参数。

```php
$stmt -> bind_param("ssiiiss", $music_name, $singer,$admin_id,$album_id,$type_id,$music_url,$create_time);
$stmt -> execute();//查询
```

（5）执行 SQL 语句，获取影响的行数，如果为 1 则执行成功。

```php
//执行查询
$stmt -> execute();
//影响行数
if ($stmt ->affected_rows == 1) {
    $flag = TRUE;
}
```

（6）关闭连接。

```php
$stmt -> close();
$this -> conn -> close();
```

4. 业务层保存音乐

编辑 service/MusicService.php 文件，添加 music_add($music)方法，$music 表示音乐信息。

```php
<?php
class MusicService
{
    private $dao;//数据库操作对象
```

```
    //音乐列表
        //省略此处代码
    //保存音乐
    public function music_add($music){
        return $this->dao->addMusic($music);
    }
}
```

5. 表示层表单提交处理

新建 musicAddForm.php 用来处理"添加音乐"表单的数据，如图 18.62 所示。

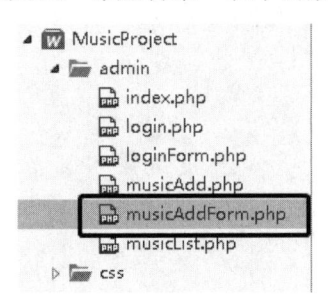

图 18.62 musicAddForm.php 文件

编辑 musicAdd.php 文件，把表单处理提交地址设置为 musicAddForm.php，表单提交方式为 POST，添加 enctype 属性，值为"multipart/form-data"。

```
<form class="form-horizontal" method="post" action="musicAddForm.php" enctype="multipart/form.data">
```

编辑 musicAddForm.php，实现保存音乐功能。

（1）获取表单提交的数据。

```php
<?php
//1.获取表单数据
$music_name = $_POST['music_name'];
$singer = $_POST['singer'];
$admin_id = 1;//登录的用户 Id 默认为 1
$album_id = $_POST['album_id'];
$type_id = $_POST['type_id'];
$create_time = date("Y-m-d H:i:s");
```

（2）文件上传处理，文件类型检查，获取上传后的文件保存路径。

```php
//2.文件上传
$temp = explode(".", $_FILES["music_url"]["name"]);//文件名
$extension = end($temp);//文件后缀名

//判断是否为 mp3 文件,是则保存，否则提示类型不对
if (in_array($extension, array("mp3","mp4"))){
    //把文件放在 upload/song 下,需要先建立 upload/song 目录
    move_uploaded_file($_FILES["music_url"]["tmp_name"], "../upload/song/" . $_FILES["music_url"]["name"]);
    $music_url = "upload/song/" . $_FILES["music_url"]["name"];
}else{
```

```php
header("location:musicAdd.php?message=格式不正确,请选择 mp3,mp4 格式文件!");
        exit();
    }
```

（3）保存音乐信息到音乐对象中。

```php
<?php
include_once dirname(__DIR__)."/object/Music.php";//包含实体类
//1.获取表单提交的数据
//省略此处代码
//2.文件上传
//省略此处代码
//3.创建对象
$music = new Music();
//保存音乐信息到音乐对象中
$music->setMusicName($music_name); //歌曲名称
$music->setSinger($singer); //歌手名称
$music->setAdminId($admin_id); //添加歌曲的用户 ID
$music->setAlbumId($album_id); //专辑 ID
$music->setTypeId($type_id); //分类 ID
$music->setMusicUrl($music_url); //上传的音乐文件地址
$music->setCreateTime($create_time); //添加时间
```

（4）创建业务对象，添加音乐。

```php
<?php
include_once dirname(__DIR__)."/object/Music.php";//音乐实体
include_once dirname(__DIR__)."/service/MusicService.php";//包含音乐业务类
//1.获取表单提交的数据
//省略此处代码
//2.文件上传
//省略此处代码
//3.保存音乐信息到音乐对象中
//省略此处代码
//4.创建业务对象，添加音乐
$service = new MusicService();
//保存音乐
$return = $service->music_add($music);
```

（5）显示操作结果信息。

admin/musicAddForm.php 文件：

```php
//1.获取表单提交的数据
//......省略此处代码
//......
//4.创建业务对象，添加音乐
$service = new MusicService();
$return = $service->music_add($music);
//5.显示操作结果信息
if ($return) {
```

```
        header("location:musicAdd.php?message=添加完成!");
    } else {
        header("location:musicAdd.php?message=添加失败,稍后再试!");
    }
```

admin/musicAdd.php 文件：

```
<div class="form-group row">
    <div class="col-10 offset-2">
        <button type="submit" class="btn btn-primary" id="sbt">提交</button>
        <button type="reset" class="btn btn-secondary">重置</button>

        <?php
        if(isset($_GET["message"])){
            echo $_GET["message"];
        }
        ?>

    </div>
</div>
```

（6）添加成功运行效果如图 18.63 所示。

图 18.63　添加成功运行效果

（7）添加音乐页面如图 18.64 所示。

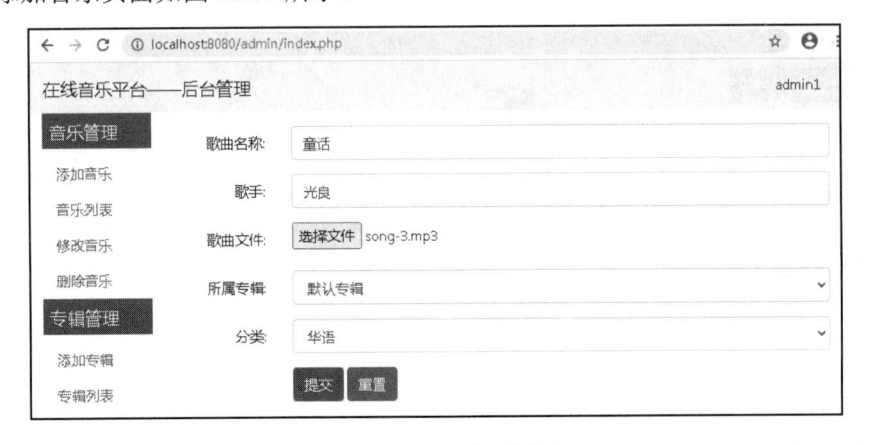

图 18.64　添加音乐页面

（8）添加成功，提示"添加完成!"，如图 18.65 所示。

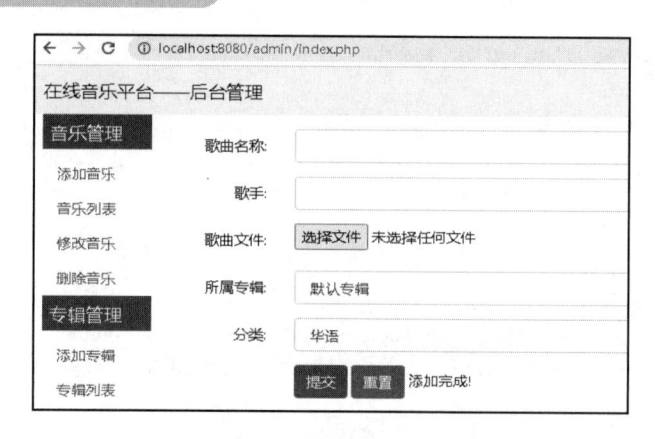

图 18.65　添加成功

18.10　第四阶段 PHP 三层结构：音乐列表

18.10.1　功能简介

在音乐列表基础上，增加歌曲名称/歌手模糊搜索、列表分页功能。

1. 模糊搜索

（1）表单输入框为空时，显示所有。

（2）在表单中输入歌曲名称或歌手名时，从数据库中模糊查询出对应的歌曲，显示在音乐列表中。

（3）搜索框显示当前搜索的关键词。

（4）查询音乐页面效果如图 18.66 所示。

图 18.66　查询音乐页面

2. 列表分页

（1）列表底部显示分页导航条，每页显示 5 条数据，单击上一页、页码、下一页会显示对应页的数据。

音乐列表效果图如图 18.67 所示。

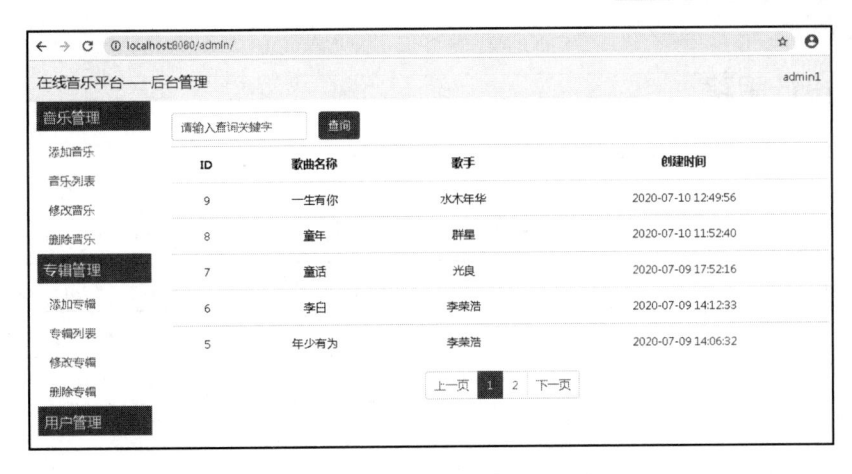

图 18.67　音乐列表效果

通过单击对应的分页可以跳转至不同的页面。单击第 2 页分页时跳转至第 2 页，单击第 3 页时跳转至第 3 页，以此类推。

当单击上一页或下一页时跳转至上一页或下一页，当前页数为第一页时上一页不可单击，当前页数为最后一页时下一页不可单击。

其他分页的音乐列表效果如图 18.68 所示。

图 18.68　音乐列表第 2 页

（2）音乐表单搜索也支持分页功能，如图 18.69 所示。

图 18.69　音乐表单搜索

18.10.2 设计思路

(1) 文件设计如表 18.18 所示。

表 18.18 文件设计

文件类型	文件	说明
php 文件	object/Page.php	分页实体类，保存分页信息
	admin/musicList.php	音乐列表
	service/MusicService.php	音乐业务类
	dao/MusicDao.php	音乐数据库操作类
	object/Music.php	存储音乐信息的实体类

(2) 设计实现。

① 表示层。显示音乐列表、搜索表单、分页条的页面，搜索表单用来提交搜索关键词到业务逻辑层。

② 业务逻辑层。处理音乐列表数据、搜索、分页对应的业务逻辑。优化 MusicService 类中 getList() 方法，增加模糊查询、limit 参数，实现模糊查询及分数据分页查询。调用 Page 分页实体类来保存分页中的信息。

③ 数据访问层。处理与音乐相关的数据库操作。在 MusicDao 类中添加 addMusic($music) 方法，参数为音乐实体对象，保存音乐信息。

④ 实体类。新增实体类 Page，用来管理或保存分页信息及其他层使用。

(3) 音乐列表三层架构如图 18.70 所示。

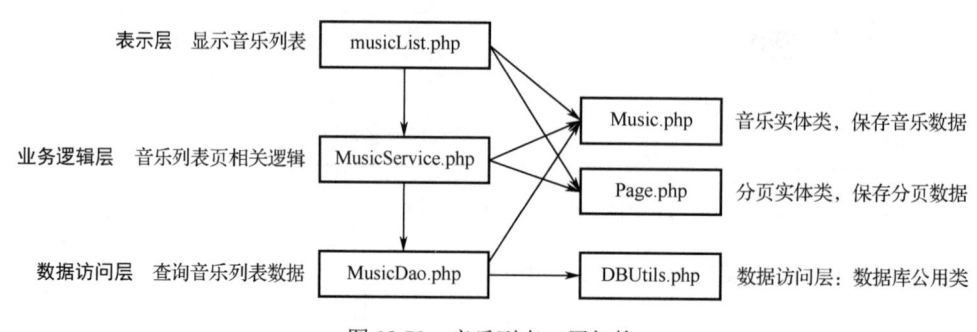

图 18.70 音乐列表三层架构

18.10.3 实现

1. 模糊搜索

(1) 数据访问层。

① 打开 dao/MusicDao.php 文件，找到 getList() 方法，添加一个参数 $keyword 用来接收模糊查询的内容。

```
function getList($keyword){
    //省略此处代码
}
```

② 编辑 getList()方法中的内容，增加判断是否有搜索关键词代码。

```
function getList($keyword){
    //列表数组
    $musicList = array();
    //连接数据库
    if($this->open()){
        if($keyword){
            //有 搜索关键词
        }else{
            //无
        }
        //省略数据库相关代码
    }else{
        print ("open false");
    }
    return  $musicList;//返回结果数组
}
```

③ 有搜索内容，使用 like 定义模糊查询的 SQL 语句，绑定参数。

```
if($keyword){
    $sql = "select id,music_name,singer,create_time from t_music where (music_name like ? or singer like ?) and del=0 order by id desc limit 0,4";
    $stmt = $this->conn -> prepare($sql);
    $name = "%$keyword%";//模糊查询
    $stmt -> bind_param("ss",$name,$name );
}else{
    //查询最新 4 条
}
```

④ 无搜索内容，不绑定参数，直接查询。

```
if($keyword){
    //有关键词查询
}else{
    //无关键词查询
    $sql = "select id,music_name,singer,create_time from t_music where del=0 order by id desc limit 0,4";
    $stmt = $this->conn -> prepare($sql);
}
```

（2）业务层。

打开 service/MusicService.php 文件，编辑 music_list()方法，调用数据层方法，传递一个查询关键词。

```php
public function music_list($keyword){
    return $this->dao->getList($keyword);
}
```

(3)表示层。

编辑 admin/musicList.php,搜索表单设置:找到页面的搜索表单,把表单提交地址修改为 musicList.php,请求方式为"get",搜索框 name 值为"keyword"。

```html
<form class="form-inline mb-2" action="musicList.php" method="get">
    <!--省略其他代码-->
    <input type="text" class="form-control" name="keyword" placeholder="请输入查询关键字">
</form>
```

(4)获取表单提交的搜索关键词。

① 在 admin/musicList.php 文件头 PHP 脚本开头,添加以下代码。

```php
//1.获取搜索关键词
$keyword = isset($_GET['keyword'])?$_GET['keyword']:"";
var_dump($keyword);//调试用,完成后请删除
```

② 把查询关键词作为参数传给 music_list()方法。

```php
//1.获取搜索关键词...省略此处代码
//2.调用业务方法,查询音乐
$service = new MusicService();
$musicList = $service->music_list($keyword);
```

③ 访问管理员后台管理页面(localhost:8080/admin/index.php),输出关键词如图 18.71 所示。

图 18.71 输出关键词

(5)当前查询的关键词显示在搜索框。

① 在 admin/musicList.php 文件的查询表单中,找到 keyword 输入框,将 value 设为$keyword 值。

```html
<form class="form-inline mb-2" action="musicList.php" method="get">
    <!--省略其他代码-->
    <input type="text" class="form-control" name="keyword" placeholder="请输入查询关键字" value="<?php echo $keyword;?>">
</form>
```

② 访问管理员后台管理页面(localhost:8080/admin/index.php),在搜索框中输入"少年",单击"查询",如图 18.72 所示。

图 18.72 在搜索框显示关键词

③ 测试：歌曲名称/歌手名模糊搜索，如图 18.73 所示。

图 18.73　测试模糊查询

2. 列表分页

（1）编写分页实体类。

新建分页实体类 object/Page.php，定义 Page 类及类的属性。

```
class Page{
    //属性
    private $count;//总记录数
    private $pageSize;//每页显示条数
    private $pageNum;//当前页码，第几页
    private $pageCount;//总页数
    private $list;//当前页码对应的数据
}
```

定义 Page 类属性的 SET 和 GET 方法。

```
//属性的 GET,SET 方法
public function getCount()
{
    return $this->count;
}
public function setCount($count)
{
    $this->count = $count;
}
//省略其他属性的 GET,SET 方法，请自行添加
```

（2）数据访问层。

① 列表查询功能已经实现，在已实现的功能基础上进行优化即可。编辑 dao/MusicDao.php 文件，找到 getList() 方法，为其增加一个参数 $page，用来接收分页对象的信息（如每页显示的条数，一共有几页等）。

```
function getList($keyword,$page){
    //获得执行结果，放到前面
}
```

② 在函数开头获取分页信息。

```
//获取搜索关键词
```

```
//省略此处代码
//分页面相关的参数
$pageNum = $page->getPageNum(); //当前分页码
$pageSize = $page->getPageSize();//每页条数
```

③ 设置 limit 的第 1 个参数值，指定查询表记录时的起始位置。

```
//获取搜索关键词(省略此处代码)
//分页面相关的参数
$pageNum = $page->getPageNum(); //当前分页码
$pageSize = $page->getPageSize();//每页条数
$start = ($pageNum-1)*$pageSize;//分页查询起始位置（limit 的第一个参数）
```

④ 修改 SQL 语句，添加 limit 语句及对应的参数，返回表中前几条或中间某几行数据，实现分页。

```
if($keyword){
    //有搜索内容时执行
    $sql = "select id,music_name,singer,create_time from t_music where (music_name like ? or singer like ?) and del=0 order by id desc limit ?,?";
    $stmt = $this->conn -> prepare($sql); //创建预处理对象
    $name = "%$keyword%";//模糊查询
    $stmt -> bind_param("ssii",$name,$name,$start,$pageSize);
}else{
    //没有搜索内容时执行
    $sql = "select id,music_name,singer,create_time from t_music where del=0 order by id desc limit ?,?";
    $stmt = $this->conn -> prepare($sql); //创建预处理对象
    $stmt -> bind_param("ii",$start,$pageSize);
}
```

（3）增加 getListCount()方法，获取音乐表中总记录数。

① 创建 getListCount($music_name)方法，参数是搜索关键词，连接数据库，返回总数。

```
function getListCount($keyword){
    //获得执行结果，放到前面
    $count=0;//总条数
    //连接数据库
    if($this->open()){
        //查询数据库相关操作
    }else{
    print ("open false");
    }
    return $count;//返回总条数
}
```

② 定义 SQL 语句，创建预处理对象，绑定参数。

```
function getListCount($keyword){
    $count=0;//总条数
    if($this->open()){ //连接数据库
        if($keyword){
            //有搜索关键词
```

```
                    $sql = "select count(*) as total from t_music where where del=0 and (music_name like ? or singer like ?)";
                    $stmt = $this->conn -> prepare($sql);//创建预处理对象
                    $name = "%$keyword%";//模糊查询
                    $stmt -> bind_param("ss",$name,$name );//绑定查询参数
                }else{
                    //无搜索关键词
                    $sql = "select count(*) as total from t_music where del=0";
                    $stmt = $this->conn -> prepare($sql);//创建预处理对象
                }
                //数据库查询相关代码
            }else{
                print ("open false");
            }
            return    $count;//返回结果数组
        }
```

③ 绑定查询结果到变量。

```
//绑定查询结果到变量
$stmt->bind_result($total);
```

④ 执行查询，保存查询结果。

```
//执行 SQL 语句
$stmt -> execute();
//获得查询结果
if($stmt -> fetch()){
    $count=$total;
}
```

⑤ 关闭数据库，释放资源。

```
$stmt -> close();
$this.>conn->close();
```

（4）业务逻辑层。

① 实现分页的相关逻辑，编辑 service/MusicService.php。找到 music_list()方法，为其增加 2 个参数$pageSize,$pageNum 分别表示每页面显示数据条数、当前页码。删除方法中原有的代码。

```
function music_list($keyword,$pageSize,$pageNum){

}
```

② 获取音乐表中总记录数，调用 dao/MusicDao.php 中的 getListCount()方法，$keyword 是搜索时的关键词。

```
function music_list($keyword,$pageSize,$pageNum){
    $count = $this->dao->getListCount($keyword);
}
```

③ 使用分页实体类创建分页对象,设置分页信息,设置$pageSize 的默认值为 5。

```php
include_once dirname(__DIR__)."/dao/MusicDao.php";//数据库操作类
include_once dirname(__DIR__)."/object/Page.php";//分页实体类,保存分页信息
class MusicService
{
    //构造函数
    //音乐列表:查询+分页
    public function music_list($keyword,$pageSize=5,$pageNum){
        //1.获取总条数
        $count = $this->dao->getListCount($keyword);
        //2.创建分页对象,保存分页信息
        $page = new Page();
        $page->setPageSize($pageSize);//每页显示条数
        $page->setPageNum($pageNum);//当前页面码
        $page->setPageCount(ceil($count/$pageSize));//设置总页数
    }
}
```

④ 获当前页对应的列表数据。

```php
include_once dirname(__DIR__)."/dao/MusicDao.php";//数据库操作类
include_once dirname(__DIR__)."/object/Page.php";//分页实体类,保存分页信息
class MusicService
{
    //构造函数
    //音乐列表:查询+分页
    public function music_list($keyword,$pageSize=5,$pageNum){
        //1.获取总条数
        $count = $this->dao->getListCount($keyword);
        //2.创建分页对象,保存分页信息
        $page = new Page();
        $page->setPageSize($pageSize);//每页显示条数
        $page->setPageNum($pageNum);//当前页面码
        $page->setPageCount(ceil($count/$pageSize));//设置总页数
        //3.获取当前页码对应的列表数据:传递查询参数,分页实体对象
        $list = $this->dao->getList($keyword,$page);
    }
}
```

⑤ 保存当前分页对应的列表数据并返回分页对象。

```php
//引入数据库操作类,音乐分页实体类
class MusicService
{
    //构造函数
    //音乐列表:查询+分页
    public function music_list($keyword,$pageSize=5,$pageNum){
        //1.获取总条数
        //2.创建分页对象,保存分页信息
        //3.获取当前页码对应的列表数据:传递查询参数,分页实体对象
        $list = $this->dao->getList($keyword,$page);
```

```
        //4.保持数据到分页对象的 list 属性中
        $page->setList($list);
        //5.返回分页对象
        return $page;
    }
}
```

(5) 表示层。

① 编辑 admin/musicList.php 文件，编辑页面顶部的 PHP 代码，只保留如下内容。

```
<?php
//3 层设计，分离了数据库连接，数据库操作，业务操作
include_once dirname(__DIR__)."/service/MusicService.php";//业务类

//通过名称模糊查询音乐
$keyword = isset($_GET['keyword'])?$_GET['keyword']:"";
```

② 获取页码。

```
//分页，当前页码/当前页
$page = isset($_GET["page"])?$_GET["page"]:1;//没有取到，默认显示第 1 页
```

③ 调用业务层方法，获取分页对象信息。

```
//创建业务对象
$service = new MusicService();
//分页列表：查询关键词，每页显示 5 条数据，当前页码
$pageList = $service->music_list($keyword,5,$page);
var_dump($pageList);//调试用，完成后请删除
```

④ 访问管理员后台管理页面（localhost:8080/admin/index.php），输出音乐列表如图 18.74 所示。

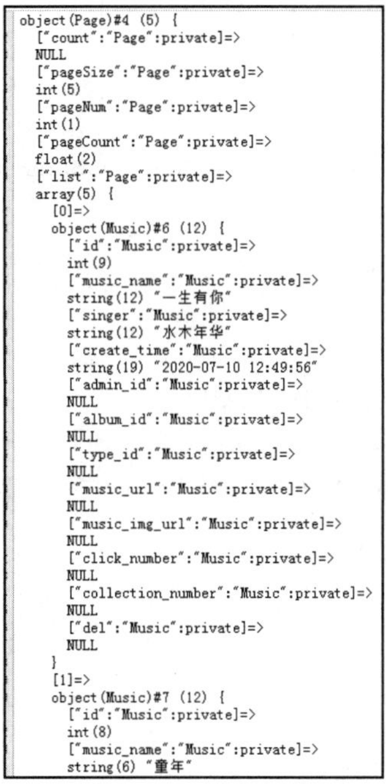

图 18.74 输出音乐列表

⑤ 获取列表数据。

```
//获取列表数据
$musicList = $pageList->getList();
```

⑥ 访问管理员后台管理页面（localhost:8080/admin/index.php），测试音乐列表如图 18.75 所示。

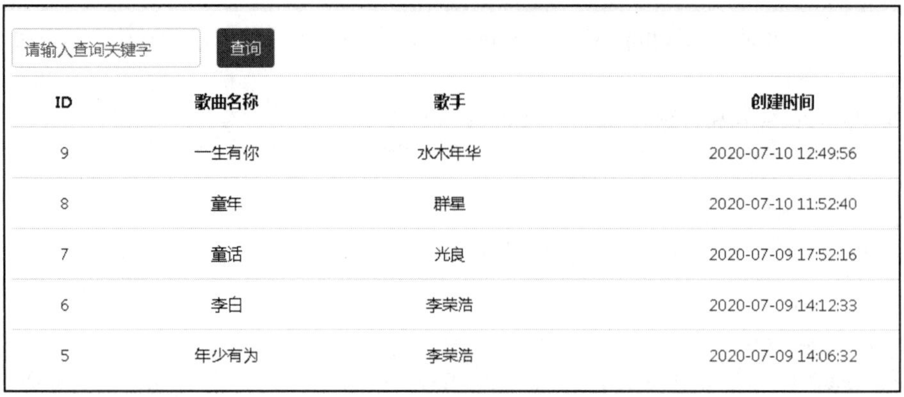

ID	歌曲名称	歌手	创建时间
9	一生有你	水木年华	2020-07-10 12:49:56
8	童年	群星	2020-07-10 11:52:40
7	童话	光良	2020-07-09 17:52:16
6	李白	李荣浩	2020-07-09 14:12:33
5	年少有为	李荣浩	2020-07-09 14:06:32

图 18.75　测试音乐列表

⑦ 获取总页数。

```
//获取总页数
$total_page = $pageList->getPageCount();
var_dump($total_page);//调试用，完成后请删除
```

⑧ 访问管理员后台管理页面（localhost:8080/admin/index.php），显示总页数如图 18.76 所示。

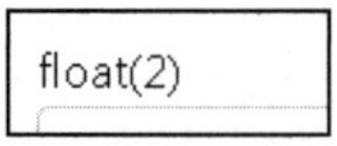

图 18.76　显示总页数

⑨ 创建分页条，实现分页切换，在 admin/musicList.php 页面 table 后面，添加数字分页条，代码如下：

```
<!--分页条-->
<nav class="mt-3 d-flex justify-content-center">
    <ul class="pagination">
        <?php for($i=1;$i<=$total_page;$i++){?>
        <li class="page-item <?php if($page==$i){echo 'active';}?>"><a class="page-link" href="musicList.php?keyword=<?php echo $keyword;?>&page=<?php echo $i;?>" target="mainFrame"><?php echo $i;?></a>
        </li>
        <?php }?>
    </ul>
</nav>
```

⑩ 在<ul>中添加上一页标签。

```
<li class="page-item <?php if($page-1==0){ echo 'disabled';}?>">
```

```
<a class="page-link" href="musicList.php?keyword=<?php echo $keyword;?>&page=<?php echo $page-1;?>"
target="mainFrame" tabindex="-1" aria-disabled="true">上一页</a>
</li>
```

⑪ 在<ul>中添加下一页标签。

```
<li class="page-item <?php if($page+1>$total_page){ echo 'disabled';}?>">
<a class="page-link" href="musicList.php?keyword=<?php echo $keyword;?>&page=<?php echo $page+1;?>"
target="mainFrame" tabindex="-1" aria-disabled="true">下一页</a>
</li>
```

⑫ 列表分页第 1 页如图 18.77 所示。

图 18.77　列表分页第 1 页

⑬ 列表其他分页如图 18.78 所示。

图 18.78　列表分页第 2 页

⑭ 搜索分页效果如图 18.79 所示。

图 18.79　搜索分页效果

18.11　第四阶段 PHP 三层结构：编辑音乐

18.11.1　功能简介

修改已经添加的音乐信息。

（1）通过 ID 查询要修改的音乐。

① 查看音乐列表中 ID，单击"修改音乐"，在搜索框中输入想修改的音乐 ID。

② 单击查询，若没有查询到歌曲，显示没有查询到数据。

③ 音乐列表如图 18.80 所示。

图 18.80　音乐列表

④ 通过 ID 查询音乐效果如图 18.81 所示。

⑤ 单击查询，有查询到歌曲就显示其音乐信息到表单中，如图 18.82 所示。

⑥ 查询显示音乐如图 18.83 所示。

（2）修改音乐成功页面效果如图 18.84 所示。

① 编辑表单中的音乐信息。

② 单击提交，完成修改。

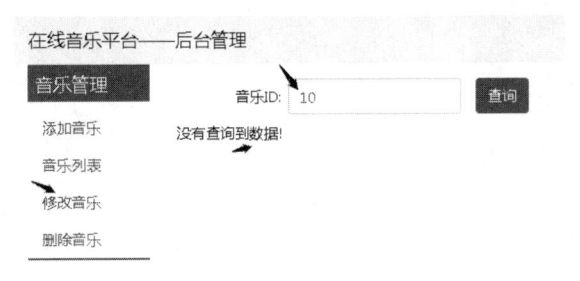

图 18.81　通过 ID 查询音乐

图 18.82　音乐列表

图 18.83　查询显示音乐

图 18.84　修改音乐成功

18.11.2 设计思路

(1) 文件设计如表 18.19 所示。

表 18.19 文件设计

文 件 类 型	文 件	说 明
php 文件	admin/musicEdit.php	查询、修改音乐页面
	admin/musicEditForm.php	保存修改的音乐
	service/TypeService.php	音乐分类业务类
	service/MusicService.php	音乐业务类
	dao/MusicDao.php	音乐数据库操作类
	object/Music.php	存储音乐信息的实体类

(2) 设计实现。

① 表示层。页面包括"搜索表单"和"音乐信息表单"。

用户在"搜索表单"中输入音乐 ID，然后单击"搜索"按钮，则在"音乐信息表单"中显示和音乐 ID 对应的音乐信息。

用户可以修改"音乐信息表单"中的音乐信息，单击"提交"按钮，保存修改后的音乐信息。

② 业务逻辑层。处理音乐相关业务逻辑，接收表示层的数据，添加 saveMusic($music)方法，调用数据访问层方法 saveMusicInfo($music)，保存修改后的音乐信息。

③ 数据访问层。处理音乐数据库操作，添加 saveMusicInfo($music)更新修改后的音乐信息。

(3) 修改音乐三层架构，如图 18.85 所示。

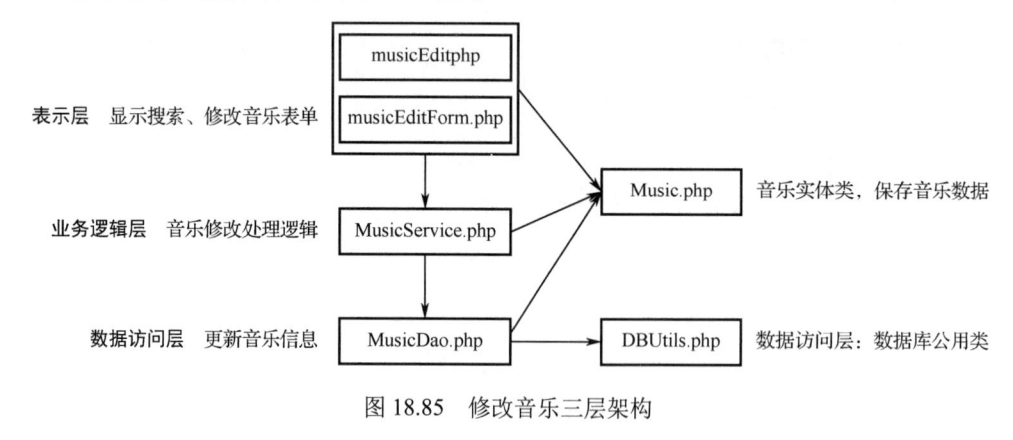

图 18.85 修改音乐三层架构

18.11.3 实现

1. 创建界面

(1) 创建音乐修改页面 admin/musicEdit.php，如图 18.86 所示。

图 18.86 musicEdit.php 文件

（2）编辑 admin/musicEdit.php，引入 Bootstrap 样式文件 bootstrap.min.css。使用 Bootstrap 表单组件编写音乐修改表单。

```
<!DOCTYPE html>
<html>
    <head>
        <meta charset="utf-8" />
        <link rel="stylesheet" href="../css/bootstrap.min.css">
        <title>后台管理</title>
    </head>
    <body>
        <!-- 查询表单 -->
        <form class="form-inline offset-1">
          <div class="form-group mb-2 mr-3">
                <label for="username" class="pr-2">音乐 ID:</label>
                <input type="number" class="form-control" id="username" value="" placeholder="请输入音乐 ID">
            </div>
            <button type="button" id="sbt" class="btn btn-primary mb-2">查询</button>
        </form>
        <!--获取的修改数据-->
        <form class="form-horizontal">
            <div class="form-group row">
                <label for="music_name" class="col-form-label col-2 text-right">歌曲名称:</label>
                <div class="col-10">
                    <input type="text" class="form-control" name="music_name" id="music_name">
                </div>
            </div>
            <div class="form-group row">
                <label for="singer" class="col-form-label col-2 text-right">歌手:</label>
                <div class="col-10">
                    <input type="text" class="form-control" name="singer" id="singer">
                </div>
            </div>
            <div class="form-group row">
                <label for="music_url" class="col-form-label col-2 text-right">歌曲文件:</label>
                <div class="col-10">
                    <input type="file" class="form-control-file" id="music_url">
```

```html
            </div>
        </div>
        <div class="form-group row">
            <label for="album_id" class="col-form-label col-2 text-right">所属专辑:</label>
            <div class="col-10">
                <select name="album_id"   class="form-control" id="album_id">
                    <option value="1">默认专辑</option>
                    <option value="2">经典 2020</option>
                    <option value="3">流行 2019</option>
                </select>
            </div>
        </div>
        <div class="form-group row">
            <label for="type_id" class="col-form-label col-2 text-right">分类:</label>
            <div class="col-10">
                <select name="category"   class="form-control" name="type_id" id="type_id">
                    <option value="0">请选择分类</option>
                    <option value="1">经典</option>
                    <option value="2">流行</option>
                    <option value="3">摇滚</option>
                    <option value="4">校园</option>
                </select>
            </div>
        </div>
        <div class="form-group row">
            <label for="music_img_url" class="col-form-label col-2 text-right">封面图片:</label>
            <div class="col-10">
                <input type="file" class="form-control-file" id="music_img_url">
            </div>
        </div>
        <div class="form-group row">
            <div class="col-10 offset-2">
                <button type="submit" class="btn btn-primary" id="sbt_music">提交</button>
                <button type="reset" class="btn btn-secondary">重置</button>
            </div>
        </div>
    </form>
    <script src="../js/jquery.min.js"></script>
    <script src="../js/admin.js"></script>
</body>
</html>
```

（3）编辑 admin/index.php 文件，找到"修改音乐"菜单，把链接修改为 musicEdit.php。

```html
...
<li class="nav-item">
<a class="nav-link" href="musicEdit.php" target="mainFrame">修改音乐</a>
</li>
...
```

(4)单击左侧菜单,修改音乐,切换右侧 iframe 框架加载页面,如图 18.87 所示。

图 18.87 后台修改音乐页面

2. 查询音乐分类

(1)数据访问层。

① 在修改前,需要先通过 ID 来查询音乐信息,编辑 dao/MusicDao.php 文件,添加 getById() 方法,添加一个参数$music_id 表示查询的 ID 值。

```
function getById($music_id){

}
```

② 编辑 getById()方法中的内容,连接数据库。

```
if($this->open()){
    //查询数据,返回结果
}else{
    print ("open false");
    return NULL;
}
```

③ 定义 SQL 查询数据库。

```
//定义 SQL
$sql = "select id,music_name, singer,type_id,music_url,create_time from t_music where del=0 and id=?";
//处理 SQL
$stmt = $this->conn->prepare($sql);
//绑定参数
$stmt->bind_param("i", $music_id);
//绑定结果到变量
$stmt->bind_result($id, $music_name, $singer, $type_id, $music_url,$create_time);
//执行 SQL 查询
$stmt->execute();
```

④ 创建音乐对象,保存查询的音乐信息。

```
$music = new Music();
//获取结果集，并设置数据到对象中
if($stmt->fetch()) {
    $music->setId($id);
    $music->setMusicName($music_name);
    $music->setSinger($singer);
    $music->setTypeId($type_id);
    $music->setMusicUrl($music_url);
    $music->setCreateTime($create_time);
}
```

⑤ 关闭数据库，返回查询结果。

```
$stmt->free_result();
$this->conn->close();
return $music;
```

（2）业务逻辑层。

编辑 service/MusicService.php 文件，添加 getOneMusic($music_id)方法，参数$music_id 表示要修改的音乐 ID。

```
//根据 ID 获取一条音乐信息
public function getOneMusic($music_id){
    return $this->dao->getById($music_id);
}
```

（3）表示层。

① 编辑 admin/musicEdit.php，在页头添加 PHP 脚本，获取音乐的分类列表。

```
<?php
include_once dirname(__DIR__)."/service/TypeService.php";//1.分类业务

//2.获取分类数据
$typeService = new TypeService();
$type_list = $typeService->typeList();

//调试：打印输出分类数据（调试后注释）
var_dump($type_list);
?>
```

② 测试：访问后台管理页面（localhost:8080/admin/index.php），单击"修改音乐"，如图 18.88 所示。

③ 创建分类下拉框。

```
<label for="type_id" class="col-form-label col-2 text-right">分类:</label>
<div class="col-10">
    <select  class="form-control" name="type_id" id="type_id">
        <?php foreach ($type_list as $item): ?>
        <option value="<?php echo $item->getId();?>" <?php if($music_info->getTypeId()==$item->getId()){ ?> selected="selected" <?php }?> >
```

```
            <?php echo $item->getTypeName();?>
        </option>
        <?php endforeach;?>
    </select>
</div>
```

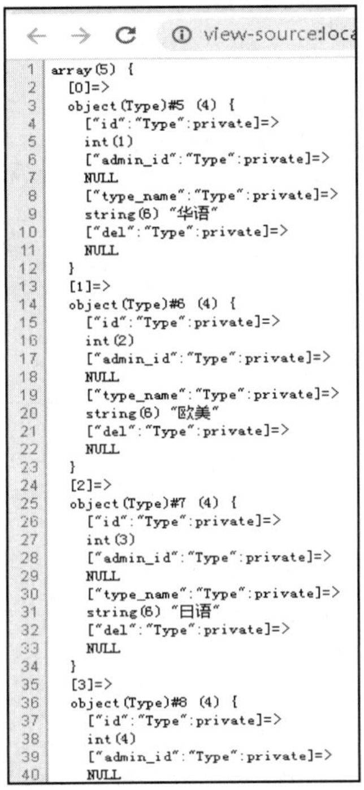

图 18.88 单击"修改音乐"输出类型数组信息

3. 查询音乐

（1）获得音乐 ID。

① 设置搜索 ID 的表单提交方式为 GET，处理地址为 musicEdit.php，表单名称为 music_id。

```
<form class="form-inline offset-1" method="get" action="musicEdit.php">
    <div class="form-group mb-2 mr-3">
    <label for="music_id" class="pr-2">音乐 ID:</label>
    <input type="number" min="1" class="form-control" id="music_id" name="music_id" placeholder="请输入音乐 ID" required>
    </div>
    <button type="submit" id="sbt" class="btn btn-primary mb-2">查询</button>
</form>
```

② 获取查询的音乐 ID。

```
$id = isset($_GET["music_id"])?$_GET["music_id"]:"";
```

③ 搜索框显示搜索的 ID。

```
<input type="number" min="1" class="form-control" id="music_id" name="music_id" name="music_id" placeholder="请输入音乐 ID" required value="<?php echo $id;?>" />
```

（2）获取音乐信息。

① 编写 admin/musicEdit.php 文件，在文件头的 PHP 脚本中添加代码。

```php
//音乐业务类
include_once dirname(__DIR__)."/service/MusicService.php";
//获取查询的音乐 ID
//......省此处代码
//获取音乐信息
$service = new MusicService();
$music_info = $service->getOneMusic(intval($id));
var_dump($music_info);//调试：打印输出音乐信息（调试后注释）
//获取修改前音乐文件地址，显示文件名
$url_arr = explode("/",$music_info->getMusicUrl());
$music_url = end($url_arr);
```

② 输出音乐信息，如图 18.89 所示。

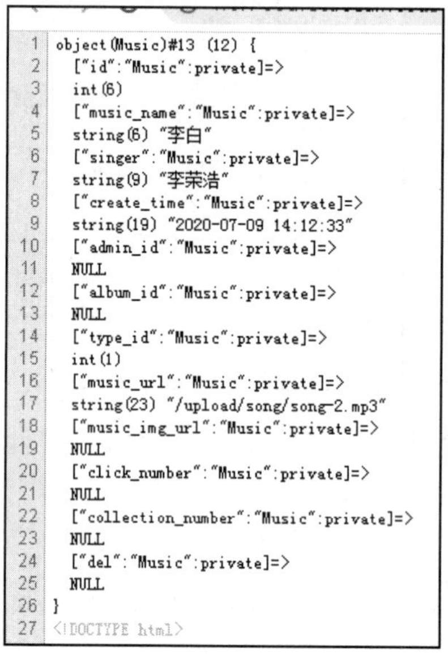

图 18.89　输出音乐信息

③ 在提交按钮前面添加隐藏域，保存当前音乐 ID。

```html
<input type="hidden" value="<?php echo $id;?>" name="hide_music_id">
<button type="submit" class="btn btn-primary">提交</button>
<button type="reset" class="btn btn-secondary">重置</button>
```

（3）显示编辑界面。

① 没有查询到音乐则显示提示信息。在页面第 2 个 form 后面添加如下内容。

```php
<?php if($id && $music_info->getId()==null){ ?>
<p>没有查询到数据!</p>
<?php } ?>
```

② 测试：访问后台管理页面中的音乐修改页面，输入 12，单击"查询"，如图 18.90 所示。

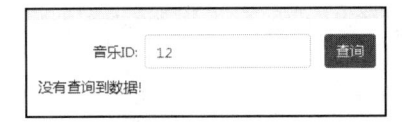

图 18.90　查询音乐

③ 查询到音乐信息，显示修改音乐表单。

```
<?php if($id && $music_info->getId()!=null){ ?>
<!--获取的修改数据-->
<form class="form-horizontal" action="#" method="post">
<!--省略其他内容-->
</form>
<?php }?>
```

④ 测试：访问后台管理页面中的音乐修改页面，输入 9，单击"查询"，如图 18.91 所示。

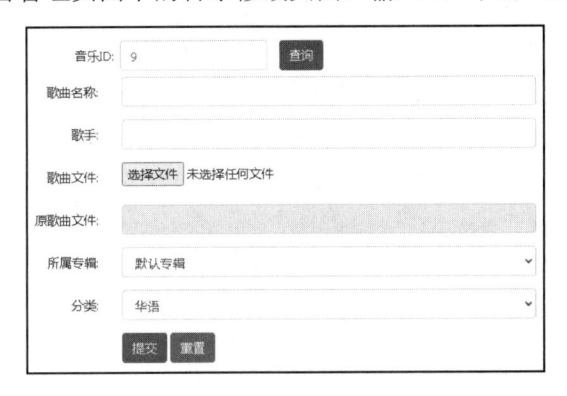

图 18.91　修改音乐页面

（4）显示音乐信息到表单项中，修改 form 中的内容。

① 歌曲名称、歌手。

```
<div class="form-group row">
    <label for="music_name" class="col-form-label col-2 text-right">歌曲名称:</label>
    <div class="col-10">
      <input type="text" class="form-control" name="music_name" id="music_name" value="<?php echo $music_info->getMusicName();?>" required>
    </div>
</div>
<div class="form-group row">
    <label for="singer" class="col-form-label col-2 text-right">歌手:</label>
    <div class="col-10">
      <input type="text" class="form-control" name="singer" id="singer" value="<?php echo $music_info->getSinger();?>" required>
    </div>
</div>
```

② 歌曲文件，添加一个隐藏域保存之前的地址。

```
<div class="form-group row">
```

```html
<label for="music_url" class="col-form-label col-2 text-right">歌曲文件:</label>
<div class="col-10">
    <input type="file" class="form-control-file" id="music_url" name="music_url">
    <input type="hidden" name="hide_music_url" value="<?php echo $music_info->getMusicUrl();?>">
    <p class="my-3">原有文件：<?php echo $music_info->getMusicUrl();?></p>
</div>
</div>
```

③ 显示修改前的歌曲文件。

```html
<div class="form-group row">
    <label for="music_url" class="col-form-label col-2 text-right">原歌曲文件:</label>
    <div class="col-10">
        <input type="text" class="form-control" disabled value="<?php echo $music_url;?>">
    </div>
</div>
```

（5）设置编辑音乐表单。

找到页面的第 2 个 form，把表单提交方式设为 POST，处理地址为 musicEditForm.php，增加属性 enctype="multipart/form.data"。

```html
<!..获取的修改数据..>
<form class="form-horizontal" action="musicEditForm.php" method="post" enctype="multipart/form-data">
<!--省略其他内容-->
</form>
```

（6）测试音乐查询。

查询音乐 ID 为 10 的音乐，查询音乐失败如图 18.92 所示。

图 18.92 查询音乐失败

查询音乐 ID 为 9 的音乐，查询音乐成功如图 18.93 所示。

图 18.93 查询音乐成功

4. 修改音乐

（1）数据访问层。

① 编辑 dao/MusicDao.php 文件，添加保存修改音乐的方法，创建 saveMusicInfo($music) 方法，参数$music 为修改的音乐对象。

```php
function saveMusicInfo($music){
    $flag=FALSE;//处理是否成功标记:TRUE 成功,FALSE 失败
    //打开数据库
    if ($this -> open()) {
        //更新音乐操作
    }
    return $flag;
}
```

② 定义 SQL 语句。

```php
$sql = "update t_music set music_name=?,singer=?,type_id=?,music_url=? where id=?";
$stmt = $this->conn-> prepare($sql);//创建预处理对象
```

③ 获取音乐信息。

```php
$music_name = $music -> getMusicName();
$singer = $music -> getSinger();
$type_id = $music -> getTypeId();
$music_url = $music -> getMusicUrl();
$id= $music -> getId();
```

④ 绑定参数，执行 SQL。

```php
$stmt -> bind_param("ssisi", $music_name,$singer,$type_id,$music_url,$id);
$stmt -> execute();//查询
```

⑤ 设置处理结果，关闭数据库。

```php
if ($stmt -> affected_rows == 1) {
    $flag = TRUE;
}
//关闭连接
$stmt -> close();
$this->conn -> close();
```

（2）业务逻辑层。

打开 service/MusicService.php 文件，添加 saveMusic($music)方法，参数$music 是修改的音乐对象。

```php
public function saveMusic($music){
    return $this->dao->saveMusicInfo($music);
}
```

（3）表示层。

① 新建 admin/musicEditForm.php 文件，接收 musicEditForm.php 提交的数据，保存音乐。

包含需要的类。

```php
include_once dirname(__DIR__)."/object/Music.php";//音乐实体类
include_once dirname(__DIR__)."/service/MusicService.php";//音乐业务逻辑
```

② 获取表单数据。

```php
$music_name = $_POST['music_name'];//音乐
$singer = $_POST['singer'];//歌手
$type_id = $_POST['type_id'];//类别 ID
$music_id = intval($_POST['hide_music_id']);//要修改的数据 ID
```

③ 保存重新上传的音乐文件。

```php
//文件上传
if($_FILES["music_url"]["name"]){
    $temp = explode(".", $_FILES["music_url"]["name"]);//文件名
    $extension = end($temp);//文件后缀名
    //判断是否是 mp3 文件,是则保存
    if (in_array($extension, array("mp3", "mp4"))) {
        //把文件放在 upload/song 下,需要选建立 upload/song 目录
        move_uploaded_file($_FILES["music_url"]["tmp_name"], "../upload/song/" . $_FILES["music_url"]["name"]);
        $music_url = "upload/song/" . $_FILES["music_url"]["name"];
    } else {
        header("location:musicEdit.php?message=格式不正确,请选择 mp3,mp4 格式文件!");
        exit();
    }
}else{
    $music_url = $_POST['hide_music_url'];//没有修改的话，保存原来的 ID
}
```

④ 创建音乐对象，保持表单数据。

```php
$music = new Music();//创建对象
//设置属性(数据)
$music->setMusicName($music_name);
$music->setSinger($singer);
$music->setTypeId($type_id);
$music->setMusicUrl($music_url);
$music->setId($music_id);
```

⑤ 保存修改的音乐。

```php
//创建业务对象
$service = new MusicService();
//保存音乐
$return = $service->saveMusic($music);
```

⑥ 显示操作后的反馈信息。

```php
if ($return) {
```

```
    //修改成功
    header("location:musicEdit.php?message=修改完成&music_id=".$music_id);
} else {
    //修改失败
    header("location:musicEdit.php?message=未做修&music_id=".$music_id);
}
```

⑦ 编辑 admin/musicEdit.php，显示反馈信息。

```
<div class="col-10 offset-2">
    <input type="hidden" value="<?php echo $id;?>" name="hide_music_id">
    <button type="submit" class="btn btn-primary">提交</button>
    <button type="reset" class="btn btn-secondary">重置</button>
    <?php
        if(isset($_GET["message"])){
            echo $_GET["message"];
        }
    ?>
</div>
```

⑧ 测试修改音乐，修改音乐成功如图 18.94 所示。

图 18.94 修改音乐成功

18.12 第四阶段 PHP 三层结构：删除音乐

18.12.1 功能简介

删除已经添加的音乐。
（1）通过 ID 查询要删除的音乐（实现思路同编辑音乐一样）。
① 在搜索框中输入想修改的音乐 ID，如图 18.95 所示。

图 18.95　音乐列表页面

② 单击查询，若没有查询到音乐，显示没有查询到数据，如图 18.96 所示。

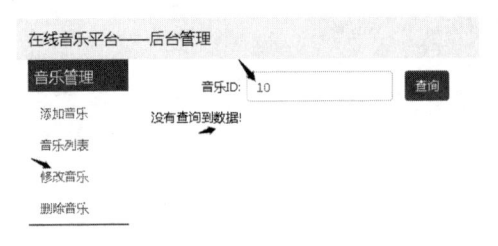

图 18.96　没有查询到音乐页面

③ 单击查询，若查询到音乐则显示音乐信息，如图 18.97 所示。

图 18.97　音乐列表页面

④ 查看音乐信息添加删除按钮，如图 18.98 所示。

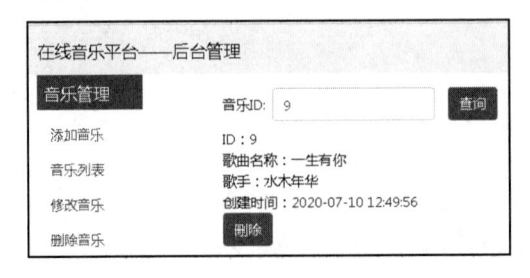

图 18.98　音乐删除按钮

（2）删除音乐。

① 删除按钮效果如图 18.99 所示。

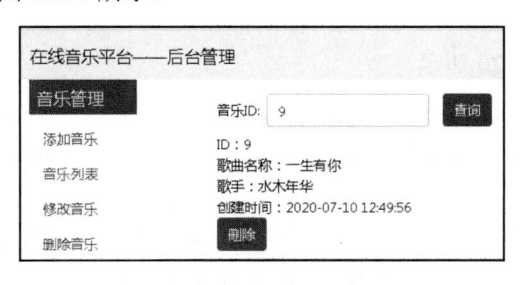

图 18.99　显示删除音乐按钮

② 单击删除按钮，显示确认框。选择"取消"则不删除，选择"确定"，则删除，如图 18.100 所示。

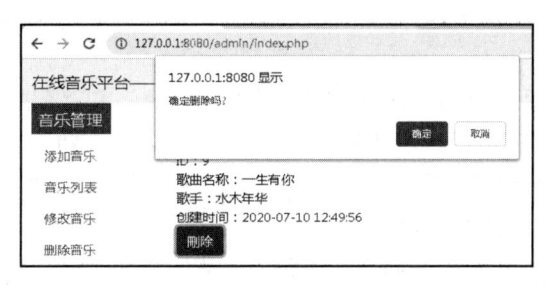

图 18.100　删除确认

③ 当删除失败时返回音乐信息页面，并输出错误信息，如图 18.101 所示。

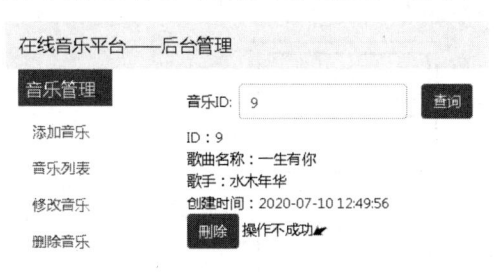

图 18.101　删除失败

④ 删除成功则返回音乐列表页面，如图 18.102 所示。

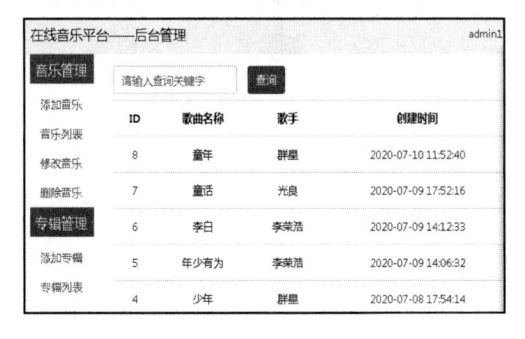

图 18.102　音乐列表页面

18.12.2 设计思路

（1）文件设计如表 18.20 所示。

表 18.20 文件设计

文 件 类 型	文 件	说 明
php 文件	admin/musicDel.php	查询、显示音乐信息
	admin/musicDelForm.php	删除音乐
	service/MusicService.php	音乐业务类
	dao/MusicDao.php	音乐数据库操作类
	object/Music.php	存储音乐信息的实体类

（2）设计实现。

① 表示层。表示层页面包括"搜索表单"、"音乐信息"和"删除按钮"。

用户在"搜索表单"中输入音乐 ID，然后单击"搜索"按钮，则在"音乐信息表单"中显示和音乐 ID 对应的音乐信息，"音乐信息"的显示方式采用无序列表标签。

用户可以单击"删除"按钮删除音乐 ID 对应的信息。

② 业务逻辑层。处理音乐相关的业务逻辑，接收表示层数据，添加 delMusic($music_id) 方法，调用数据访问层方法 deleteMusic($music_id)，删除指定 ID 的音乐。

③ 数据访问层。处理音乐相关数据库操作。添加 deleteMusic($music_id) 方法删除音乐。

（3）删除音乐三层架构如图 18.103 所示。

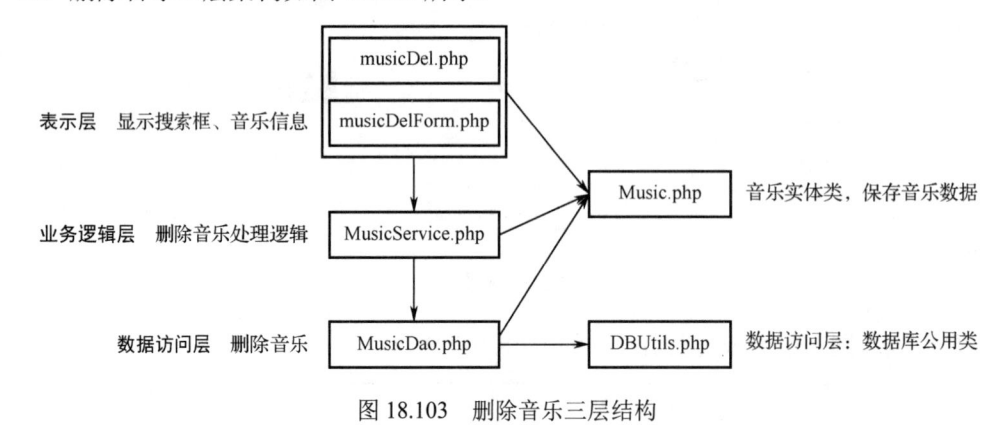

图 18.103 删除音乐三层结构

18.12.3 实现

1. 创建界面

（1）创建音乐删除页面 admin/musicDel.php，如图 18.104 所示。

```
                    ▲ 📁 MusicProject
                          ▲ 📁 admin
                                📄 index.php
                                📄 login.php
                                📄 loginForm.php
                                📄 musicAdd.php
                                📄 musicAddForm.php
                                📄 musicDel.php
```

图 18.104　创建 musicDel.php 文件

（2）编辑 admin/musicDel.php，引入 Bootstrap 样式文件 bootstrap.min.css，编写音乐删除页面代码。

```
<!DOCTYPE html>
<html>
    <head>
        <meta charset="utf-8" />
        <link rel="stylesheet" href="../css/bootstrap.min.css">
        <title>后台管理</title>
    </head>
    <body>

        <!-- 查询表单 -->
        <form class="form-inline offset-1">
            <div class="form-group mb-2 mr-3">
                <label for="username" class="pr-2">音乐 ID:</label>
                <input type="number" class="form-control" id="username" value="" placeholder="请输入音乐 ID">
            </div>
            <button type="button" id="sbt" class="btn btn-primary mb-2">查询</button>
        </form>

        <ul class="list-unstyled offset-1">
            <li>ID：1</li>
            <li>歌曲名称：粉红色的回忆</li>
            <li>歌手：GEM007</li>
            <li>创建时间：2020-05-12 17:00:01</li>
            <li><a href="javascript:;" class="btn btn-danger del">删除</a></li>
        </ul>

        <script src="../js/jquery.min.js"></script>

        <script src="../js/admin.js"></script>
    </body>
</html>
```

（3）编辑 admin/index.php 文件，找到"修改音乐"菜单，把链接修改为 musicDel.php。

```
...
<li class="nav-item">
```

```
<a class="nav-link" href="musicDel.php" target="mainFrame">删除音乐</a>
</li>
...
```

（4）单击左侧"删除音乐"菜单项，查看后台删除音乐页面效果，页面效果如图 18.105 所示。

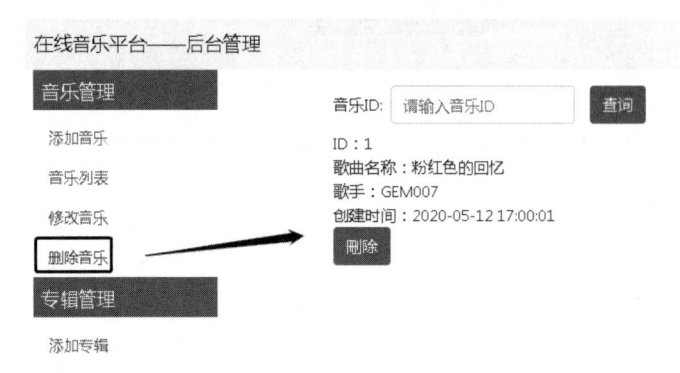

图 18.105　后台修改音乐页面

2. 查询音乐

（1）数据访问层。

在编辑音乐时，在 dao/MusicDao.php 中已经定义过了 getById($music_id)方法，所以不需要重新定义，直接使用即可。

（2）业务逻辑层。

在编辑音乐时，在 service/MusicService.php 中定义了 getOneMusic($music_id)方法，直接使用即可。

（3）表示层。

① 编辑 admin/musicDel.php 文件，设置搜索 ID 的表单提交方式为 GET，处理地址为 musicDel.php，表单名称为 music_id。

```
<form class="form-inline offset-1" method="get" action="musicDel.php">
    <div class="form-group mb-2 mr-3">
        <label for="music_id" class="pr-2">音乐 ID:</label>
        <input type="number" min="1" class="form-control" id="music_id" name="music_id" placeholder="请输入音乐 ID" required>
    </div>
    <button type="submit" id="sbt" class="btn btn-primary mb-2">查询</button>
</form>
```

② 在页头添加 PHP 脚本，获取查询的音乐 ID。

```
<?php
$id = isset($_GET["music_id"])?$_GET["music_id"]:"";
var_dump($id);//调试：打印输出$id 值（调试后注释）
?>
```

③ 测试：访问管理员后台管理页面，单击"删除音乐"按钮，如图 18.106 所示。

```
string(1) "6"
```

图 18.106　显示查询音乐 ID

④ 搜索框显示搜索的 ID。

```
<input type="number" min="1" class="form-control" id="music_id" name="music_id" name="music_id" placeholder="请输入音乐 ID" required value="<?php echo $id;?>" />
```

⑤ 在页头 PHP 脚本中添加代码，获取音乐信息。

```
//php 第 1 行加入
include_once dirname(__DIR__)."/service/MusicService.php";//音乐业务
//省略获取 ID......
//获取音乐信息
$service = new MusicService();
$music_info = $service->getOneMusic(intval($id));
var_dump($music_info);//调试：打印输出音乐信息（调试后注释）
```

⑥ 测试：访问管理员后台管理页面，单击"删除音乐"按钮，页面效果如图 18.107 所示。

```
object(Music)#5 (12) {
  ["id":"Music":private]=>
  int(9)
  ["music_name":"Music":private]=>
  string(12) "一生有你"
  ["singer":"Music":private]=>
  string(12) "水木年华"
  ["create_time":"Music":private]=>
  string(19) "2020-07-10 12:49:56"
  ["admin_id":"Music":private]=>
  NULL
  ["album_id":"Music":private]=>
  NULL
  ["type_id":"Music":private]=>
  int(2)
  ["music_url":"Music":private]=>
  string(23) "/upload/song/song-2.mp3"
  ["music_img_url":"Music":private]=>
  NULL
  ["click_number":"Music":private]=>
  NULL
  ["collection_number":"Music":private]=>
  NULL
  ["del":"Music":private]=>
  NULL
}
```

图 18.107　单击"删除音乐"页面效果

3. 显示音乐信息

（1）在 ul 后面添加如下内容，没有查询到音乐则显示提示信息。

```
<?php if($id && $music_info->getId()==null){ ?>
<p>没有查询到数据!</p>
<?php } ?>
```

（2）测试：单击"删除音乐"按钮，输入音乐 ID，单击"查询"，如图 18.108 所示。

图 18.108　输出音乐查询失败信息

（3）有查询到音乐信息，显示音乐信息到列表中。

```php
<?php
    if($id && $music_info->getId()!=null){
?>
<ul class="list-unstyled offset-1">
  <li>ID：<?php echo $music_info->getId();?></li>
  <li>歌曲名称：<?php echo $music_info->getMusicName();?></li>
  <li>歌手：<?php echo $music_info->getSinger();?></li>
  <li>创建时间：<?php echo $music_info->getCreateTime();?></li>
  <li><a href="#" class="btn btn-danger">删除</a></li>
</ul>
<?php } ?>
```

（4）测试：访问管理员后台管理页面，单击"删除音乐"按钮，输入音乐 ID 为 9，单击"查询"，如图 18.109 所示。

图 18.109　输出要删除音乐基本信息

4．删除音乐

（1）数据访问层。

① 编辑 dao/MusicDao.php 文件，添加删除音乐的方法。创建 deleteMusic($music_id)方法，参数$music_id 为要删除的音乐 ID。

```php
function deleteMusic($music_id){
    $flag=FALSE;//处理是否成功标记:TRUE 成功,FALSE 失败
    //打开数据库
    if ($this -> open()) {
        //删除音乐操作
    }
    return $flag;
}
```

② 定义 SQL 语句。

```php
$sql = "update t_music set del=1 where id=?";//软删除
$stmt = $this->conn-> prepare($sql);//创建预处理对象
```

③ 绑定参数，执行 SQL。

```php
$stmt -> bind_param("i",$music_id);
$stmt -> execute();//查询
```

④ 根据影响行数，标记操作是否成功。

```php
if ($stmt -> affected_rows == 1) {
```

```
    $flag = TRUE;
}
```

⑤ 关闭数据库。

```
$stmt -> close();
$this->conn -> close();
```

（2）业务逻辑层。

打开 service/MusicService.php 文件，添加 delMusic($music_id)方法，参数$music_id 是要删除的音乐 ID。

```
public function delMusic($music_id){
    return $this->dao->deleteMusic($music_id);
}
```

（3）表示层。

① 新建 admin/musicDelForm.php 文件，包含需要的类。

```
include_once dirname(__DIR__)."/service/MusicService.php";//音乐业务逻辑
```

② 获取要修改的音乐 ID。

```
$music_id = intval($_GET['music_id']);//要修改的音乐 ID
```

③ 调用业务方法，删除音乐。

```
//创建业务对象
$service = new MusicService();
$return = $service->delMusic($music_id);//$music_id 是要删除的音乐 ID
```

④ 操作完成后页面跳转。

```
if ($return) {
    //删除成功，回到音乐列表
    header("location:musicList.php");
} else {
    //不成功，显示信息
    header("location:musicDel.php?message=操作不成功&music_id=".$music_id);
}
```

（4）编辑 admin/musicDel.php。

① 为"删除"按钮绑定事件，删除前显示确认框。

```
<a href="javascript:;" onclick="delMusic(1)" class="btn btn.danger">删除</a>
```

② 编辑 js/admin.js。

```
function delMusic(id){//id 是要删除的音乐 ID
    if(confirm("确定删除吗?")==true){
        location.href="musicDelForm.php?music_id="+id;
    }
}
```

③ 把要删除的音乐 ID 作为函数参数。

```
<a href="javascript:;" onclick="delMusic(<?php echo $music_info->getId();?>)" class="btn btn-danger">删除</a>
```

④ 删除不成功时显示提示信息。

```
<li>
    <a href="javascript:;" onclick="delMusic(<?php echo $music_info->getId();?>)" class="btn btn-danger">删除</a>
    <?php
      if(isset($_GET["message"])){
          echo $_GET["message"];
      }
    ?>
</li>
```

⑤ 测试删除音乐，音乐详情界面如图 18.110 所示。

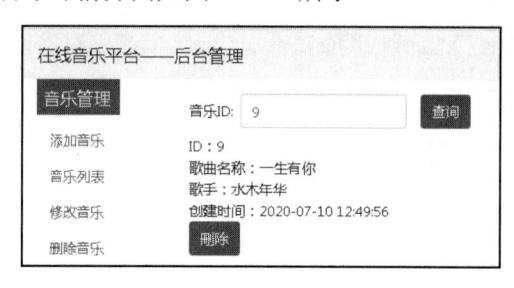

图 18.110　删除音乐详情界面

⑥ 单击删除按钮，出现删除确认提示框，如图 18.111 所示。

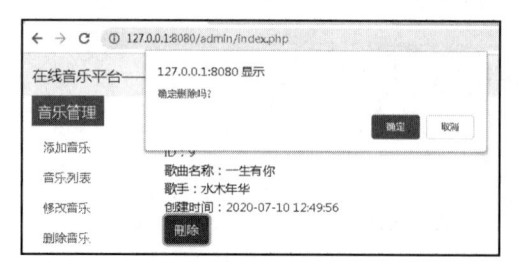

图 18.111　删除确认

⑦ 删除操作失败输出错误信息，如图 18.112 所示。

图 18.112　删除失败

⑧ 删除操作成功跳转至音乐列表，如图 18.113 所示。

图 18.113　删除成功跳转至音乐列表

18.13　第四阶段 PHP 三层结构：注册

18.13.1　功能简介

实现用户注册功能，已经注册的用户不能重复注册。

用户在注册页面填写账号、邮箱、密码、确认密码后，单击"注册"按钮，将注册信息写入数据库。注册成功后跳转至登录页面，注册失败显示提示信息。

用户注册页面如图 18.114 所示。

图 18.114　用户注册页面

注册成功后跳转至登录页面，如图 18.115 所示。

图 18.115　登录成功页面

18.13.2 设计思路

(1) 文件设计如表 18.21 所示。

表 18.21 文件设计

文件类型	文件	说明
php 文件	register.php	注册页面
	header.php	页头公共部分
	footer.php	页脚公共部分
	registerForm.php	注册表单提交页面
	login.php	登录页面（注册成功后跳转至此页）
	service/UserService.php	用户业务类
	dao/UserDao.php	用户数据库操作类
	object/User.php	用户实体类

(2) 设计实现。

① 表示层。注册页面是由注册项目组成的一个表单，用来收集注册信息；表单提交页面用来处理提交的数据，并转交到业务逻辑层进行处理。

② 业务逻辑层。处理注册业务逻辑。接收表示层数据，分别添加 checkUser()和 register()方法用来检查用户名是否存，实现注册。

③ 数据访问层。处理用户注册相关的数据库操作。分别添加 exists()和 addUser 方法用来查询用户是否存在，把用户信息保存到数据库，并返回处理的结果。

④ 实体类。用来创建用户对象，保存用户信息的类，属性参考用户表字段。

(3) 注册三层架构如图 18.116 所示。

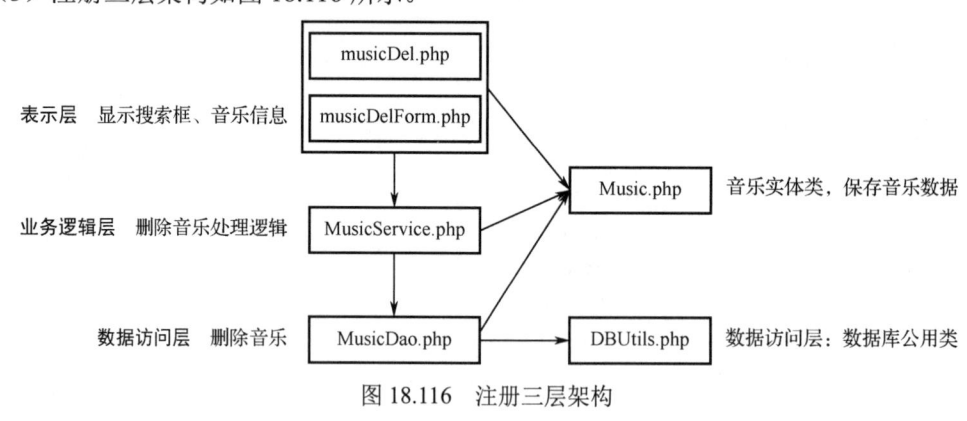

图 18.116 注册三层架构

18.13.3 实现

1. 新建文件

(1) 界面文件。

① 将界面设计 MusicProject_html 项目中的 register.html，header.html，footer.html，复制到

当前项目根目录下，并分别重命名为register.php，header.php，footer.php。新建登录页面login.php。目录结构如图18.117所示。

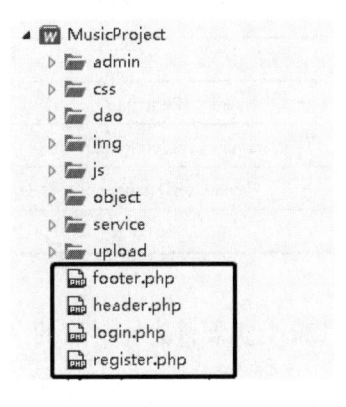

图18.117　注册页面目录结构

② 修改js/common.js。

```
$("header").load("header.php");
$("footer").load("footer.php");
```

③ 修改js/admin.js。

```
$("footer").load("../footer.php");
```

（2）其他文件。

根据三层架构设计，还需要新增如下文件，目录结构如图18.118所示。

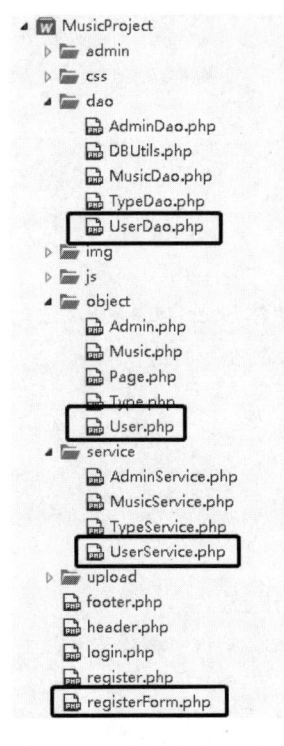

图18.118　新增文件目录结构

文件设计如表 18.22 所示。

表 18.22　文件设计

文 件 类 型	文 件	说　明
php 文件	registerForm.php	注册表单提交页面
	service/UserService.php	用户业务类
	dao/UserDao.php	用户业务类
	object/User.php	用户实体类

2. 实体类

编辑 object/User.php，创建类 User，类属性为 user 表的字段名称，并为属性创建 SET/GET 方法。

```php
<?php
class User{
    //对象属性
    private $id;
    private $user_account;
    private $user_password;
    private $email;
    private $create_time;
    //属性的 SET,GET 方法,省略其他属性
    public function getId()
    {
        return $this->id;
    }
    public function setId($id)
    {
        $this->id = $id;
    }
}
```

3. 数据访问层

（1）编辑 dao/UserDao.php 文件，创建 User 类，并引入数据库连接类，让 User 类继承 DBUtils。

```php
include_once __DIR__."/DBUtils.php";
class UserDao extends DBUtils
{
    //类的属性、方法
}
```

（2）检查用户账号是否存在。

① 添加方法，$account 表示用户账号。

```php
function exists($account) {

}
```

② 连接数据库。

```
//连接数据库
if ($this -> open()){
    //数据库操作
}else{
    print("open false");
}
```

③ 定义 SQL，创建预处理对象。

```
$sql = "select id from t_user where user_account=?";
$stmt = $this->conn->prepare($sql);
```

④ 绑定参数，执行查询。

```
$stmt -> bind_param("s", $account);
$stmt -> execute();
```

⑤ 设置返回结果。

```
$flag = FALSE;
//省略连接数据库内容
if ($stmt -> fetch()) {
    $flag = TRUE;
}
```

⑥ 关闭数据库，返回结果。

```
$stmt -> close();
$this->conn->close();
return $flag;
```

（3）添加注册信息。

① 添加 addUser($user)。

```
//$user 用户对象，存储用户信息
function addUser($user) {
    $flag = FALSE;//操作标识
    //连接数据库
    return $flag;
}
```

② 连接数据库。

```
function addUser($user) {
    $flag = FALSE;
    if ($this -> open()) {
        //数据库操作
    }
    return $flag;
}
```

③ 创建 SQL，预处理对象。

```
$sql = "insert into t_user(user_account, user_password,email,create_time) values(?,?,?,?)";
$stmt = $this->conn-> prepare($sql);
```

④ 获取注册信息。

```
$user_account = $user -> getUserAccount();
$user_password = $user ->getUserPassword();
$email = $user->getEmail();
$create_time = $user->getCreateTime();
```

⑤ 绑定 SQL 参数。

```
$stmt -> bind_param("ssss", $user_account,$user_password,$email,$create_time);
```

⑥ 执行查询，保存结果。

```
$stmt -> execute();
if ($stmt -> affected_rows == 1) {
    $flag = TRUE;
}
```

⑦ 关闭数据库。

```
$stmt -> close();
$this->conn->close();
```

4. 业务逻辑层

（1）创建 UserService 类。

```
include_once dirname(__DIR__)."/dao/UserDao.php";//1.数据库操作
//2.创建 UserService 类
class UserService
{
    private $dao;//3.dao 对象
    //4.创建构造函数，创建一个 dao 对象
    public function __construct()
    {
        $this->dao=new UserDao();
    }
}
```

（2）编辑 service/UserService.php。

定义 2 个方法，调用 dao/UserDao.php 中检查用户账号及注册的方法。

```
//检查用户账号是否存在，成功返回 true，失败返回 false，参数$username 为用户名
public function checkUser($username){
    return $this->dao->exists($username);
}
//注册方法，成功返回 true，失败返回 false，参数$user 为用户对象
public function register($user){
    return $this->dao->addUser($user);
}
```

5. 表示层

（1）编辑注册页面 register.php。

① 设置注册表单提交方式为 POST，处理提交地址为 registerForm.php。

```
<form class="mt-5 mx-auto mb-5" action="registerForm.php" method="post">

</form>
```

② 显示提示信息。

```
<div class="form-group">
<a href="login.php">用户登录</a>
<?php
    if(isset($_GET['message']))
{
echo $_GET['message'];
}
?>
</div>
<input type="submit" value="注册" class="btn btn-block" />
```

（2）编辑注册处理页 registerForm.php。

① 包含用户业务类、实体类。

```
include_once __DIR__."/service/UserService.php";//业务逻辑处理类
include_once __DIR__."/object/User.php";//实体类，用于封装数据
```

② 获取表单提交的数据。

```
$username = $_POST["user_account"];
$pwd = $_POST["user_password"];
$pwd2 = $_POST["user_password2"];
$email = $_POST["email"];
```

③ 验证数据。

```
//验证2次密码是否一致
if($pwd!=$pwd2){
    header("Location: register.php?message=两次密码输入不一致!");
    exit();
}
```

④ 创建业务对象，检查用户账号是否存在。

```
$service = new UserService();
$ret = $service->checkUser($username);
```

⑤ 用户账号是否存在的处理。

```
//用户账号已经存在，显示信息
if($ret){
    header("Location: register.php?message=用户账号已经存在!");
    exit();
```

```
}else{
    //账号不存在，进行注册

}
```

⑥ 保存表单数据到对象中。

```
$user = new User();
$user->setUserAccount($username);
$user->setUserPassword($pwd);
$user->setEmail($email);
$user->setCreateTime(date("Y-m-d H:i:s"),time());
```

⑦ 调用注册方法。

```
$result = $service->register($user);//成功 true,失败 false
```

⑧ 处理注册结果。

```
if($result){
    //成功，到登录页面
    header("Location: login.php");
}else{
    //失败显示提示信息
    header("Location: register.php?message=注册不成功，稍后再试!");
}
```

⑨ 测试：访问注册页面（localhost:8080/register.php），账号 user2，邮箱为 user@qq.com，密码为 123456，如图 18.119 所示。

图 18.119 注册新用户

⑩ 单击"注册"按钮提交注册表单，注册成功后跳转至登录页面，如图 18.120 所示。

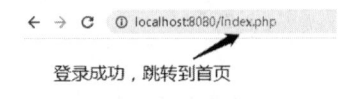

图 18.120 登录成功页面

⑪ 再次注册账号 user2，提示"账号已经存在！"，如图 18.121 所示。

图 18.121　提示"账号已经存在"

18.14　第四阶段 PHP 三层结构：登录

18.14.1　功能简介

实现用户登录功能。

（1）在登录页面的表单中填写账号、密码，如图 18.122 所示。

图 18.122　用户登录

（2）单击"登录"按钮，登录处理页面检查账号是否存在。若用户存在且账号对应的密码正确则登录成功，页面跳转至首页，如图 18.123 所示。

图 18.123　登录成功页面

（3）账号不存在或账号与密码不一致，则登录失败，显示提示信息。

① 使用不存在的账号"user3"和密码"123456"登录，则输出"账号不存在，请先注册后再登录！"，如图 18.124 所示。

图 18.124　用户名不存在的登录页面

② user2 账号存在但密码错误，提示"账号或密码错误！"，如图 18.125 所示。

图 18.125　密码错误的登录页面

18.14.2　设计思路

（1）文件设计如表 18.23 所示。

表 18.23　文件设计

文件类型	文件	说明
php 文件	login.php	登录页面
	loginForm.php	登录表单提交页面
	index.php	首页（登录成功后跳转至此页）

（2）设计实现。

① 表示层。登录页面是由登录项（用户名、密码）组成的一个表单，用来收集登录信息；表单提交页面用来处理提交的数据，并转交到业务逻辑层进行处理。

② 业务逻辑层。处理登录的业务逻辑。添加 doLogin()方法，接收表示层数据，调用数据层 checkLogin()方法，实现登录功能。

③ 数据访问层。处理与用户相关的数据库操作。添加 checkLogin()方法，查询账号与密码是否匹配并返回查询的结果。

（3）登录三层架构如图 18.126 所示。

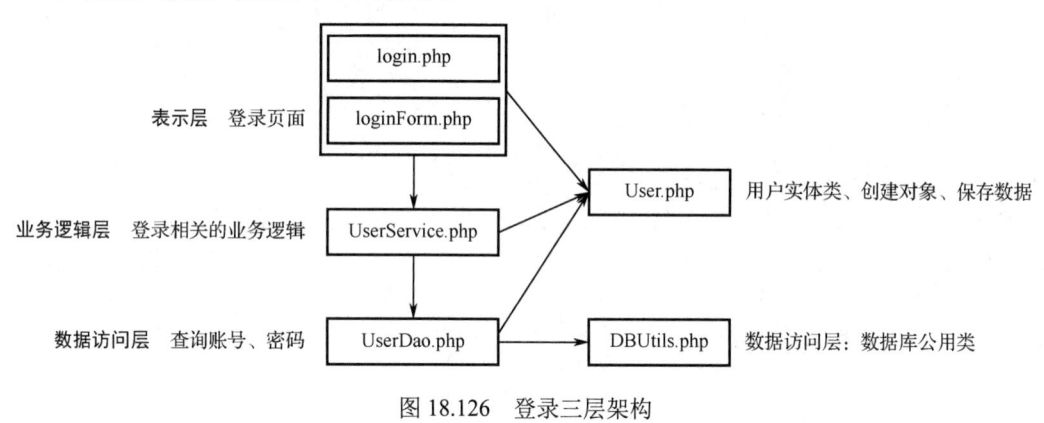

图 18.126　登录三层架构

18.14.3　实现

1．创建界面

（1）编辑登录页面。

在上一个迭代中已经创建了一个空的 login.php 文件，此步编辑该文件内容即可。

将界面设计 MusicProject_html 项目中的 register.html 文件的全部内容复制到 login.php 中。

编辑 login.php。

① 删除表单中输入框，仅保留账号和密码输入框。

② 修改标题为"登录"。

③ 修改按钮文字为"登录"。

④ 将"用户登录"超链接修改为"用户注册"，更改超链接标签<a>的 href 属性。

```
<!DOCTYPE html>
<html>
    <head>
```

```html
        <meta charset="utf-8" />
        <meta name="viewport" content="width=device-width, initial-scale=1">
        <link rel="stylesheet" href="css/bootstrap.min.css">
        <link rel="stylesheet" href="css/common.css" />
        <script src="js/jquery.min.js"></script>
        <script src="js/common.js"></script>
        <title>登录</title>
    </head>
    <body>
        <!--正文-->
        <article class="container">
            <!--登录表单-->
            <form class="mt-5 mx-auto">
                <div class="form-group">
                    <h1>登录</h1>
                </div>
                <div class="form-group">
                    <label>账号:</label>
                    <input type="text" class="form-control" placeholder="用户名" required="required"/>
                </div>
                <div class="form-group">
                    <label>密码:</label>
                    <input type="password" class="form-control" placeholder="密码" required="required"/>
                </div>
                <div class="form-group">
                    <a href="register.html">注册账号</a>
                </div>
                <input type="submit" value="登录" class="btn btn-block"/>
            </form>
        </article>

        <!--脚部-->
        <footer class="bg-light p-3 fixed-bottom">
        </footer>
    </body>
</html>
```

（2）创建首页，登录处理页：index.php,loginForm.php。

登录相关文件目录结构如图 18.127 所示。

（3）登录页面效果如图 18.128 所示。

2. 数据访问层

（1）编辑 dao/UserDao.php 文件，检查账号是否存在，复用注册时的 exists($account)方法，不用再创建。

图 18.127　登录相关文件目录结构

图 18.128　登录页面

（2）登录方法 checkLogin($user)。

① 创建 checkLogin()方法。

```
function checkLogin($user){}
```

② 设置返回结果变量：成功 true，失败 false。

```
function checkLogin($user){
    $flag = FALSE;//是否登录成功
}
```

③ 连接数据库。

```
function checkLogin($user){
    $flag = FALSE;//是否登录成功
    if($this->open()){
        //数据库操作

    }else{
        echo "dataBase error";
```

                }
        }

④ 定义 SQL，创建预处理对象。

```
$sql = "select id from t_user where user_account=? and user_password = ?";
$stmt = $this->conn->prepare($sql);
```

⑤ 获取登录信息。

```
$account = $user->getUserAccount();
$password = $user->getUserPassword();
```

⑥ 绑定参数，执行查询。

```
$stmt -> bind_param("ss", $account,$password );
$stmt -> execute();
```

⑦ 绑定结果集到变量。

```
$stmt->bind_result($id);
```

⑧ 获取执行结果，保存处理结果、用户 ID，关闭数据库连接。

```
$ret = $stmt->fetch();
if($ret){
    $flag = TRUE;//登录成功
    $user->setId($id);//保存用户 ID 到对象中，保存 Session 时使用
}
$stmt -> close();//释放内存
$this->conn->close();//关闭连接
```

⑨ 返回执行结果。

```
function checkLogin($user){
    $flag = FALSE;//是否登录成功
    if($this->open()){
        //数据库操作
    }else{
        echo "dataBase error";
    }
    return $flag;
}
```

3. 业务逻辑层

编辑 service/UserService.php，添加 doLogin($user)方法，调用 dao/UserDao.php 中的 checkLogin()方法并返回结果。

```
/*
* $user 用户对象，成功返回 true,失败返回 false
*/
public function doLogin($user){
    return $this->dao->checkLogin($user);
```

}

4. 表示层

（1）编辑登录页面 login.php。

① 设置登录表单提交方式为 POST，处理提交地址为 loginForm.php。

```
<form class="mt-5 mx-auto mb-5" action="loginForm.php" method="post">

</form>
```

② 显示提示信息，在登录按钮下方添加 PHP 脚本。

```
<input type="submit" value="登录" class="btn btn-block"/>
<?php
if(isset($_GET['message'])){
    echo $_GET['message'];
}
?>
```

③ 修改"注册账号"链接为 register.php。

```
<div class="form-group">
    <a href="register.php">注册账号</a>
</div>
```

④ 修改登录表单中账号和密码的 name 属性。

```
<div class="form-group">
    <label>账号:</label>
    <input type="text" name="user_account" class="form-control" placeholder="用户名" required="required"/>
</div>
<div class="form-group">
    <label>密码:</label>
    <input type="password" name="user_password" class="form-control" placeholder="密码" required="required"/>
</div>
```

（2）编辑登录处理页 loginForm.php。

① 包含用户业务类、实体类。

```
include_once __DIR__."/service/UserService.php";//业务逻辑处理类
include_once __DIR__."/object/User.php";//实体类，用于封装数据
```

② 获取表单提交的数据。

```
$account = $_POST["user_account"]?trim($_POST["user_account"]):"";
$password = $_POST["user_password"]?trim($_POST["user_password"]):"";
```

③ 创建业务对象，调用 checkUser 检查账号是否存在。

```
$service = new UserService();
//存在
```

```
if($service->checkUser($account)){
    //登录相关代码
}else{
    //不存在,显示提示信息
    header("Location:login.php?message=账号不存在，请先注册后再登录!");
}
```

④ 用户存在，实现登录相关代码，保存信息到对象。

```
$user = new User();
$user->setUserAccount($account);
$user->setUserPassword($password);
```

⑤ 调用登录方法。

```
if($service->doLogin($user)){
    //登录成功 启动会话，并将用户的账号存入 Session
}else{
    //登录不成功
}
```

⑥ 登录成功保存用户信息到 Session，跳转至首页，失败则显示提示信息。

```
if($service->doLogin($user)){
    //登录成功，启动会话，并将用户的账号存入 Session
    session_start();
    $_SESSION["user_id"] = $user ->getId();
    $_SESSION["username"] = $user ->getUserAccount();
    header("Location: index.php");
}else{
    //登录不成功
    header("Location:login.php?message=账号或密码错误!");
}
```

（3）测试登录。

① 使用账号"user2"和密码"123456"登录，如图 18.129 所示。

图 18.129　登录页面

② 登录成功，跳转到 index.php 页面，如图 18.130 所示。

图 18.130　登录成功页面

③ 使用账号"user3"和密码"123456"登录，提示"账号不存在，请先注册后再登录！"，如图 18.131 所示。

图 18.131　用户名不存在的登录页面

④ 使用账号"user2"和密码"123"登录，提示"账号或密码错误！"，如图 18.132 所示。

图 18.132　账号或密码错误的登录页面

18.15　第四阶段 PHP 三层结构：首页

18.15.1　功能简介

实现"在线音乐平台"的首页数据显示功能。

（1）导航栏区域：获取 Session 中的用户账号信息 user_account，若存在表示该用户已登录，显示用户账号信息，若不存在表示该用户未登录，显示登录按钮。

（2）正文区域：显示最新专辑和热门音乐。

（3）"在线音乐平台"首页效果如图 18.133 所示。

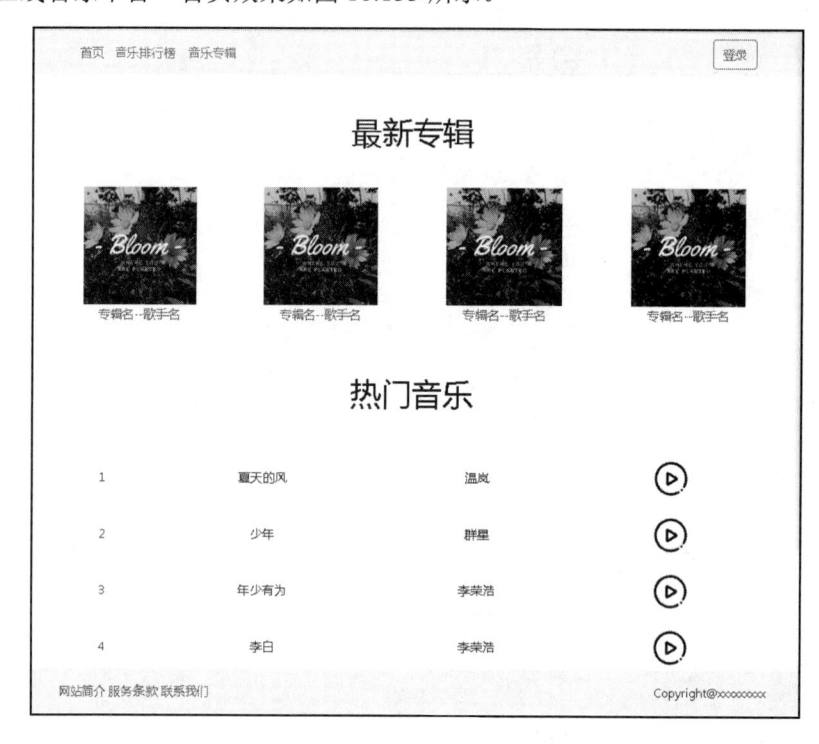

图 18.133　"在线音乐平台"首页

18.15.2　设计思路

（1）表示层。

修改"在线音乐平台"首页的页面，将使用的数据放到业务逻辑层进行处理。

（2）业务逻辑层。

处理音乐列表的业务逻辑。在 MusicService 类中添加 getIndexMusic()方法，调用数据层 indexMusicList 并返回结果。

（3）数据访问层。

处理与音乐相关的数据库操作。在 MusicDao 类中添加 indexMusicList()方法，返回获取的音乐信息数组$musicList。

（4）首页三层架构如图 18.134 所示。

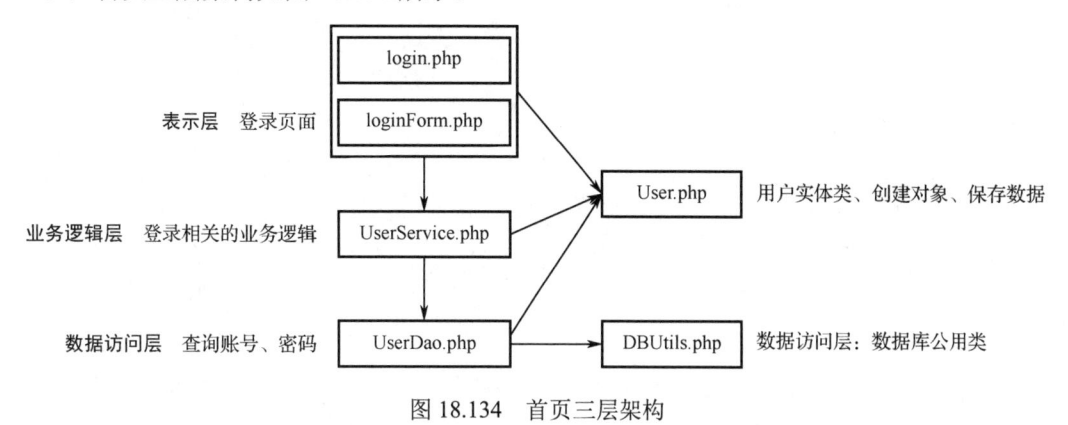

图 18.134　首页三层架构

18.15.3　实现

1．修改界面

将界面设计 MusicProject 项目中的 index.html 复制到 index.php 中，效果如图 18.135 所示。

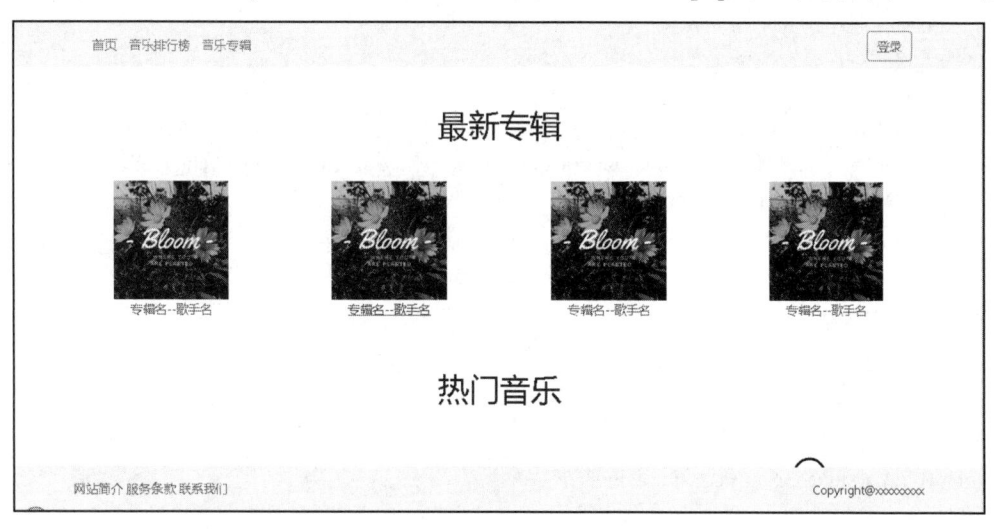

图 18.135　index.php 页面效果

修改导航链接，编辑 header.php，把"首页"链接地址改为"index.php"。

```
<ul class="navbar-nav">
    <li class="nav-item"><a class="nav-link" href="index.php">首页</a></li>
    <li class="nav-item"><a class="nav-link" href="#">音乐排行榜</a></li>
    <li class="nav-item"><a class="nav-link" href="#">音乐专辑</a></li>
</ul>
```

2．数据层获取数据

（1）编辑 dao/MusicDao.php 文件，为 MusicDao 添加 indexMusicList()方法，把数据保存到

数组$musicList 中。

```
//首页音乐：按点击量由高到低 前 5 名
function indexMusicList(){
}
```

（2）设置数组$musicList。

```
//首页音乐：按点击量由高到低 前 5 名
function indexMusicList(){
    $musicList = array();
}
```

（3）连接数据库。

```
//首页音乐：按点击量由高到低 前 5 名
function indexMusicList(){
    $musicList = array();
    if($this->open()){}
}
```

（4）查询歌曲：按点击量由高到低前 5 名。

```
function indexMusicList(){
    $musicList = array();
    //连接数据库
    if($this->open()){
        //查询歌曲：按点击量由高到低 前 5 名
        $sql = "select id,music_name,singer from t_music where del=0 order by click_number desc limit 0,5";
        $stmt = $this->conn -> prepare($sql);
    }
}
```

（5）绑定查询结果。

```
//查询歌曲：按点击量由高到低 前 5 名
//......省略此处代码
//绑定查询结果
$stmt->bind_result($id,$music_name,$singer);
```

（6）执行 SQL 语句。

```
//查询歌曲：按点击量由高到低 前 5 名
//绑定查询结果
//......省略此处代码
//执行 SQL 语句
$stmt -> execute();
```

（7）获得执行结果：创建实体对象，封装数据，将对象添加到数组。

```
//查询歌曲：按点击量由高到低 前 5 名
//绑定查询结果
//执行 SQL 语句
```

```
//......省略此处代码
//获得执行结果
while($stmt -> fetch()) {
        //创建实体对象，封装数据
    $music = new Music();
        //设置属性
    $music -> setId($id);
    $music -> setMusicName($music_name);
    $music -> setSinger($singer);
        //把每个对象放在一个数组中
    array_push($musicList, $music);
}
```

（8）释放对象，关闭数据库连接。

```
//查询歌曲：按点击量由高到低 前 5 名
//绑定查询结果
//执行 SQL 语句
//获得执行结果
//...省略此处代码
//释放 stmt 对象
$stmt -> close();
//关闭连接
$this->conn->close();
```

（9）数据库连接不成功，显示失败信息。

```
//连接数据库
if($this->open()){
//...省略此处代码
}else{
    print ("open false");
}
```

（10）返回结果数组。

```
function indexMusicList(){
    $musicList = array();
    //连接数据库
    if($this->open()){
    //...省略此处代码
    }else{
        print ("open false");
    }
    //返回结果数组
    return    $musicList;
}
```

3. 业务层获取音乐数据

编辑 service/MusicService.php 文件，添加 getIndexMusic()方法，返回数据。

```
//首页热门音乐列表
public function getIndexMusic(){
    return $this->dao->indexMusicList();
}
```

4. 表示层渲染音乐数据

（1）修改 index.php 文件，在头部添加 PHP 脚本，导入 service/MusicService.php 文件。

```
<?php
//业务类
include_once __DIR__."/service/MusicService.php";
?>
```

（2）获取业务层得到的数据数组。

```
<?php
//业务类
include_once __DIR__."/service/MusicService.php";
//热门音乐:按点击量由高到低 前 5 名
$musicServ = new MusicService();
$musicList = $musicServ->getIndexMusic();
?>
```

（3）打印获取的数据。

```
<?php
//业务类
include_once __DIR__."/service/MusicService.php";
//热门音乐:按点击量由高到低 前 5 名
$musicServ = new MusicService();
$musicList = $musicServ->getIndexMusic();
print_r($musicList);die;//调试：打印输出音乐列表信息（调试后注释）
?>
```

（4）测试：访问首页（localhost:8080/index.php），输出音乐列表页面显示效果如图 18.136 所示。

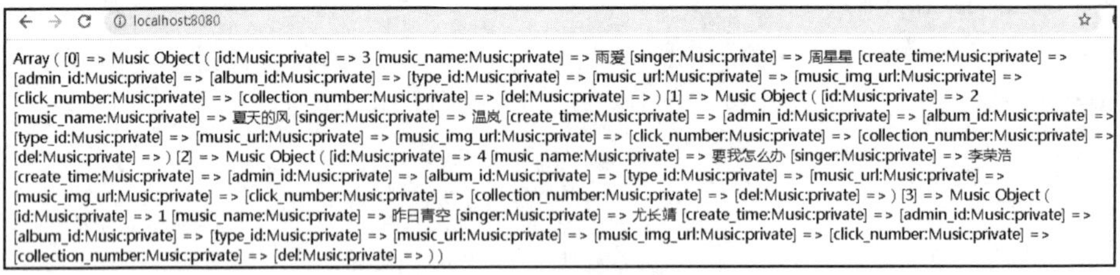

图 18.136 输出音乐列表页面显示效果

（5）在页面渲染数据。

```
<table class="table table-borderless">
    <?php
        foreach ($musicList as $key=>$val):
    ?>
```

```
            <tr>
                <td class="align-middle"><?php echo $key+1;?></td>
                <td class="align-middle"><?php echo $val->getMusicName();?></td>
                <td class="align-middle"><?php echo $val->getSinger();?></td>
                <td class="align-middle"><a href="musicPlay.html"><img src="img/play.png" ></a></td>
            </tr>
        <?php endforeach;?>
</table>
```

5. 热门音乐列表

热门音乐列表部分效果如图 18.137 所示。

图 18.137　热门音乐列表

18.16　第四阶段 PHP 三层结构：音乐试听

18.16.1　功能简介

实现"在线音乐平台"的音乐播放功能。

（1）在首页单击音乐播放按钮，跳转至音乐播放页面。

（2）音乐播放页面左边为音乐列表，右边显示正在播放的歌曲信息，如图 18.138 所示。

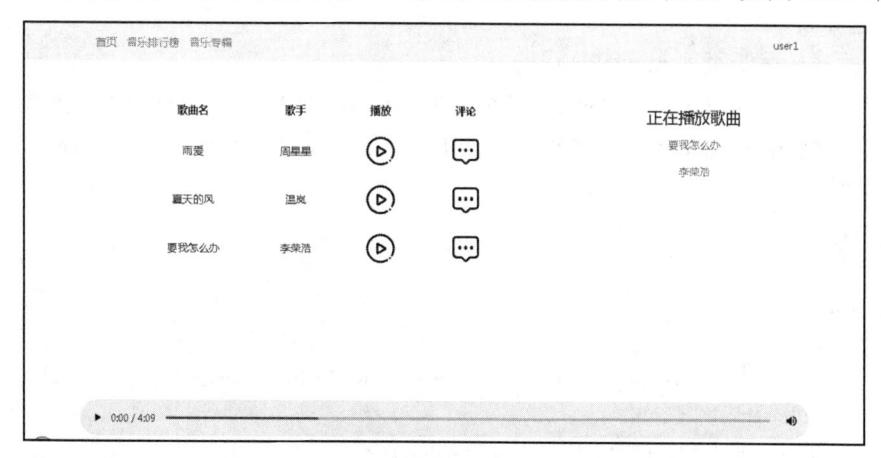

图 18.138　音乐播放页面

18.16.2 设计思路

（1）文件设计如表 18.24 所示。

表 18.24 文件设计

文件类型	文件	说明
php 文件	musicPlay.php	音乐播放页面

（2）逻辑设计。

① 表示层。新建在线音乐平台的音乐播放页面，将首页传来的音乐数据添加到播放列表。

② 业务逻辑层。处理音乐列表的业务逻辑。

在 MusicService 类中添加 playMusicList($id)方法，参数$id 为音乐 ID，将根据 ID 获取的音乐信息存储到 Session 中。

在 MusicService 类中添加 getCurrentMusic($id)方法，参数$id 为音乐 ID，将根据 ID 获取 Session 中的音乐信息。

（3）音乐试听三层架构如图 18.139 所示。

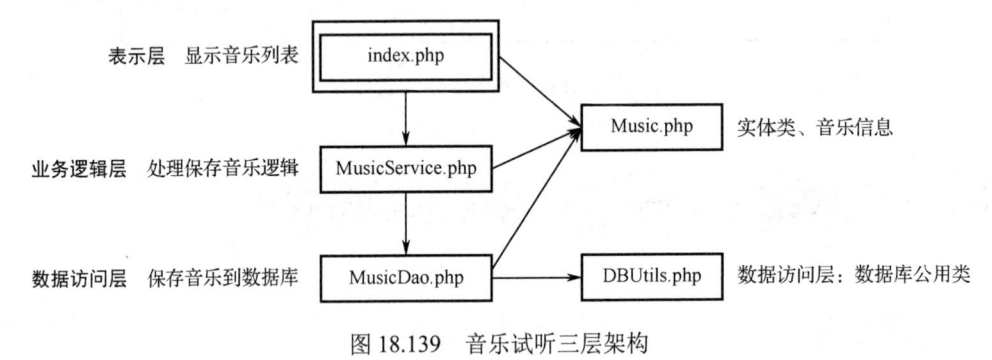

图 18.139 音乐试听三层架构

18.16.3 实现

1. 创建界面

（1）创建音乐试听页面 musicPlay.php。

（2）在头部编写视口，引入 jQuery 脚本文件、Bootstrap 样式文件及脚本、公共 JS 脚本文件 common.js。使用 Bootstrap 表格样式编写音乐试听页面的歌曲列表。使用 HTML5 音频播放标签<audio>播放音乐。

```
<!DOCTYPE html>
<html>
    <head>
        <meta charset="utf-8">
        <meta name="viewport" content="width=device-width, initial-scale=1">
        <title>音乐播放</title>
        <link rel="stylesheet" href="css/bootstrap.min.css">
```

```html
            <script src="js/jquery.min.js"></script>
            <script src="js/bootstrap.min.js"></script>
            <script src="js/common.js"></script>
    </head>
    <body>
        <!--头部-->
        <header class="bg-light">
        </header>

        <!-- 正文 -->
        <div class="container mt-5">
            <div class="row text-center">
                <!-- 歌曲列表 -->
                <table class="table table-borderless offset-md-1 col-md-6">
                    <tr>
                        <th>歌曲名</th>
                        <th>歌手</th>
                        <th>播放</th>
                        <th>评论</th>
                    </tr>
                    <tr>
                        <td class="align-middle">昨日青空</td>
                        <td class="align-middle">尤长靖</td>
                        <td><img src="img/play.png"></td>
                        <td><a href="comments.html"><img src="img/comment.png"></a></td>
                    </tr>
                    <tr>
                        <td class="align-middle">山外小楼夜听雨</td>
                        <td class="align-middle">任然</td>
                        <td><img src="img/play.png"></td>
                        <td><a href="comments.html"><img src="img/comment.png"></a></td>
                    </tr>
                </table>
                <!-- 歌曲信息 -->
                <div class="offset-md-1 col-md-4 mt-3">
                    <h4 class="mb-3">正在播放歌曲</h4>
                    <p class="text-success">昨日青空</p>
                    <p class="text-success">尤长靖</p>
                </div>
            </div>
        </div>

        <!-- 音乐播放器 -->
        <div class="container fixed-bottom">
            <audio controls="controls" src="upload/song/song1.mp3" controlslist="nodownload" class="w-100"></audio>
```

```
        </div>
    </body>
</html>
```

（3）音乐试听页面效果如图 18.140 所示。

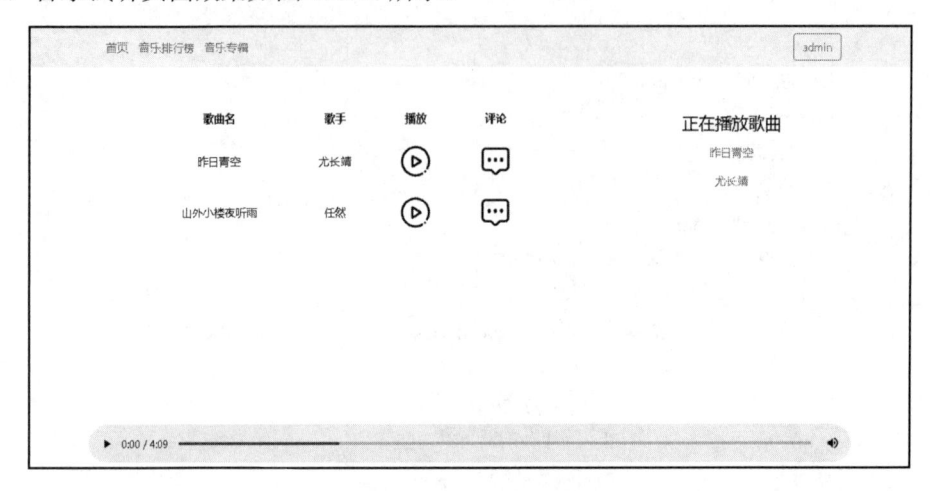

图 18.140　音乐试听页面

（4）给 index.php 文件中的 foreach 循环中的 a 标签加上路径。

```
<?php
    foreach ($musicList as $key=>$val):
?>
    <tr>
        <td class="align.middle"><?php echo $key+1;?></td>
        <td class="align.middle"><?php echo $val.>getMusicName();?></td>
        <td class="align-middle"><?php echo $val->getSinger();?></td>
        <td class="align-middle"><a href="musicPlay.php?id=<?php echo $val->getId();?>"><img src="img/play.png" ></a></td>
    </tr>
<?php endforeach;?>
```

2. 数据层获取数据

需要根据 ID 来获取音乐信息，因此这里可以复用 MusicDao.php 中的 getById($music_id) 方法。

```
//根据 ID 获取一条音乐信息
public function getById($music_id){
    if($this->open()){
        //......省略此处代码
        return $music;
    }else{
        print ("open false");
    }
}
```

3. 业务层获取音乐数据

编辑 service/MusicService.php 文件，添加 playMusicList($id)，将获取的数据存入 Session 中，返回 Session。

（1）定义方法。

```php
//音乐播放列表:$id 当前播放音乐 ID
public function playMusicList($id){

}
```

（2）启动 Session。

```php
//音乐播放列表:$id 当前播放音乐 ID
public function playMusicList($id){
    //检查 Session 状态，没有找到就启动
    if (session_status() == PHP_SESSION_NONE) {
        session_start();//启动 session
    }
}
```

（3）给数组$music_arr 赋值。

```php
//音乐播放列表:$id 当前播放音乐 ID
public function playMusicList($id){
    //启动 Session,......省略此处代码
    $music_arr = isset($_SESSION["music_arr"])?$_SESSION["music_arr"]:[];
}
```

（4）播放列表不能为空时，检查当前音乐是否存在。

```php
//音乐播放列表:$id 当前播放音乐 ID
public function playMusicList($id){
    //获取播放列表对象数组
    //......省略此处代码
    //播放列表不为空，检查当前音乐是否存在
    if($music_arr!=null){

    }
}
```

① 音乐存在，直接返回。

```php
//播放列表不为空，检查当前音乐是否存在
if($music_arr!=null){
    $exits=false;//是否已经在播放列表：false 不存的，true 存在
    foreach ($music_arr as $obj){//当前歌曲是否在数组中
        if($obj->getId()==$id){
            $exits=true;
        }
    }
    if(!$exits){//当前音乐 ID 已经在数组中，直接返回
        //当前音乐 ID 不在列表中
```

```php
        $music_info =   $this->dao->getById($id);//则查询歌曲信息
        if($music_info->getId()!=null){
            array_push($music_arr,$music_info);//添加到数组中
        //更新后的音乐，重新保存到 Session
            $_SESSION["music_arr"] = $music_arr;
        }
    }
}
```

② 不存在，则添加。

```php
//播放列表不为空，检查当前音乐是否存在
if($music_arr!=null){
//......省略此处代码
}else{
    //session 中为空，则直接添加
    $music_info =   $this->dao->getById($id);//则查询歌曲信息
    if($music_info->getId()!=null){
        array_push($music_arr,$music_info);//添加到数组中
        $_SESSION["music_arr"] = $music_arr; //更新后的音乐，重新保存到 Session
    }
}
```

（5）返回 Session 值。

```php
public function playMusicList($id){
    //......省略此处代码
    return $_SESSION["music_arr"];//返回列表
}
```

（6）编辑 service/MusicService.php 文件，添加 getCurrentMusic($id)，返回当前播放歌曲的数据。

```php
public function getCurrentMusic($id){//当前播放歌曲信息
    //获取播放列表对象数组
    $music_arr = isset($_SESSION["music_arr"])?$_SESSION["music_arr"]:[];
    $music=[];//当前歌曲信息：名称、歌手
    //找到当前歌曲
    if($music_arr!=null){
        //当前歌曲是否在数组中
        foreach ($music_arr as $obj){
            if($obj->getId()==$id){
                $music=$obj;
            }
        }
    }
    return $music;//返回结果
}
```

4. 表示层渲染音乐数据

（1）修改 musicPlay.php 文件，在头部添加 PHP 脚本，导入 service/MusicService.php 文件。

```php
<?php
//音乐业务类
include_once __DIR__."/service/MusicService.php";
?>
```

（2）获取当前播放的音乐 ID。

```php
<?php
//音乐业务类
include_once __DIR__."/service/MusicService.php";
//获取当前播放的音乐 ID
$music_id = $_GET["id"];
?>
```

（3）打印获取的音乐 ID。

```php
<?php
//业务类
include_once __DIR__."/service/MusicService.php";
//获取当前播放的音乐 ID
$music_id = $_GET["id"];
print_r($music_id);die;
?>
```

（4）访问"http://localhost:8080/musicPlay.php?id=3"，输出音乐 ID，页面效果如图 18.141 所示。

图 18.141　输出音乐 ID

（5）获取播放列表数据，并打印数据。

```php
<?php
//音乐业务类
include_once __DIR__."/service/MusicService.php";
//获取当前播放的音乐 ID
$music_id = $_GET["id"];
//获取音乐播放列表
$musicServ = new MusicService();
$music_list = $musicServ->playMusicList($music_id);
var_dump($music_list);die;//调试：打印输出当前音乐信息（调试后注释）
?>
```

（6）测试：访问音乐试听页面（localhost:8080/musicPlay.php?id=3），如图 18.142 所示。

图 18.142　输出音乐列表

（7）渲染音乐列表数据。

```
<!-- 歌曲列表 -->
<table class="table table-borderless offset-md-1 col-md-6">
    <tr>
        <th>歌曲名</th>
        <th>歌手</th>
        <th>播放</th>
        <th>评论</th>
    </tr>
    <?php foreach ($music_list as $item): ?>
    <tr>
        <td class="align-middle"><?php echo $item->getMusicName();?></td>
        <td class="align-middle"><?php echo $item->getSinger();?></td>
        <td><a href="musicPlay.php?id=<?php echo $item->getId();?>"><img src="img/play.png" class="playMusic"></a></td>
        <td><a href="comments.html"><img src="img/comment.png"></a></td>
    </tr>
    <?php endforeach;?>
</table>
```

5. 渲染当前播放音乐

（1）在页头编写 PHP 脚本，获取当前音乐信息。

```
<?php
……
$curr_music = $musicServ->getCurrentMusic($music_id);
?>
```

（2）歌曲信息。

```
<!-- 歌曲信息 -->
<div class="offset-md-1 col-md-4 mt-3">
    <h4 class="mb-3">正在播放歌曲</h4>
    <p class="text-success"><?php echo $curr_music->getMusicName();?></p>
    <p class="text-success"><?php echo $curr_music->getSinger();?></p>
</div>
```

（3）音乐播放器。

```
<!-- 音乐播放器 -->
<div class="container fixed-bottom">
    <audio controls="controls" src="<?php echo $curr_music->getMusicUrl();?>" controlslist="nodownload" class="w-100"></audio>
</div>
```

6. 试听页面效果

试听页面效果如图 18.143 所示。

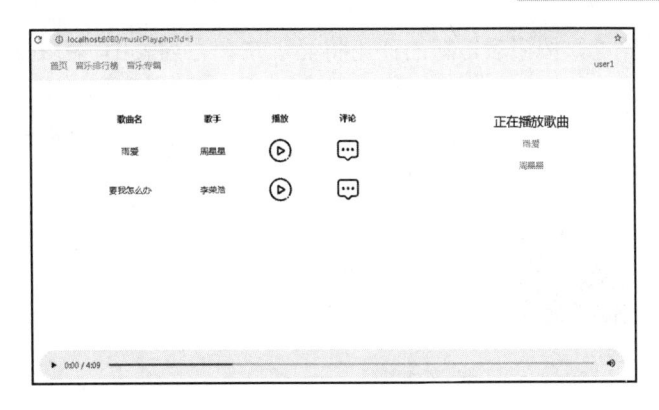

图 18.143 试听页面

18.17 第四阶段 PHP 三层结构：音乐评论

18.17.1 功能简介

实现对音乐发布评论，显示当前音乐的评论列表。用户没有登录时发布评论，显示的用户信息是"游客"，用户登录后发的评论，则显示用户注册时的账号。

1. 进入评论

在音乐播放页面，单击评论图标，如图 18.144 所示。

图 18.144 音乐评论图标

2. 发布评论

（1）进入评论页面后，在评论输入框中填写评论内容，如图 18.145 所示。

图 18.145 发布评论页面

（2）单击"发表评论"按钮后，新的评论将显示在上方列表中，并在按钮右侧显示操作信息，如图 18.146 所示。

图 18.146　发布评论成功

3. 评论列表

进入评论页面后，用户评论下方显示当前歌曲评论列表，用户 ID 为 0 的显示为游客（没有登录发布的评论），如图 18.147 所示。

图 18.147　用户评论列表

18.17.2　设计思路

（1）文件设计如表 18.25 所示。

表 18.25　文件设计

文件类型	文件	说明
php 文件	comments.php	音乐评论
	commentsForm.php	发布音乐评论
	service/CommentService.php	评论业务类
	dao/CommentDao.php	评论数据库操作类
	object/Comment.php	评论实体类

（2）设计实现。

① 表示层。用于显示歌曲信息、评论信息、发布新评论的页面，并把评论信息转交到业务层逻辑处理。

② 业务逻辑层。

CommentService 类：处理评论的业务逻辑。添加 addComment()方法来添加评论，添加 getCommentList()获取评论列表。

UserService 类：添加 getUser 方法，获取歌曲的歌手信息。

③ 数据访问层。

CommentDao：处理与评论相关的数据库操作。添加 addCommentInfo()保存评论到数据库，commentList()方法查询歌曲的所有评论信息。

UserDao 类：添加 getUserInfo 方法，获取歌曲的歌手信息。

④ 实体类。评论实体与评论表字段一一对应，用来创建评论对象，保存评论信息。

（3）评论三层架构如图 18.148 所示。

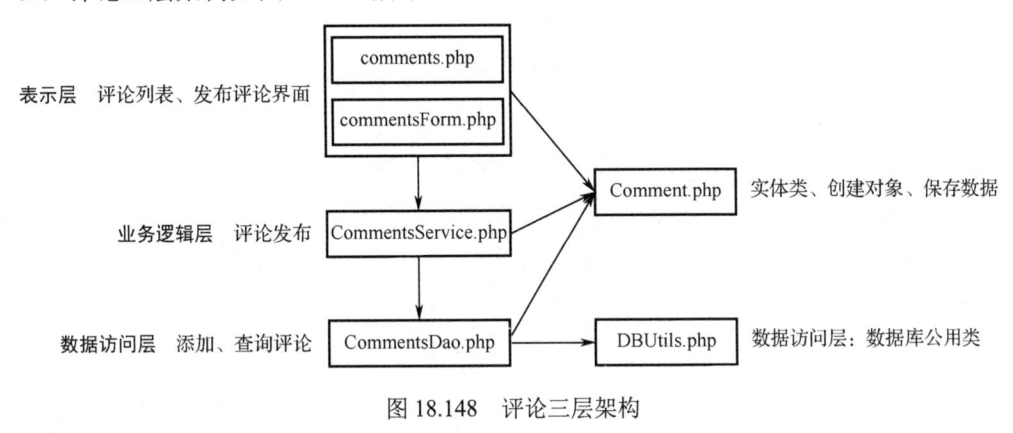

图 18.148　评论三层架构

18.17.3　实现

1．创建文件

（1）根据三层架构设计，新增文件如表 18.26 所示。

表 18.26　新增文件

文件类型	文件	说明
php 文件	comments.php	音乐评论
	commentsForm.php	发布音乐评论
	service/CommentService.php	评论业务类
	dao/CommentDao.php	评论数据库操作类
	object/Comment.php	评论实体类

（2）评论相关文件结构如图 18.149 所示。

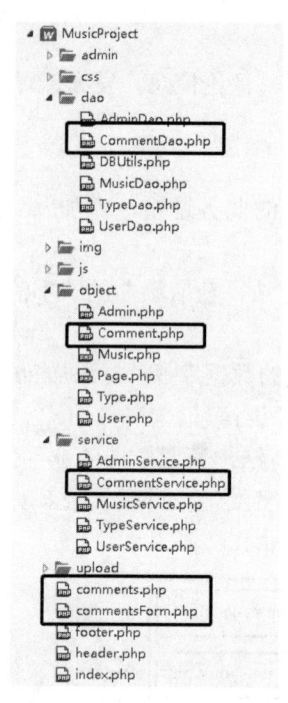

图 18.149 评论相关文件结构

编写音乐评论页面 comments.php，在头部编写视口，引入 jQuery 脚本文件、Bootstrap 样式文件及脚本、公共 JS 脚本文件 common.js。使用 Bootstrap 栅格布局编写音乐评论列表页面。

```html
<!DOCTYPE html>
<html>
    <head>
        <meta charset="utf-8">
        <meta name="viewport" content="width=device-width, initial-scale=1">
        <link rel="stylesheet" href="css/bootstrap.min.css">
        <script src="js/jquery.min.js"></script>
        <script src="js/bootstrap.min.js"></script>
        <script src="js/common.js"></script>
        <title>音乐评论</title>
    </head>
    <body>
        <!--头部-->
        <header class="bg-light">
        </header>

        <!-- 正文 -->
        <div class="container">
            <div class="row p-4">
                <!-- 歌曲信息 -->
                <div class="col-md-3 row">
                    <div class="col-md-12 col-6">
                        <img src="img/1.png" class="w-100">
                    </div>
```

```html
                <div class="col-md-12 col-6">
                    <p>歌曲：可乐</p>
                    <p>歌手：赵紫骅</p>
                    <p>专辑：×××</p>
                    <p>简介：×××××</p>
                </div>
            </div>

            <!-- 评论部分 -->
            <div class="col-md-9">
                <!-- 评论列表 -->
                <h2>用户评论</h2>
                <ul class="list-group mt-4 mb-4">
                    <li class="list-group-item">用户 1：×××1</li>
                    <li class="list-group-item">用户 2：×××2</li>
                    <li class="list-group-item">用户 3：×××3</li>
                    <li class="list-group-item">用户 4：×××3</li>
                </ul>
                <!-- 添加评论 -->
                <form action="#" method="">
                    <textarea type="text" class="form-control mb-2" placeholder="输入评论内容"></textarea>
                    <button type="submit" class="btn btn-dark">发表评论</button>
                </form>
            </div>
        </div>
    </div>

    <!--脚部-->
    <footer class="bg-light p-3 fixed-bottom">
    </footer>
</body>
</html>
```

音乐评论页面如图 18.150 所示。

图 18.150　音乐评论页面

2. 实体类

编辑 object/Comment.php，创建类 Comment，类属性为 comment 表的字段名称，并为属性创建 SET/GET 方法。

```php
<?php
class Comment
{   //属性
    private $id;
    private $user_id;
    private $music_id;
    private $content;
    private $create_time;
    private $del;
    //$id 属性的 SET,GET 方法，其他自行补充
    public function getId()
    {
        return $this->id;
    }
    public function setId($id)
    {
        $this->id = $id;
    }
}
```

3. 数据访问层

（1）创建 CommentDao 类。

编辑 dao/CommentDao.php 文件，并引入数据库连接类，评论实体类，让 CommentDao 类继承 DBUtils。

```php
<?php
include_once __DIR__."/DBUtils.php"; //数据库连接类
include_once dirname(__DIR__)."/object/Comment.php";//评论实体类
class CommentDao extends DBUtils
{

}
```

（2）添加评论。

① 添加 addCommentInfo()方法，$comment 表示评论对象，包含了评论信息。

```
function addCommentInfo($comment) {

}
```

② 连接数据库，定义结果变量。

```
$flag = FALSE;
//连接数据库
if ($this -> open()){
```

```
    //数据库操作
}
```

③ 定义 SQL，创建预处理对象。

```
$sql = "insert into t_comment(user_id, music_id,content,create_time) values(?,?,?,?)";
$stmt = $this->conn-> prepare($sql);
```

④ 获取评论信息。

```
$user_id = $comment -> getUserId();
$music_id = $comment ->getMusicId();
$content = $comment->getContent();
$create_time = $comment->getCreateTime();
```

⑤ 绑定参数，执行查询。

```
$stmt -> bind_param("ssss", $user_id,$music_id,$content,$create_time);
$stmt -> execute();
```

⑥ 保存处理结果，关闭数据库。

```
if ($stmt -> affected_rows == 1) {
    $flag = TRUE;
}
//关闭连接
$stmt -> close();
$this->conn->close();
```

⑦ 返回结果。

```
function addCommentInfo($comment){
    $flag = FALSE;
    if($this->open()){
    //数据库操作
    }
    return $flag;
}
```

（3）获取评论列表数据。

① 创建 commentList()方法，参数$music_id 表示音乐 ID。

```
function commentList($music_id){

}
```

② 定义列表数组。

```
function commentList($music_id){
    $commentList = array();
}
```

③ 连接数据库。

```
function   commentList($user){
    $commentList = array();
```

```
if($this->open()){
    //数据库操作
    }
}
```

④ 定义 SQL，预处理对象。

```
function commentList($user){
    $commentList = array();
    if($this->open()){
        //数据库操作
        $sql = "select id,user_id,music_id,content from t_comment where music_id=? order by id asc";
        $stmt = $this->conn -> prepare($sql);
    }
}
```

⑤ 绑定参数。

```
$stmt->bind_param("s",$music_id);
```

⑥ 绑定结果集到变量，执行查询。

```
$stmt->bind_result($id,$user_id,$music_id,$content);
$stmt->execute();
```

⑦ 获得执行结果，创建对象保存数据，并把对象放进数组。

```
while($stmt -> fetch()) {
    //创建实体对象，封装数据
    $coment = new Comment();
    //设置属性
    $coment -> setId($id);
    $coment -> setUserId($user_id);
    $coment -> setMusicId($music_id);
    $coment -> setContent($content);
    //把每个对象放在一个数组中
    array_push($commentList, $coment);
}
```

⑧ 关闭数据库连接。

```
while($stmt -> fetch()) {
    //省略
}
//释放内存
$stmt -> close();
//关闭连接
$this->conn->close();
```

⑨ 返回结果数组。

```
function   commentList($user){
    $commentList = array();
```

```
        if($this->open()){
            //数据库操作
        }
        return $commentList;
}
```

（4）编辑 dao/UserDao.php，添加一个通过用户 ID 获取用户信息的方法。
① 引入用户实体类。

```
include_once __DIR__."/DBUtils.php";//数据库连接类
include_once dirname(__DIR__)."/object/User.php";//用户实体类
```

② 添加 getUserInfo()方法，$user_id 表示用户 ID。

```
function getUserInfo($user_id){

}
```

③ 定义返回的用户信息。

```
function getUserInfo($user_id){
    $user = null;
}
```

④ 连接数据库。

```
function getUserInfo($user_id){
    $user = null;
    if($this->open()){ //连接数据库
        //数据库操作
    }else{
        echo "open error";
    }
}
```

⑤ 定义 SQL，创建预处理对象。

```
$sql = "select user_account from t_user where id=?";
$stmt = $this -> conn -> prepare($sql);
```

⑥ 绑定参数，绑定结果集到变量。

```
$stmt -> bind_param("i", $user_id);
$stmt->bind_result($user_account);
```

⑦ 执行 SQL，创建对象，设置对象信息，关闭连接。

```
$stmt -> execute();//查询
if ($stmt -> fetch()) {
    $user = new User();//创建对象
    $user->setUserAccount($user_account);//设置对象信息
}

//关闭连接
```

```
$stmt -> close();
$this->conn->close();
```

⑧ 返回结果。

```
function getUserInfo($user_id){
    $user = null;
    if($this->open()){
        //数据库操作
    }else{
        echo "open error";
    }
    return $user;
}
```

4. 业务逻辑层

(1) 编辑 service/CommentService.php，创建 CommentService 类，包含评论数据库操作类，定义$dao 属性，构造函数。

```
include_once dirname(__DIR__)."/dao/CommentDao.php";//1.数据库操作
//2.创建类
class CommentService
{
    private $dao;//3.dao 对象
    //4.创建构造函数，创建一个 dao 对象
    public function __construct()
    {
        $this->dao=new CommentDao();
    }
}
```

(2) 添加发布评论，获取评论列表的方法。

```
//发布评论：$comment 是一个对象，包含评论信息
function addComment($comment){
    return $this->dao->addCommentInfo($comment);
}
//评论列表：$music_id 代表歌曲 ID
function getCommentList($music_id){
    return $this->dao->commentList($music_id);
}
```

(3) 通过用户 ID 获取用户信息，编辑 service/UserService.php，添加 getUser()方法。

```
//参数$id 代表用户 ID
public function getUser($id){
    return $this->dao->getUserInfo($id);
}
```

5. 表示层

(1) 编辑音乐试听页面 musicPlay.php。

修改音乐评论链接，当单击音乐的评论图标时，跳转至评论页面。

```
<!-- 歌曲列表 -->
<table class="table table-borderless offset-md-1 col-md-6">
    <!-- 省略表头内容 -->
    <?php foreach ($music_list as $item): ?>
    <tr>
        <td class="align-middle"><?php echo $item->getMusicName();?></td>
        <td class="align-middle"><?php echo $item->getSinger();?></td>
        <td><a href="musicPlay.php?id=<?php echo $item->getId();?>"><img src="img/play.png"
class="playMusic"></a></td>
        <td>
         <a href="comments.php?music_id=<?php echo $item->getId();?>">
            <img src="img/comment.png">
         </a>
        </td>
    </tr>
    <?php endforeach;?>
</table>
```

（2）编辑评论页面 comments.php。

① 在页头添加 PHP 脚本，包含用户业务类、实体类。

```
<?php
include_once __DIR__."/service/CommentService.php";//引入业务类
include_once  __DIR__."/service/UserService.php";//用户业务类，获取用户信息
include_once  __DIR__."/service/MusicService.php";//音乐类，获取音乐信息
```

② 获取从试听页跳转至评论页时的音乐 ID。

```
$music_id = $_GET["music_id"];
```

③ 获取当前音乐评论列表。

```
$commService = new CommentService();
$list = $commService.>getCommentList($music_id);
var_dump($list);//调试：打印输出评论列表（调试后注释）
```

④ 创建用户业务对象，获取指定 ID 的用户名。

```
$userService = new UserService();
var_dump($userService->getUser(1));//用户 ID 为 1
```

⑤ 测试：访问音乐评论页（localhost:8080/comments.php?music_id=3），如图 18.151 所示。

```
object(User)#13 (5) { ["id":"User":private]=> NULL ["user_account":"User":private]=>
string(5) "user1" ["user_password":"User":private]=> NULL ["email":"User":private]=> NULL
["create_time":"User":private]=> NULL }
```

图 18.151　输出用户信息

⑥ 创建音乐业务对象，获取指定 ID 音乐的详细信息。

```
$musicService = new MusicService();
```

```
$music = $musicService->getOneMusic($music_id);
var_dump($music);
```

⑦ 测试：访问音乐评论页（localhost:8080/comments.php?music_id=1），如图18.152所示。

图18.152　输出音乐信息

⑧ 显示列表左侧音乐信息。

```
<div class="col-md-12 col-6">
<p>歌曲：<?php echo $music->getMusicName();?></p>
<p>歌手：<?php echo $music->getSinger();?></p>
<p>专辑：默认专辑</p>
<p>简介：默认专辑简介</p>
</div>
```

⑨ 测试：访问音乐评论页（localhost:8080/comments.php?music_id=1），如图18.153所示。

图18.153　显示音乐信息

⑩ 显示歌曲评论列表，用户ID存在，显示用户名，不存在则显示游客。

```
<h2>用户评论</h2>
<ul class="list-group mt-4 mb-4">
    <?php
    foreach ($list as $item):
    //得到当前用户对象
    $user = $userService->getUser($item->getUserId());
    ?>
    <?php if($item->getUserId()){?>
        <li class="list-group-item"><?php echo $user->getUserAccount();?>： <?php echo $item->getContent();?></li>
    <?php }else{?>
        <li class="list-group-item">游客： <?php echo $item->getContent();?></li>
```

```
    <?php }?>
    <?php endforeach;?>
</ul>
```

⑪ 评论列表效果，访问音乐评论页（localhost:8080/comments.php?music_id=1），如图 18.154 所示。

图 18.154　显示评论列表

⑫ 设置发布评论表单。

```
<!--1，表单提交地址 commentsForm.php,请求方式 get   -->
<form action="commentsForm.php" method="get">
    <!--2，评论框的 name 值为 content-->
    <textarea type="text" class="form-control mb-2" placeholder="输入评论内容" name="content" required></textarea>
        <!-- 3，添加隐藏域表单存放当前音乐 id-->
    <input type="hidden" name="hide_music_id" value="<?php echo $music_id;?>">
    <button type="submit" class="btn btn-dark">发表评论</button>
        <!-- 4，显示错误提示信息-->
    <?php if(isset($_GET["message"])){ echo $_GET["message"];} ?>
</form>
```

⑬ 测试：访问音乐评论页（localhost:8080/comments.php?music_id=2），发表评论表单如图 18.155 所示。

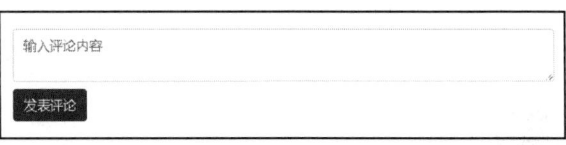

图 18.155　发布评论表单

（3）编辑发布评论页面 commentsForm.php。

① 启动 Session，包含评论业务类、评论实体类。

```
session_start();
include_once __DIR__."/service/CommentService.php";//业务逻辑类
include_once __DIR__."/object/Comment.php";//实体类，用于封装数据
```

② 获取评论表单中数据。

```
$music_id = $_GET["hide_music_id"]?$_GET["hide_music_id"]:"";//评论的音乐 ID
$content = $_GET["content"]?trim($_GET["content"]):"";//评论内容
```

③ 设置用户 ID、评论时间。

```
//用户 ID 处理：如果登录了，取当前登录的 ID，没有登录 ID 为 0
if($_SESSION["user_id"]){
    $user_id = $_SESSION["user_id"];
}else{
    $user_id = 0;
}
//时间
$create_time = date("Y-m-d H:i:s");
```

④ 创建 Comment 对象，保持数据。

```
$comment = new Comment();
$comment->setMusicId($music_id);
$comment->setContent($content);
$comment->setUserId($user_id);
$comment->setCreateTime($create_time);
```

⑤ 创建业务对象发布评论。

```
$service = new CommentService();
//调用发布评论的方法，获取处理结果
$result = $service->addComment($comment);
```

⑥ 处理结果，显示提示信息。

```
if($result){//成功
    header("Location: comments.php?music_id=".$music_id."&message=发布成功!");
}else{//失败
    header("Location: comments.php?music_id=".$music_id."&message=评论失败!");
}
```

⑦ 测试：访问音乐评论页（localhost:8080/comments.php?music_id=2），输入评论，如图 18.156 所示。

图 18.156　发布评论

⑧ 单击"发表评论"按钮，显示发布成功信息并展示新发布的评论，如图 18.157 所示。

图 18.157　发布评论成功

18.18　第四阶段 PHP 三层结构：排行榜

18.18.1　功能简介

显示新歌、热门歌曲前 5 名列表。单击单个歌曲图片进入播放页面，也可以通过复选框勾选想要播放的音乐，把音乐加入播放列表中。

（1）排行榜列表界面如图 18.158 所示。

图 18.158　排行榜列表界面

（2）勾选复选框播放选中的歌曲，如图 18.159 所示。

图 18.159　勾选复选框播放选中的歌曲

（3）单击"播放"按钮，跳转至音乐播放页面并将刚才选中的所有歌曲都添加至播放列表，如图 18.160 所示。

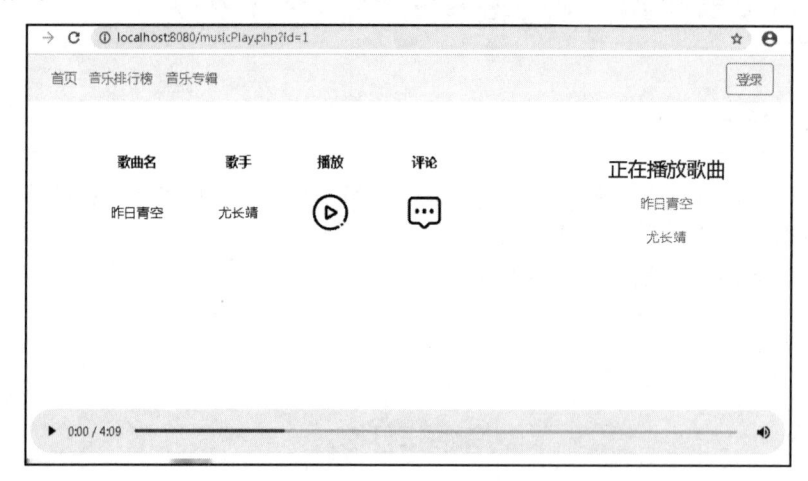

图 18.160　音乐播放页

18.18.2　设计思路

（1）文件设计如表 18.27 所示。

表 18.27　文件设计

文 件 类 型	文　　件	说　　明
php 文件	list.php	排行榜页面

（2）设计实现。

① 表示层。显示新歌、热门歌曲列表，勾选复选后单击"播放音乐"，会把选中的音乐 ID 传递给处理页面。

② 业务逻辑层。MusicService 类处理评论的业务逻辑。添加 addMusicToList()方法，调用已经在音乐播放时实现的 playMusicList()方法，将音乐 ID 加入播放列表。

③ 数据访问层。MusicDao 类处理与音乐相关的数据库操作。优化 indexMusicList()方法，增加参数$type 代表获取数据时排序的字段，参数默认值是"hot"，显示按点击量由高到低的前 5 条数据。

（3）排行榜三层架构，如图 18.161 所示。

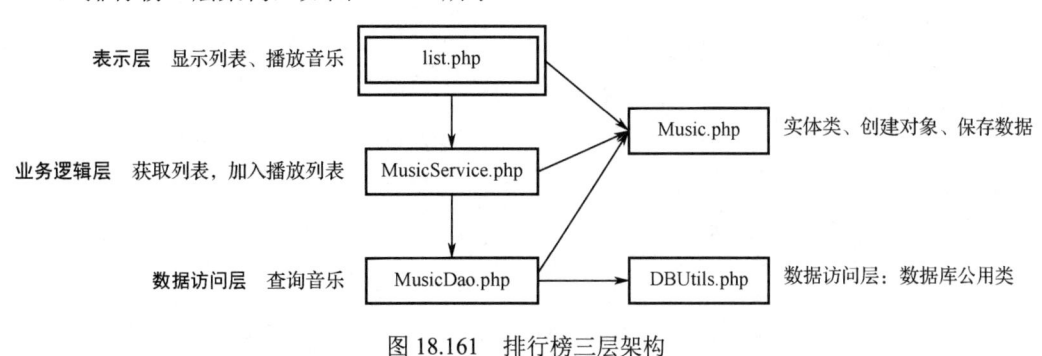

图 18.161　排行榜三层架构

18.18.3　实现

1．创建文件

（1）创建音乐排行榜页面 list.php。

（2）编辑 list.php，实现音乐排行榜。

① 在头部编写视口，引入 jQuery 脚本文件、Bootstrap 样式文件及脚本、公共 JS 脚本文件 common.js。

② 使用 Bootstrap 表格样式编写排行榜页面。

③ 使用 jQuery 的事件监听函数 on()监听单击事件，通过 DOM 操作实现音乐全选与反选功能。

```
<!DOCTYPE html>
<html>
    <head>
        <meta charset="utf-8" />
        <meta name="viewport" content="width=device-width, initial-scale=1">
        <link rel="stylesheet" href="css/bootstrap.min.css">
        <script src="js/jquery.min.js"></script>
        <script src="js/bootstrap.min.js"></script>
        <script src="js/common.js"></script>
        <script>
        $(function(){
            /*音乐全选与反选*/
            $('#all1').on('click',function(){
                $("input[name='item1']").prop("checked", this.checked);
            })
            $('#all2').on('click',function(){
```

```html
                    $("input[name='item2']").prop("checked", this.checked);
                })
            })
        </script>
        <title>排行榜</title>
    </head>
    <body>
        <!--头部-->
        <header class="bg-light">
        </header>

        <!--正文-->
        <div class="container text-center">
            <!--新歌排行榜-->
            <h1 class="mt-5">新歌排行榜</h1>
            <div class="text-left mb-2">
                <input type="checkbox" id="all1"/>
                <a class="btn btn-light" href="musicPlay.html">播放歌曲</a>
            </div>
<table class="table table-hover">
                <tr>
                </tr>
                <tr>
                    <td><input type="checkbox" name="item1"/></td>
                    <th>1</th>
                    <td><a href="musicPlay.html"><img src="img/2.jpg" /></a></td>
                    <td>歌曲 1</td>
                    <td>歌手 1</td>
                </tr>
                <tr>
                    <td><input type="checkbox" name="item1"/></td>
                    <th>2</th>
                    <td><a href="musicPlay.html"><img src="img/2.jpg" /></a></td>
                    <td>歌曲 2</td>
                    <td>歌手 2</td>
                </tr>
                <tr>
                    <td><input type="checkbox" name="item1"/></td>
                    <th>3</th>
                    <td><a href="musicPlay.html"><img src="img/2.jpg" /></a></td>
                    <td>歌曲 3</td>
                    <td>歌手 3</td>
                </tr>
                <tr>
                    <td><input type="checkbox" name="item1"/></td>
                    <th>4</th>
                    <td><a href="musicPlay.html"><img src="img/2.jpg" /></a></td>
                    <td>歌曲 4</td>
```

```html
                    <td>歌手 4</td>
                </tr>
                <tr>
                    <td><input type="checkbox" name="item1"/></td>
                    <th>5</th>
                    <td><a href="musicPlay.html"><img src="img/2.jpg" /></a></td>
                    <td>歌曲 5</td>
                    <td>歌手 5</td>
                </tr>
            </table>

            <!--热门歌曲排行榜-->
            <h1 class="mt-5">热门歌曲排行榜</h1>
            <div class="text-left mb-2">
                <input type="checkbox" id="all2"/>
                <a class="btn btn-light" href="musicPlay.html">播放歌曲</a>
            </div>
            <table class="table table-hover">
                <tr>
                    <td><input type="checkbox" name="item2"/></td>
                    <th>1</th>
                    <td><a href="musicPlay.html"><img src="img/2.jpg" /></a></td>
                    <td>歌曲 1</td>
                    <td>歌手 1</td>
                </tr>
                <tr>
                    <td><input type="checkbox" name="item2"/></td>
                    <th>2</th>
                    <td><a href="musicPlay.html"><img src="img/2.jpg" /></a></td>
                    <td>歌曲 2</td>
                    <td>歌手 2</td>
                </tr>
                <tr>
                    <td><input type="checkbox" name="item2"/></td>
                    <th>3</th>
                    <td><a href="musicPlay.html"><img src="img/2.jpg" /></a></td>
                    <td>歌曲 3</td>
                    <td>歌手 3</td>
                </tr>
                <tr>
                    <td><input type="checkbox" name="item2"/></td>
                    <th>4</th>
                    <td><a href="musicPlay.html"><img src="img/2.jpg" /></a></td>
                    <td>歌曲 4</td>
                    <td>歌手 4</td>
                </tr>
                <tr>
                    <td><input type="checkbox" name="item2"/></td>
```

```html
                            <th>5</th>
                            <td><a href="musicPlay.html"><img src="img/2.jpg" /></a></td>
                            <td>歌曲 5</td>
                            <td>歌手 5</td>
                        </tr>
                </table>
            </div>

            <!--脚部-->
            <footer class="bg-light p-3">
            </footer>
    </body>
</html>
```

(3) 修改导航链接。

编辑 header.php，把 "音乐排行榜" 链接地址改为 "list.php"。

```html
<ul class="navbar-nav">
    <li class="nav-item"><a class="nav-link" href="index.php">首页</a></li>
    <li class="nav-item"><a class="nav-link" href="list.php">音乐排行榜</a></li>
    <li class="nav-item"><a class="nav-link" href="#">音乐专辑</a></li>
</ul>
```

(4) 排行榜页面效果如图 18.162 所示。

图 18.162 排行榜页面

2. 数据访问层

获取排行榜数据，已经有一个方法 indexMusicList()用来显示首页的热门歌曲，在这个方法的基础上改进一下，以便最大限度地复用代码。编辑 dao/MusicDao.php 文件，修改获取音乐列表信息的方法。

（1）找到 indexMusicList()方法，增加参数且默认值为"hot"。

```
//$type 参数:hot-热门歌曲,new-新歌排行榜 ,默认 hot
function indexMusicList($type="hot"){
    //省略方法内容
}
```

（2）修改原 SQL 语句，增加 order by 排序条件。

```
if($this->open()){
    $sql = "select id,music_name,singer from t_music where del=0 order by ? desc limit 0,5";
}else{
    print ("open false");
}
```

（3）根据参数$type 设置查排序字段，绑定查询参数。

```
if($this->open()){
    //设置排序字段
    $sql = "select id,music_name,singer from t_music where del=0 order by ? desc limit 0,3";
    $stmt = $this->conn -> prepare($sql);
    //设置排序字段
    $order_str = "click_number";//热门歌曲排行榜
    if($type=="new"){
        $order_str = "id";//新歌排行榜
    }
    //绑定查询参数
    $stmt->bind_param("s",$order_str);
    //省略其他代码
}
```

3. 业务逻辑层

编辑 service/MusicService.php，添加方法 addMusicToList($id_arr)，参数$id_arr 是音乐 ID 数组，调用 playMusicList()把音乐保存到 Session 中。

（1）添加方法。

```
//把多个音乐 ID 放入音乐播放列表中
public function addMusicToList($id_arr){
    //$id_arr 是音乐 ID 数组
}
```

（2）循环数组，加入列表，返回最新的播放列表。

```
public function addMusicToList($id_arr){
    for ($i=0;$i<count($id_arr);$i++){
        //调用 playMusicList()把每首歌曲加入列表中
```

```
        $this->playMusicList($id_arr[$i]);
    }
    return $_SESSION["music_arr"];
}
```

4. 表示层

编辑排行榜页面 list.php,显示排行榜中的音乐。

① 包含用户业务类、创建业务对象。

```
<?php
//业务类
include_once __DIR__."/service/MusicService.php";
//创建业务对象
$musicServ = new MusicService();
?>
```

② 获取新歌排行榜。

```
<?php
//业务类
//创建业务对象
//新歌排行榜:按发布时间
$new_list = $musicServ->getIndexMusic("new");
var_dump($new_list);
```

③ 测试:访问音乐列表页(localhost:8080/list.php),显示新歌列表如图 18.163 所示。

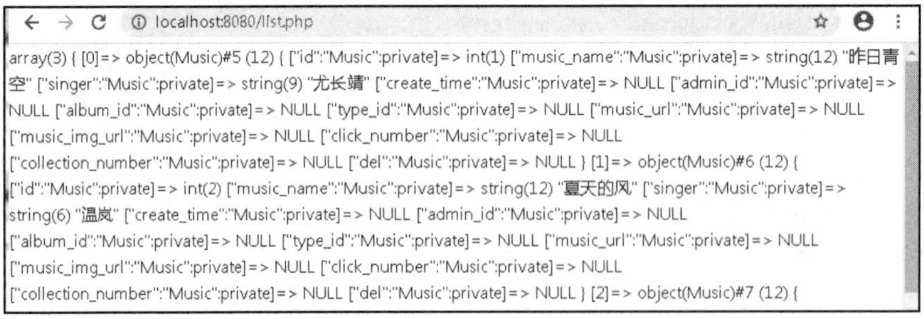

图 18.163　显示新歌列表

④ 显示"新歌排行榜"到页面。

```
<table class="table table-hover" id="newMusicList">
    <?php foreach ($new_list as $key=>$val):?>
    <tr>
        <td><input type="checkbox" name="item1" value="<?php echo $val->getId();?>"/></td>
        <th><?php echo $key+1;?></th>
        <td><a href="musicPlay.php?id=<?php echo $val->getId();?>"><img src="img/2.jpg" /></a></td>
        <td><?php echo $val->getMusicName();?></td>
        <td><?php echo $val->getSinger();?></td>
    </tr>
    <?php endforeach;?>
</table>
```

⑤ 测试：访问音乐列表页（localhost:8080/list.php），新歌排行榜如图 18.164 所示。

图 18.164　新歌排行榜

⑥ 获取"热门歌曲排行榜"数据。

```php
<?php
//业务类
//创建业务对象
//新歌排行榜:按发布时间
//热门歌曲:按点击量
$hot_list = $musicServ->getIndexMusic("hot");
```

⑦ 显示"热门歌曲排行榜"到页面。

```
<table class="table table-hover" id="hotMusicList">
    <?php foreach ($hot_list as $key=>$val):?>
     <tr>
      <td><input type="checkbox" name="item2" value="<?php echo $val->getId();?>"/></td>
      <th><?php echo $key+1;?></th>
      <td><a href="musicPlay.php?id=<?php echo $val->getId();?>"><img src="img/2.jpg" /></a></td>
      <td><?php echo $val->getMusicName();?></td>
      <td><?php echo $val->getSinger();?></td>
     </tr>
    <?php endforeach;?>
</table>
```

5. 实现歌曲播放

（1）编辑 list.php，修改"播放歌曲"按钮链接代码。

```html
<!--新歌排行榜-->
<h1 class="mt-5">新歌排行榜</h1>
<div class="text-left mb-2">
    <input type="checkbox" id="all1"/>
    <a class="btn btn-light" id="newMusicBtn" href="javascript:;">播放歌曲</a>
</div>
……
<!--热门歌曲排行榜-->
<h1 class="mt-5">热门歌曲排行榜</h1>
```

```html
<div class="text-left mb-2">
    <input type="checkbox" id="all2"/>
    <a class="btn btn-light" id="hotMusicBtn" href="javascript:;" >播放歌曲</a>
</div>
```

（2）找到页面头部的 JS 代码部分，实现歌曲选择。

① 添加 ids 变量，记录选中音乐的 ID 值，多个音乐 ID 以逗号间隔。

```javascript
$(function(){
var ids="";
……
})
```

② 修改"音乐全选与反选"事件。

```javascript
$('#all1').on('click', function() {
  $("input[name='item1']").prop("checked", this.checked);
  if(this.checked) {
    //复选框
    var checkbox = $("#newMusicList tr td").children("input");
    var check_val = [];
    checkbox.each(function(i, ele) {
       check_val.push($(ele).val());
    });
    ids = check_val.join(",");
  } else {
    ids = "";
  }
})
```

③ 添加新歌复选框单个选择事件。

```javascript
$("input[name='item1']").on("click", function() {
  var curr_id = $(this).val(); //当前值

  //单击时,获取已经 选中的值
  var input = $("#newMusicList tr td input[name='item1']");
  var input_len = input.length; //列表个数
  var hava_checked = [];

  var num = 0; //选中的个数
  input.each(function(i, ele) {
     if($(this).prop("checked") == true) {
        hava_checked.push($(this).val());
        num++;
     }
  });

  //去掉没有选中的值
  if($(this).prop("checked") != true) {
```

```
      //取消时,从数组中删除当前ID
      for(var i = 0; i < hava_checked.length; i++) {
        if(parseInt(hava_checked[i]) == curr_id) {
          hava_checked.splice(i, 1);
        }
      }
    }

    //ids=Array.from(new Set(hava_checked)).join(",");
    ids = hava_checked.join(","); //共用一个数据,好传给后台

    //全选按钮选中或取消
    if(num == input_len) {
      $('#all1').prop("checked", true);
    } else {
      $('#all1').prop("checked", false);
    }
  });
```

④ 添加新歌排行榜播放按钮事件。

```
$(function(){
……
//加入播放列表
$("#newMusicBtn").on("click",function () {
  if(ids){
    window.location.href="musicPlay.php?id="+ids;
  }else{
    alert("请选择歌曲!");
  }
})
……
})
```

⑤ 添加 ids 变量,记录选中音乐的 ID 值,多个音乐 ID 以逗号间隔,修改"音乐全选与反选"事件。

```
var ids2="";
$('#all2').on('click', function() {
  $("input[name='item2']").prop("checked", this.checked);
  if(this.checked) {
    //复选框
    var checkbox = $("#hotMusicList tr td").children("input");
    var check_val = [];
    checkbox.each(function(i, ele) {
      check_val.push($(ele).val());
    });
    console.log(check_val);
```

```
      ids2 = check_val.join(",");
    } else {
      ids2 = "";
    }
})
```

⑥ 添加新歌复选框单个选择事件。

```
$("input[name='item2']").on("click", function() {
  var curr_id = $(this).val(); //当前值
  //单击时,获取已经 选中的值
  var input = $("#hotMusicList tr td input[name='item2']");
  var input_len = input.length; //列表个数
  var hava_checked = [];

  var num = 0; //选中的个数
  input.each(function(i, ele) {
    if($(this).prop("checked") == true) {
      hava_checked.push($(this).val());
      num++;
    }
  });
  //去掉没有选中的值
  if($(this).prop("checked") != true) {
    //取消时，从数组中删除当前 ID
    for(var i = 0; i < hava_checked.length; i++) {
      if(parseInt(hava_checked[i]) == curr_id) {
        hava_checked.splice(i, 1);
      }
    }
  }
  //ids=Array.from(new Set(hava_checked)).join(",");
  ids2 = hava_checked.join(","); //共用一个数据,好传给后台
  // 全选按钮选中或取消
  if(num == input_len) {
    $('#all2').prop("checked", true);
  } else {
    $('#all2').prop("checked", false);
  }
});
```

⑦ 添加热门排行榜播放按钮事件。

```
//加入到播放列表
$("#hotMusicBtn").on("click",function () {
  if(ids){
       window.location.href="musicPlay.php?id="+ids;
  }else{
      alert("请选择歌曲!")
```

}
})
```

⑧ 测试：访问音乐排行榜页面（localhost:8080/list.php），不选择任何歌曲，单击"播放歌曲"按钮，弹出"请选择歌曲！"消息，如图18.165所示。

图18.165　不选择任何歌曲的排行榜页面

（3）编辑音乐播放页面musicPlay.php。

① 修改页面逻辑，同时支持单首歌曲、多首歌曲加入列表中。注释musicPlay.php页面顶部的PHP代码，只保留如下内容。

```
<?php
//音乐业务类
include_once __DIR__."/service/MusicService.php";
//获取当前播放的音乐ID
$music_id = $_GET["id"];
```

② 把获取到的音乐ID转为数组。排行榜页面单击播放时会把音乐ID以逗号分隔的形式发送到这个页面。

```
$id_arr = explode(",",$music_id);//参数转为数组
```

③ 创建业务对象。

```
$musicServ= new MusicService();
```

④ 把单首、多首歌曲加入播放列表中。

```
//单首歌曲加入播放列表中：ID=1
if(count($id_arr)==1){
    $music_list = $musicServ->playMusicList($music_id);
}else{
    //多首歌曲加入列表中：id=1,2,3
    $music_list = $musicServ->addMusicToList($id_arr);
}
```

⑤ 默认播放列表中的第1首歌曲。

```
$curr_music = $musicServ->getCurrentMusic($id_arr[0]);
```

⑥ 测试：在新歌排行榜勾选想要播放的歌曲，如图18.166所示。
```

图 18.166 新歌排行榜

⑦ 单击"播放歌曲"按钮，把歌曲加入播放列表中，如图 18.167 所示。

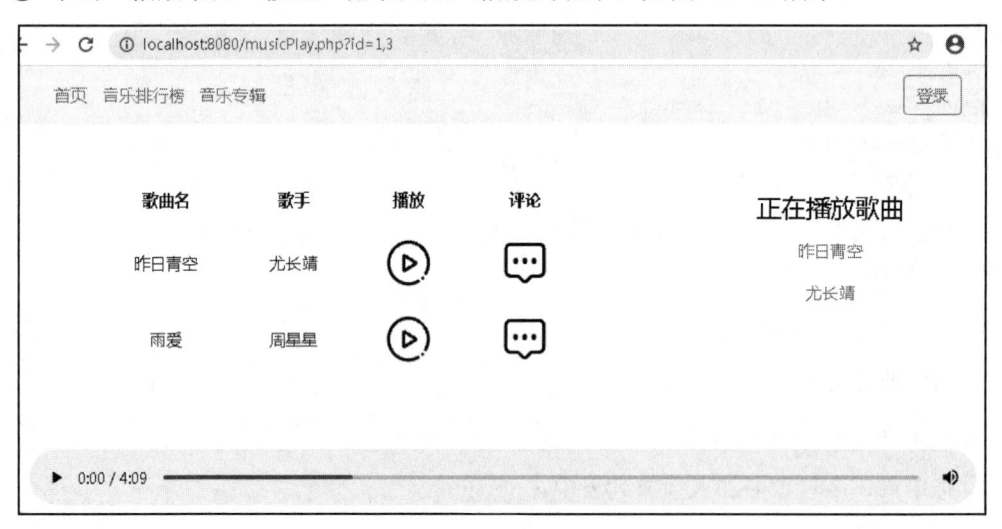

图 18.167 音乐播放

18.19 第五阶段 Laravel 框架：用户注册

18.19.1 功能简介

利用 Laravel 框架实现"在线音乐平台"用户注册功能。
（1）用户注册相关文件目录如图 18.168 所示。

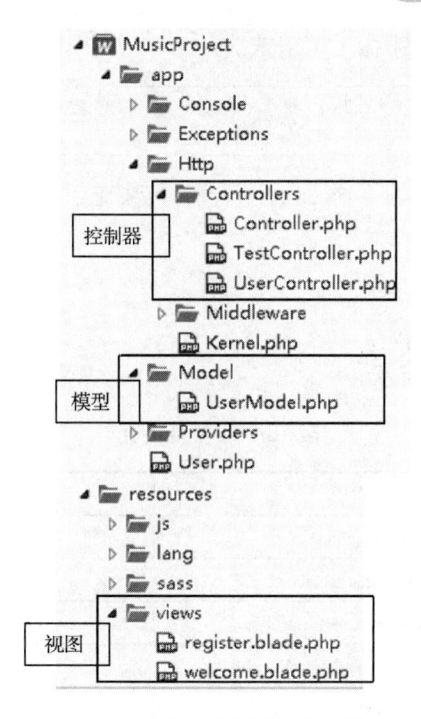

图 18.168　用户注册相关文件目录

（2）注册页面效果如图 18.169 所示。

图 18.169　注册页面

（3）注册成功页面效果如图 18.170 所示。

图 18.170　注册成功页面

(4)注册失败页面效果如图 18.171 所示。

> ⓘ localhost:9090/register?msg=注册失败

图 18.171　注册失败页面

18.19.2　设计思路

(1)文件设计如表 18.28 所示。

表 18.28　文件设计

文件类型	文件	说明
php 文件	routes/web.php	路由配置文件
	resources/views/register.blade.php	注册视图页面
	app/Http/Controllers/UserController	用户控制器
	app/Http/Controllers/TestController.php	测试控制器
	app/Model/UserModel.php	用户模型文件
文本文件	.env	数据库配置文件

(2)设计实现。

① 路由
- 测试路由

请求方式：GET，访问路径：/test，调用 TestController 控制器的 test 方法。
- 注册页面路由

请求方式：GET，访问路径：/register，显示注册页面 register.blade.php。
- 注册处理路由

请求方式：POST，访问路径：/register，调用 UserController 控制器的 register 方法。
- 登录页面路由

请求方式：GET，访问路径：/login，显示文本："登录页面"。

② 视图

register.blade.php 视图文件是一个注册页面，页面中包含一个注册表单供用户输入注册的账号信息，包括用户账号、邮箱、密码等。

③ 控制器

UserController 控制器类，类中包含一个 register 方法。在 register 方法中，使用 Request 对象接收用户输入的账号信息，并调用 UserModel 模型类的 addUser 方法实现用户注册。注册成功，跳转至登录页面；注册失败，跳转回注册页面。

TestController.php 控制器类，类中包含一个 test 方法，用于对 UserModel 模型类中的方法进行测试运行。

④ 模型

UserModel 模型类，用于操作数据库，该类有三个方法：

exist 方法：判断指定用户是否在数据表中已存在，存在则返回 true，不存在返回 false。

addUser 方法：在数据表中插入一条用户账户的注册信息，包括账号、密码、邮箱、创建时间、是否删除标志。

register 方法：调用 exist 方法和 addUser 方法，实现用户注册功能。

18.19.3 实现

1. 创建 Laravel 工程

（1）启动命令行，并进入存放工程目录（如 D 盘）。如图 18.172 所示。

图 18.172　命令行窗口

（2）运行 composer 命令，创建 Laravel 工程 MusicProject。

命令为：composer create-project laravel/laravel MusicProject --prefer.dist，如图 18.173 所示。

图 18.173　创建 MusicProject 工程

（3）工程创建完成后的目录结构如图 18.174 所示。

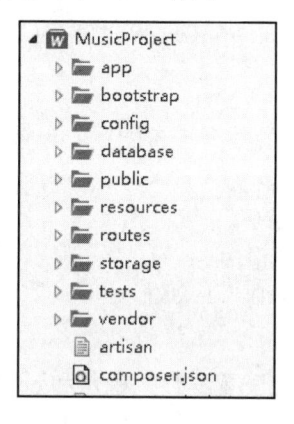

图 18.174　工程创建完成后的目录结构

2. 配置 apache 虚拟主机

（1）运行 xampp，点开 Explorer 进入 xampp 文件夹里的 Explorer。

（2）打开\xampp\apache\conf\httpd.conf 文件，新增 9090 监听端口，如图 18.175 所示。

图 18.175　添加 9090 监听端口

(3) 配置 Apache 服务器（/xampp/apache/conf/extra/httpd-vhosts.conf）。

```
<VirtualHost *:9090>
    DocumentRoot "D:/MusicProject/public"
    ServerName localhost
    <Directory "D:/MusicProject/public">
        Options Indexes FollowSymLinks MultiViews
        AllowOverride all
        Require all granted
    </Directory>
</VirtualHost>
```

(4) 重启 XAMPP 服务器。

(5) 在浏览器地址栏输入 http://localhost:9090/，Laravel 工程欢迎界面如图 18.176 所示。

图 18.176　Laravel 工程欢迎界面

3. 数据库配置

(1) 修改 config/database.php 下的数据连接配置。设置数据库名称、用户名和密码。

```
'mysql' => [
    'database' => env('DB_DATABASE', 'music_web'),
    'username' => env('DB_USERNAME', 'root'),
    'password' => env('DB_PASSWORD', '123456'),
],
```

(2) 修改项目根目录.env 数据库配置文件，确保和 config/database.php 配置同步。

```
DB_CONNECTION = mysql
DB_HOST = 127.0.0.1
DB_PORT = 3306
DB_DATABASE = music_web
DB_USERNAME = root
DB_PASSWORD = 123456
```

4. 模型类——编写 UserModel.php

在 app 目录下新建 Model 目录，app/Model 目录下创建 UserModel.php 文件，如图 18.177 所示。

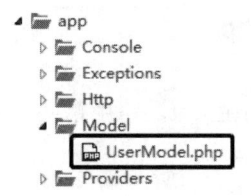

图 18.177　UserModel.php 文件

编辑 app/Model/UserModel.php 文件，实现用户注册操作。

（1）定义命名空间。

```
<?php
//定义命名空间
namespace app\Model;
```

（2）引入 DB 类。

```
//引入 DB 类
use DB;
```

（3）创建数据操作类 UserModel。

```
class UserModel
{
    //1.exits 方法：用户账号的重名验证
    //2.addUser 方法：新增用户操作
    //3.register 方法：注册操作
}
```

5. 模型类——编写 exist()方法

在 app/Model/UserModel.php 文件中编写 exist 方法，判断用户是否已存在，如果存在则返回 true，否则返回 false。

```
class UserModel
{
    //1.exits 方法：用户账号的重名验证
    public function exist($account){
        $flag = FALSE;
        //定义 SQL 语句
        $sql = "select id from t_user where user_account = ?";
        //执行查询
        $users = DB::select($sql, [$account]);
        //判断查询结果
        if($users){
            $flag = TRUE;
        }
        //返回结果
        return $flag;
    }
}
```

6. 测试控制器 TestController.php

（1）增加测试路由。

在 routes/web.php 中新增 GET 路由 test，路由指向 TestController 控制器的 test 方法。

```
//测试路由
Route::get("/test", "TestController@test");
```

（2）创建控制器 TestController。

创建控制器有两种方法：一种是使用 artisan 工具，另一种是直接创建文件继承 Controller 基类。在此使用 artisan 工具创建。

① 启动命令行窗口，进入 Laravel 工程根目录，输入 artisan 命令创建控制器。

```
php artisan make:controller TestController
```

② 创建成功后，在工程目录 app/Http/Controllers 文件夹中会创建 TestController.php 文件，如图 18.178 所示。

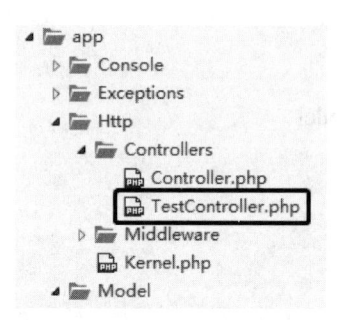

图 18.178　TestController.php 文件

（3）引入 app\Model\UserModel.php 文件。

```
<?php
namespace app\Http\Controllers;
use Illuminate\Http\Request;
//引入 User 模型类
use app\Model\UserModel;
class TestController extends Controller
{

}
```

如果是手动创建的控制器，需要手动添加命名空间。

（4）新建 test 方法，并编写测试代码，测试模型类 exist 方法功能是否正常。

```
class TestController extends Controller
{
    //测试方法
    public function test(){
        //创建 UserModel 对象
        $UserModel = new UserModel();
        //调用 exits 方法，传入用户账号
        var_dump($UserModel->exist('user1'));
```

```
        }
    }
```

（5）访问测试路由（http://localhost:9090/text），输出用户查询结果，页面效果如图 18.179 所示。

图 18.179　输出用户查询结果

（6）测试完毕后，注释掉测试代码。

7. 模型类——编写 addUser()方法

在 app/Model/UserModel.php 文件中编写 addUser 方法，用于新增用户。

```
class UserModel
{
    //1.exits 方法：用户账号的重名验证……省略代码
    //2.addUser 方法：新增用户操作
    public function addUser($user){
        $flag = FALSE;
        //定义 SQL 语句
        $sql = "insert into user(account,password,email,create_time,del) values(?,?,?,?,?)";
        //执行新增
        $result = DB::insert($sql,[$user['account'],$user['password'],$user['email'],$user['create_time'],$user['del'] ]);
        //判断新增结果
        if ($result) {
            $flag = TRUE;
        }
        //返回结果
        return $flag;
    }
}
```

8. 模型类 addUser 方法

（1）在 app/Http/Controllers/TestController.php 文件中编写 test 方法，测试模型类 addUser 方法功能是否正常。

```
public function test(){
    //定义测试数据
    $user = array(
        'account' => 'user6',
        'password' => 'user6',
        'email' => 'user6@cc.com',
        'create_time' => date('Y-m-d H:i:s', time()),
        'del' => 0
    );
    //调用 UserModel 的 addUser 方法
    $userModel = new UserModel();
```

```
var_dump($userModel->addUser($user));
}
```

（2）数据库中"user6"用户记录如图18.180所示。

图18.180　查询数据库中user6用户记录

（3）访问测试路由（http://localhost:9090/text），输出添加用户结果，如图18.181所示。

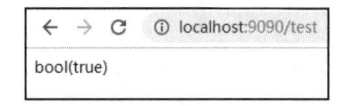

图18.181　输出添加用户结果

9. 模型类——编写 register()方法

在 app/Model/UserModel.php 文件中编写 register 方法，用于实现用户注册功能。

```
class UserModel
{
    //1.exits 方法：用户账号的重名验证......省略代码
    //2.addUser 方法：新增用户操作......省略代码
    //3.register 方法：注册操作
    public function register($user){
        $flag = FALSE;
        //验证重名及新增用户
        if (!$this->exist($user['account']) && $this->addUser($user)) {
            $flag =   TRUE;
        }
        return $flag;
    }
}
```

10. 视图——编写 register.blade.php

（1）将界面设计 MusicProject 项目中的 register.html 文件复制到项目/resources/views 下，修改名称为 register.blade.php，如图18.182所示。

图18.182　register.blade.php 文件

（2）在 routes/web.php 中新增 GET 路由 register。

```
Route::get('/register', function (){
    return view('register');
});
```

（3）访问 http://localhost:9090/register，查看视图是否显示正常，如图 18.183 所示。

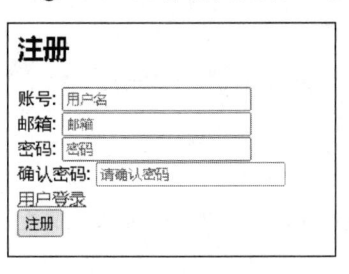

图 18.183　用户注册页面

（4）将界面设计 MusicProject 项目中的 css 目录、img 目录、js 目录复制到 MusicProject 工程 public 目录下，如图 18.184 所示。

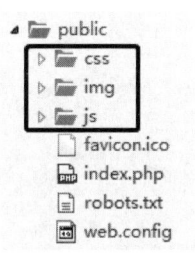

图 18.184　public 目录

（5）修改 link 元素的 href 属性值和 script 的 src 属性值。

```
<!-- ......省略此处代码 -->
<link rel="stylesheet" href="{{URL::asset('css/bootstrap.min.css')}}">
<link rel="stylesheet" href="{{URL::asset('css/common.css')}}" />
<script src="{{URL::asset('js/jquery.min.js')}}"></script>
<script src="{{URL::asset('js/common.js')}}"></script>
<!-- ......省略此处代码 -->
```

（6）修改 form 表单。

① 修改表单 action 提交地址，method 提交方式。

```
<form class="mt-5 mx-auto mb-5" action="/register" method="post">
```

② 增加 CSRF 令牌。

```
<form class="mt-5 mx-auto mb-5" action="/register" method="post" >
{{csrf_field()}}
```

③ 给表单元素（账号、邮箱、密码、确认密码）增加必填属性"required"。

```
<!-- ......省略此处代码 -->
<div class="form-group">
    <label>账号:</label>
```

```html
        <input type="text" class="form-control" placeholder="用户名" required="required"/>
</div>
<div class="form-group">
        <label>邮箱:</label>
        <input type="email" class="form-control" placeholder="邮箱" required="required"/>
</div>
<div class="form-group">
        <label>密码:</label>
        <input type="password" class="form-control" placeholder="密码" required="required"/>
</div>
<div class="form-group">
        <label>确认密码:</label>
        <input type="password" class="form-control" placeholder="请确认密码" required="required"/>
</div>
<!-- ......省略此处代码 -->
```

（7）访问 http://localhost:9090/register，输入任意注册信息，如图 18.185 所示。

图 18.185　注册用户 user2

（8）单击"注册"按钮，发送 form 表单请求，由于此时还没设置相关路由，所以会报错，如图 18.186 所示。

图 18.186　路由错误信息

11. 控制器——编写 UserController.php

（1）增加路由。

在 routes/web.php 中新增 POST 路由 register，路由指向 UserController 控制器的 register 方法，如图 18.187 所示。

```
<form action="/register" method="post">
    {{csrf_field()}}
```

图 18.187　form 表单配置

```
Route::post('/register', "UserController@register");
```

（2）创建控制器 UserController 创建控制器有两种方法：一种是使用 artisan 工具，另一种是直接创建文件继承 Controller 基类。在此使用 artisan 工具创建。

启动命令行，进入 MusicProject 目录，输入 artisan 命令创建控制器。

```
php artisan make:controller UserController
```

创建成功后，在 app/Http/Controllers 目录下便新增了 UserController.php 文件，如图 18.188 所示。

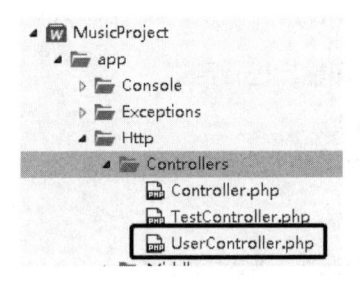

图 18.188　UserController.php 文件

（3）引入 UserModel 模型类。

```
<?php
namespace App\Http\Controllers;
use Illuminate\Http\Request;
//引入 UserModel 模型类
use App\Model\UserModel;
```

如果是手动创建的控制器，需要手动添加命名空间及引入 Request 类。

12. 控制器类——编写 register()方法

在 app/Http/Controllers/UserController.php 文件中编写控制器方法 register。

（1）新建 register 方法，并使用 Request 对象接收表单数据。

```
<?php
//......省略此处代码
class UserController extends Controller{
    //创建 register 方法，处理注册请求
    public function register(Request $request){
        //1.获取表单数据
        $account = $request->input("account",'');
        $password = $request->input("password",'');
```

```
        $re_password = $request->input("re_password",");
        $email = $request->input("email",");
    }
}
```

（2）注册页面 register.blade.php 表单的 name 属性值如图 18.189 所示。

```
<div class="form-group">
    <label>账号:</label>
    <input type="text" name="account" class="form-control"
</div>
<div class="form-group">
    <label>邮箱:</label>
    <input type="email" name="email" class="form-control" p
</div>
<div class="form-group">
    <label>密码:</label>
    <input type="password" name="password" class="form-cont
</div>
<div class="form-group">
    <label>确认密码:</label>
    <input type="password" name="re_password" class="form-c
</div>
<div class="form-group">
    <a href="login.html">用户登录</a>
</div>
<input type="submit" value="注册" class="btn btn-block" />
```

图 18.189　注册表单各控件 name 属性值

（3）将获取到的注册信息打印输出进行测试。

```
//创建 register 方法，处理注册请求
public function register(Request $request){
    //1.获取表单数据
    //......省略此处代码
    //调试：打印输出 确认是否接收成功（调试后注释）
    echo "账号".$account."<br>";
    echo "密码".$password."<br>";
    echo "确认密码".$re_password."<br>";
    echo "邮箱".$email."<br>";
}
```

（4）调试：访问 http://localhost:9090/register，输入任意注册信息，如图 18.190 所示。

图 18.190　用户注册

（5）单击"注册"按钮。将值分别打印出来，查看是否接收成功，如图 18.191 所示。

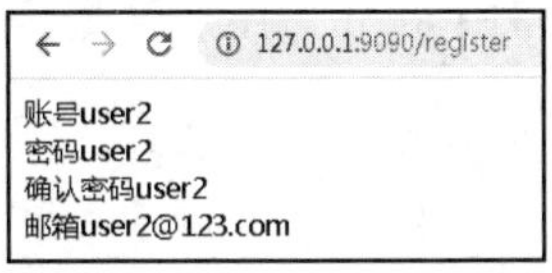

图 18.191　输出注册信息

（6）检测数据：密码和确认密码必须一致，若不一致则跳转回注册页面。

```
public function register(Request $request){
    //1.获取表单数据.....省略此处代码
    //2.检测数据
    if($password != $re_password){
        return redirect('/register?msg=两次输入密码不一致');
    }
}
```

（7）调用模型类 UserModel 的 register 方法实现用户注册操作。

```
public function register(Request $request){
    //1.获取表单数据.....省略此处代码
    //2.检测数据.....省略此处代码
    //3.调用模型实现用户注册
    $userModel = new UserModel();
    $user = compact('account','password','email');
    if ($userModel -> register($user)) {
        return redirect('/login'); //注册成功，跳转至登录页面
    } else {
        return redirect('/register?msg=注册失败');//注册失败，跳转回注册页面
    }
}
```

compact 函数示例：

compact()函数将两个变量打包成一个数组：

```
$account = "user";
$password = "123456";
var_dump(compact("account", "password"));
```

输出 compact()函数返回结果，如图 18.192 所示。

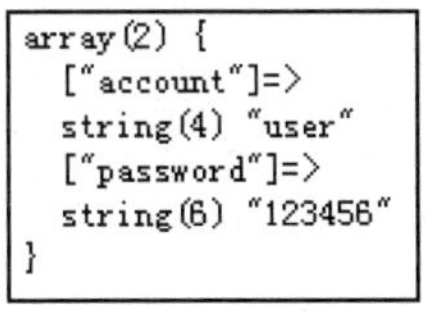

图 18.192　输出 compact()函数返回结果

13. 用户注册功能

访问 http://localhost:9090/register，输入任意注册信息，单击注册，查看页面跳转情况。

(1) 增加路由。

在 routes/web.php 中新增 GET 路由 login，用于注册成功后的跳转。

```
Route::get('/login',function(){
    return '登录页面';
});
```

(2) 页面跳转。

① 注册成功则跳转至登录页面，如图 18.193 所示。

② 注册失败则跳转回注册页面，并返回错误消息，如图 18.194 所示。

图 18.193　注册成功　　　　　图 18.194　注册失败

18.20　第五阶段 Laravel 框架：用户登录

18.20.1　功能简介

使用 Laravel 框架实现"在线音乐平台"用户登录功能。

(1) 用户登录相关文件目录结构如图 18.195 所示。

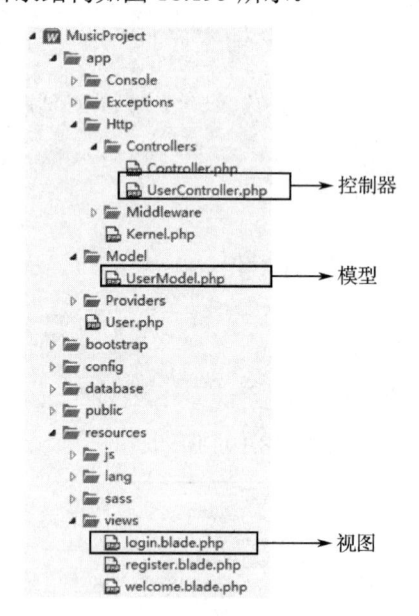

图 18.195　用户登录相关文件目录结构

(2) 用户登录页面如图 18.196 所示。

图 18.196　用户登录页面

(3) 单击"登录按钮",登录成功,跳转至首页,如图 18.197 所示。
(4) 登录失败,跳转回登录页面,显示错误信息,如图 18.198 所示。

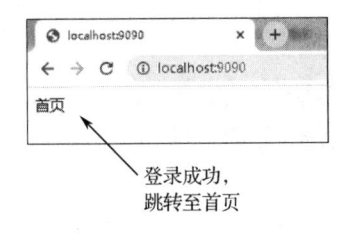

图 18.197　用户登录成功　　　　图 18.198　用户登录失败

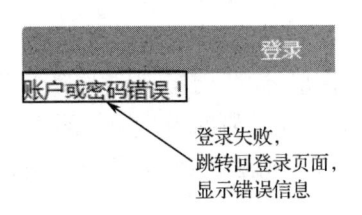

18.20.2　设计思路

(1) 文件设计如表 18.29 所示。

表 18.29　文件设计

文 件 类 型	文 件	说 明
php 文件	routes/web.php	路由配置文件
	resources/views/login.blade.php	登录视图页面
	app/Http/Controllers/UserController	用户控制器
	app/Http/Controllers/TestController.php	测试控制器
	app/Model/UserModel.php	用户模型文件
文本文件	.env	数据库配置文件

(2) 设计实现。
① 路由
● 测试路由
请求方式:GET,访问路径:/test,调用 TestController 控制器的 test 方法。
● 登录页面路由
请求方式:GET,访问路径:/login,显示登录页面 login.blade.php。

● 登录处理路由

请求方式：POST，访问路径：/login，调用 UserController 控制器的 login 方法。

● 首页页面路由

请求方式：GET，访问路径：/，显示文本："首页"。

② 视图

login.blade.php 视图文件是一个登录页面，页面中包含一个登录表单供用户输入登录的账号信息，包括账号、密码。

③ 控制器

UserController 控制器类，类中包含一个 login 方法。在 login 方法中，使用 Request 对象接收用户输入的账号和密码，并调用 UserModel 模型类的的 checkLogin 方法进行登录操作。登录成功则将用户账号信息存储到 Session 中并跳转至首页，登录失败则携带错误信息跳转回登录页面。

TestController.php 控制器类，类中包含一个 test 方法，用于对 UserModel 模型类中的方法进行测试运行。

④ 模型

UserModel 模型类，用于操作数据库，该类中包含一个 checkLogin()方法。

checkLogin()方法：判断用户输入的账号和密码是否正确，即输入的账号和密码是否在数据表中已存在，存在则返回 true，不存在返回 false。

18.20.3 实现

1. 模型类——编写 checkLogin()方法

编辑 app/Model/UserModel.php 文件，实现用户账号的登录操作。

```php
class UserModel
{
    //验证登录
    public    function checkLogin($user) {
        $flag = FALSE;
        //定义 SQL 语句
        $sql = 'select id,user_account from user where user_account = ? and user_password = ?';
        //执行查询
        $users = DB::select($sql, [$user['user_account'], $user['user_password']]);
        //判断查询结果
        if ($users) {
            $flag = TRUE;
        }
         return $flag;
    }
}
```

2. 测试：模型类 checkLogin 方法

（1）编辑 TestController.php 文件的 test 方法，测试模型类 checkLogin 方法。

```php
class TestController extends Controller
```

```
{
    //测试方法
    public function test(){
        $user = array(
            'user_account' => 'user',
            'user_password' => 'user',
        );
        $userModel = new UserModel();
        var_dump($userModel->checkLogin($user));
    }
}
```

（2）测试：访问测试路由（http://localhost:9090/test），输出 checkLogin()函数返回结果，如图 18.199 所示。

图 18.199　输出用户登录检查结果

（3）测试完毕，注释掉测试代码。

3. 视图——编写 login.blade.php

（1）将界面设计 MusicProject 项目中的 login.html 文件复制到项目/resources/views 下，修改名称为 login.blade.php，如图 18.200 所示。

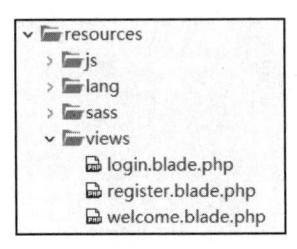

图 18.200　视图文件夹

（2）修改 link 元素的 href 属性值。

```
<link rel="stylesheet" href="{{URL::asset('css/bootstrap.min.css')}}">
<link rel="stylesheet" href="{{URL::asset('css/common.css')}}" />
```

（3）修改 script 元素的 src 属性值。

```
<script src="{{URL::asset('js/jquery.min.js')}}"></script>
<script src="{{URL::asset('js/common.js')}}"></script>
```

（4）在 routes/web.php 文件中修改 GET 路由/login。

```
Route::get('/login',function(){
    return view('login');
});
```

（5）访问 http://localhost:9090/login，查看视图是否显示正常，如图 18.201 所示。

图 18.201　用户登录页面

（6）配置登录表单。

① 在 login.blade.php 中的 form 表单中增加属性 action="/login" method="post"，并增加 CSRF 表单验证。

```
<form action="/login" method="post" class="mt-5 mx-auto">
    {{csrf_field()}}
    <!--... 此处省略表单内容代码-->
</form>
```

② 测试：访问 http://localhost:9090/login，输入任意账号信息，如图 18.202 所示。

图 18.202　用户登录页面

③ 单击"登录"按钮，发送 form 表单请求，此时由于没有配置路由会输出路由错误信息，如图 18.203 所示。

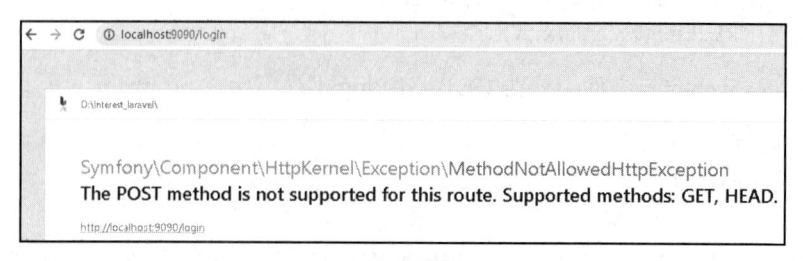

图 18.203　路由错误信息

4. 控制器——编写 UserController.php

（1）增加路由。

在 routes/web.php 中新增 POST 路由 login，指向 UserController 控制器的 login 方法。

```
Route::post('/login',"UserController@login");
```

（2）创建控制器方法 login。

在 app/Http/Controllers/UserController.php 控制器中，创建登录方法 login。

```
class UserController extends Controller
{
    //创建 login 方法，处理登录请求
    public function login(Request $request)
    {
    }
}
```

（3）编辑控制器方法 login。

① 使用 Request 对象接收表单数据，key 值与表单中的 name 属性对应。

```
public function login(Request $request)
{
    //1.获取表单提交的数据
    $user_account = $request -> input('user_account');
    $user_password = $request -> input('user_password');
}
```

② 将值分别打印出来，查看是否接收成功。

```
public function login(Request $request)
{
    //1.获取表单提交的数据
    $user_account = $request -> input('user_account');
    $user_password = $request -> input('user_password');
    //调试后注释
    echo $user_account.'<br>';
    echo $user_password.'<br>';
}
```

③ 测试：访问 http://localhost:9090/login，输入账号"user"和密码"user"，如图 18.204 所示。

图 18.204　用户登录

④ 单击"登录"按钮，提交登录表单，输出填写的账号和密码，如图 18.205 所示。

图 18.205　输出填写的账号和密码

（4）调用 UserModel 对象的 checkLogin 方法进行登录操作，登录成功则跳转至首页，登录失败则携带错误信息跳转回登录页面。

```
public function login(Request $request)
{
    //1.获取表单提交的数据……省略代码
    //2.调用模型实现用户登录
    $userModel = new UserModel();
    $user = compact('user_account','user_password');
    if ($userModel ->checkLogin($user)) {
        //账号密码匹配,跳转至首页
        return redirect('/');
    } else {
        //账号密码不匹配,跳转回登录页面
        return redirect('/login?msg=账号或密码错误');
    }
}
```

（5）将用户账号信息存储到 Session 中。

```
if ($userModel -> checkLogin($user)) {
    //存储用户 ID 和账号到 Session
    $request.>session().>put('account', $account);
    //调试后注释
    echo $request.>session()->get('account').'<br/>';
    exit;
    //账号密码匹配,跳转至首页
    return redirect('/');
} else {
    //账号密码不匹配,跳转回登录页面
    return redirect('/login?message=账号或密码错误');
}
```

（6）运行登录页面，输入账号"user"和密码"user"，单击"登录"按钮提交登录表单，输出 Session 中保存的用户账号信息，如图 18.206 所示。

图 18.206　输出 Session 中的用户账号信息

5. 页面跳转

(1) 增加首页路由。

在 routes/web.php 中修改 GET 路由，用于登录成功后跳转至首页。

```
Route::get('/',function(){
    return '首页';
});
```

(2) 登录成功后效果展示。

① 在登录页面，输入账号"user"和密码"user"，如图 18.207 所示。

图 18.207　用户登录页面

② 登录成功则跳转至首页，如图 18.208 所示。

图 18.208　登录成功跳转至首页